ESSAIS

SUR L'HISTOIRE NATURELLE

DES QUADRUPEDES

DE LA

PROVINCE DU PARAGUAY.

ESSAIS

SUR L'HISTOIRE NATURELLE

DES QUADRUPÈDES

DE LA

PROVINCE DU PARAGUAY,

PAR DON FÉLIX D'AZARA,

Capitaine de Vaisseau de la Marine Espagnole ; Commissaire de Sa Majesté Catholique pour les limites Espagnoles et Portugaises de l'Amérique Méridionale ; Citoyen de la ville de l'Assomption, capitale du Paraguay, etc.

Écrits depuis 1783 jusqu'en 1796 (an 4 de la République Française);

Avec une APPENDICE sur quelques Reptiles ;

Et formant suite nécessaire aux OEuvres de BUFFON ;

Traduits sur le Manuscrit inédit de l'Auteur,

PAR M. L. E. MOREAU-SAINT-MÉRY,

Conseiller - d'État ; Résident de la République Française près son Altesse Royale l'Infant Duc de Parme ; Membre de la Société Libre d'Agriculture du Département de la Seine et de celle du Doubs ; de la Société des Sciences, Lettres et Arts de Paris ; du Lycée des Arts et de la Société des Belles-Lettres de la même ville ; de la Société Philosophique de Philadelphie, etc.

TOME PREMIER.

A PARIS,

De l'Imprimerie de C. POUGENS, quai Voltaire.

Dans la Librairie de Madame HUZARD, rue de l'Éperon Saint-André-des-Arts.

An IX (1801).

Je mets la présente Édition sous la sauve-garde des lois et de la probité des Citoyens. Je déclare que je poursuivrai devant les Tribunaux , tout contrefacteur , distributeur ou débitant d'Edition contrefaite. J'assure même au Citoyen qui me fera connoître le contrefacteur , distributeur ou débitant, la moitié du dédommagement que la loi accorde. Les deux exemplaires , en vertu de la loi , sont déposés à la Bibliothèque Nationale.

MOREAU-SAINT-MÉRY.

Cet ouvrage se trouve chez les Libraires suivans :

AMSTERDAM, veuve CHANGUYON et d'HENGST.
BASLE, G. DECKER.
BERLIN, METTRA.
BRESLAW, G. T. KORN.
COPENHAGUE, FUMARS.
FRANCFORT-SUR-LE-MEIN, WARENTRAPPE et WENNER.
HAMBOURG, H. VILLAUME.
LEYDE, MURRAY, frères.
LONDRES, J. DEBOFFE Gerard street.
MADRID, DON DOMINGO ALONSO.
PERPIGNAN, ALZINE.
ST. PETERSBOURG, J. J. WEITBRECHT.
STOCKHOLM, G. SYLVERSTOLPE.
STRASBOURG, LEVRAULT.
VIENNE, DEGEN.
WARSOVIE, FIETTA.
MANHEIM, FONTAINE.
MARSEILLE, CHARDON; — MOSSY.
MAYENCE, LEROUX.
METZ, MOUXAUX.
MOSCOW, RISS et SAUCET.
NANTES, BERJOU, carrefour Casserie.
ORLÉANS, BERTHEVIN.
PAU, TONNET.
POITIERS, CATINEAU.
TOULOUSE, MANAVIT.
TUBINGEN, CÓTTA.
AVIGNON, veuve SEGUIN.
BORDEAUX, AUDIBERT, BURKEL et Cie.
BOURG, BOTTIER.
BRUXELLES, LECHARLIER.
CHALONS-SUR-MARNE, BRIQUET.
LEIPSICK, RABENHORST.
LIÉGE, LEMARIÉ.
LILLE, VANAKERE.

C'est à l'amitié précieuse dont m'honore
M. le Bailli d'Azara, ex-ambassadeur de la
cour d'Espagne près de la République Française, que je dois l'avantage de présenter
cette traduction au public. Possesseur de
l'ouvrage original, encore inédit, dont l'auteur est son frère Don Félix d'Azara, capitaine de vaisseau de la marine espagnole,
il a bien voulu me le communiquer.

De grandes difficultés s'étoient élevées sur
les limites espagnoles et portugaises dans
l'Amérique Méridionale ; elles subsistoient,
malgré la grave décision d'Alexandre VI,
qui marqua ces limites en 1493, au moyen
d'une ligne imaginaire tracée dans le ciel,
et malgré plusieurs traités conclus entre les
deux puissances respectives. Le désir de
porter un grand jour sur ce point important,
détermina sa majesté catholique à choisir,
il y a plus de vingt ans, un nouveau commissaire pour fixer cette démarcation.

Des connoissances justement estimées en

astronomie et en géographie ; des services rendus dans la marine, soit comme savant, soit comme militaire ; un caractère où la fermeté se trouve alliée à toutes les convenances qu'exige une opération difficile, longue et délicate ; tout désigna Don Félix d'Azara pour cette mission.

Le cabinet de Lisbonne, qui ne pouvoit rejeter ouvertement une semblable mesure, nomma aussi des commissaires. Les Espagnols étoient si persuadés de la sincérité des Portugais, que les commissaires de la cour d'Espagne allèrent à Lisbonne, avec l'intention de faire avec leurs collègues de l'autre nation, le trajet de l'Amérique Méridionale. Mais enfin, lassés d'attendre une expédition qui ne s'effectuoit point, ils partirent seuls, emportant des promesses qu'on leur prodigua, et croyant encore qu'ils seroient suivis de près par les commissaires portugais.

Une longue et vaine attente laissa à Don Félix d'Azara le tems de remplir plusieurs commissions particulières pour le service du roi d'Espagne. Puis il se détermina à se rendre à Rio-Janeiro, plein de l'idée qu'il y verroit arriver les commissaires portugais, et qu'il pourroit réparer une partie de la perte du tems, en les pressant de s'occuper de la délimitation des possessions des deux nations. Il franchit ainsi une immense étendue du continent de l'Amérique Méridionale, à travers des difficultés appréciables seulement par ceux qui connoissent les obstacles multipliés, et sans cesse renaissans, qu'opposent à l'homme le plus entreprenant, ici, de grandes régions, ou désertes, ou habitées par des hommes étrangers à toute civilisation ; là, des fleuves dont ceux de l'ancien monde n'offrent qu'une foible image ; ailleurs, d'inextricables foréts, contemporaines des époques primitives du globe. Mais les Portugais, qui savent qu'une démarcation convenue des limites anéantiroit leur commerce interlope, ou, pour mieux dire, celui que font les Anglois sous leur nom, n'avoient point envoyé les commissaires promis, et sans doute n'en enverront point, tant que le Portugal portera le joug de l'Angleterre.

Don Félix d'Azara, à qui l'on a conservé son titre, est demeuré depuis dans l'Amérique Méridionale, où il est encore en ce moment. Là il a mis tous ses instans à profit; et l'heureux emploi qu'il en a fait est constaté par plusieurs ouvrages et par des travaux utiles non-seulement pour son pays, mais même pour l'instruction de tous les peuples.

C'est ainsi que l'on doit à son amour pour l'étude, et à son vœu de servir l'humanité entière :

Plusieurs cartes géographiques des provinces du nouveau monde qu'il a parcourues;

Des ouvrages de géographie avec des mémoires explicatifs ;

La description historique, physique, politique et géographique de la province du Paraguay, depuis sa découverte jusqu'à nos jours, avec des recherches sur plusieurs tribus ou nations d'Indiens sauvages, dont il a étudié et appris les langues, et sur lesquels il donne une multitude de détails inconnus en Europe : le tout enrichi d'une carte de la province du Paraguay, et d'une autre carte destinée à montrer le cours de la rivière du même nom, dressées l'une et l'autre par Don Félix d'Azara ; sans parler du plan de la cité de l'Assomption, et de ceux de plusieurs lieux principaux de la province du Paraguay ;

Des mémoires sur ses voyages dans l'intérieur de l'Amérique Méridionale ;

L'histoire naturelle des oiseaux de la même partie de l'Amérique ;

Les essais sur les quadrupèdes du Paraguay que je présente au public ;

La description et l'histoire naturelle de la rivière de la Plate.

Sans doute le lecteur ne pense pas que je prétende borner à cette simple nomenclature ce qui a rapport à ces différens ouvrages, tous encore manuscrits.

1.º Les cartes géographiques de plusieurs provinces de l'Amérique Méridionale sont toujours en la possession de l'auteur, qui attend pour les publier, ou son retour en Europe, ou des circonstances plus favorables aux envois par mer.

2.º Il y a sept ou huit ans que Don Félix

d'Azara envoya à M. le Bailli d'Azara son frère, ses ouvrages de géographie, et les mémoires qui en font partie. Mais comme ce dernier étoit alors ambassadeur à Rome, et qu'il ne put pas veiller à la remise de ces objets précieux, ils ont été égarés soit par les personnes chargées de les recevoir à Cadix, soit par les douaniers de ce port, soit enfin par les commis du bureau des Indes à Madrid. Cette perte, effet d'une négligence impardonnable, a déterminé M. le Bailli d'Azara à écrire à Don Félix de ne pas exposer les originaux, et de les garder jusqu'à son retour dans sa patrie.

3.º Quant à la description du Paraguay, et aux cartes intéressantes qui doivent servir à la rendre encore plus utile, et à faire connoître de quel zèle pur Don Félix d'Azara est constamment animé, la confiance de M. le Bailli d'Azara m'en a rendu dépositaire. J'ai déjà commencé la traduction de cette description inédite, qui a mérité à son auteur, de la part du corps de ville de la cité de l'Assomption, capitale du Paraguay, le titre de *citoyen distingué* de cette province. Il a arrêté, en même tems, qu'une copie de la carte demeurera placée dans sa salle d'assemblée à l'hôtel-de-ville, pour servir à rendre familière à tous les habitans la topographie de leur province, et à éclairer les décisions du corps de ville qui doivent avoir cette connoissance pour base. Le public jouira donc incessamment de cette portion des travaux de Don Félix d'Azara.

4.° Les mémoires sur les voyages dans l'intérieur de l'Amérique Méridionale, sont à Rome.

5.° C'est aussi à Rome qu'est l'histoire naturelle des oiseaux de l'Amérique Méridionale.

Don Félix d'Azara a un goût particulier pour l'étude de l'histoire naturelle. Mais dans ce goût même, les oiseaux sont l'objet prédominant. Il a décrit ceux qui composent sa riche collection, avec un soin, avec une exactitude dont son ouvrage sur les quadrupèdes peut donner une idée. Le manuscrit, composé de deux gros volumes, est embelli par les dessins de plus de cinq cents oiseaux, au nombre desquels , comme le dit l'auteur dans un endroit de l'ouvrage actuel , il y en a deux cent-soixante dont Buffon a parlé. Mais ce recueil ornithologique renferme aussi des espèces dont le naturaliste français n'avoit pas connoissance.

L'empressement que Don Félix d'Azara a mis à enrichir le cabinet de sa majesté catholique à Madrid, qui lui est redevable de presque tous les oiseaux rares que l'on y voit ; un séjour de plus de vingt années ; des voyages fréquens, pendant lesquels il a pu explorer des intervalles de plusieurs centaines de lieues ; tout garantit que son travail sera digne de la curiosité que la simple annonce que j'en fais ici ne peut manquer d'exciter.

Ce manuscrit, que M. d'Azara avoit reçu lorsqu'il étoit ambassadeur à Rome, y est resté par une complication d'événemens aussi extraordinaires qu'imprévus : mais il ne faut pas douter qu'il ne se retrouve bientôt entre ses mains ; et j'ai déjà pris avec lui l'engagement bien flatteur pour moi de le traduire et de le publier aussitôt en français.

6.º La description et l'histoire naturelle de la rivière de la Plate, qui est le dernier ouvrage de l'auteur, n'a point encore été envoyé par lui : mais M. d'Azara sait qu'il doit lui être adressé par la première occasion sûre ; et je regarderai comme une jouissance de plus pour moi d'en faire la traduction, et de la réunir à celle des autres ouvrages d'un homme aussi dévoué aux progrès des sciences.

7.º Il ne me reste plus à parler que des Essais sur les quadrupèdes du Paraguay.

Don Félix d'Azara nous apprend lui-même, dans la préface de cet ouvrage, que c'est en recherchant les oiseaux du Paraguay qu'il a cru ne devoir pas négliger de faire connoître les quadrupèdes qu'il lui a été possible de se procurer. Il fait encore remarquer, par rapport à la description de ces quadrupèdes, qu'il n'a été déterminé à l'entreprendre que par le désir d'en donner une connoissance exacte, sans s'occuper d'abord de leur classification, et des moyens de les faire servir à un ouvrage méthodique d'histoire naturelle proprement dite.

On voit même qu'il les a décrits, en premier lieu, dans l'ordre où le hasard les lui a présentés ; qu'il rectifioit ou confirmoit par la rencontre de nouveaux individus des mêmes espèces, les faits qu'il avoit recueillis, ou qu'il en ajoutoit d'autres dont le détail offroit quelque intérêt.

Ensuite l'auteur avoit, comme il nous l'apprend aussi, rangé ses notices dans l'ordre le plus clair et le plus méthodique, lorsqu'une circonstance, presque fortuite, lui procura la partie des œuvres de Buffon qui traite des quadrupèdes.

Qu'on se place dans la situation de Don Félix d'Azara , habitant un pays dont les communications avec l'Europe sont peu fréquentes ; n'ayant même ces communications que dans un point fort éloigné de la capitale du Paraguay , dans laquelle il réside lorsque les devoirs de sa place ne le forcent point à des courses lointaines dans une direction qui l'éloigne encore de Montévideo, où abordent les vaisseaux ; qu'on se mette dans cette position , et il sera facile de sentir quelle dut être sa joie en se voyant possesseur de quelques volumes de Buffon. On se persuade aisément que c'est avec avidité qu'il dut les lire ; et que le plaisir de cette espèce d'entretien, le premier qu'il ait pu avoir sur son propre travail, a dû s'augmenter par l'effet de l'éloignement où il vivoit depuis un aussi grand nombre d'années, privé d'ouvrages sur l'histoire naturelle, et par l'impossibilité presque absolue où il se trouvoit, de s'aider des lumières d'hommes adonnés à la culture des sciences et des lettres.

Don Félix d'Azara ne cherche point à dissimuler tout ce que cette acquisition lui fit éprouver. Mais, et nous devons l'en croire, ses espérances furent déçues à bien des égards. On goûte même une sorte de jouissance, en remarquant que, malgré la conviction qu'il avoit acquise des imperfections du livre qu'il avoit reçu avec tant de joie, Don Félix d'Azara ait hésité à se rendre, en quelque sorte, juge de celui que la renommée sembloit lui commander de regarder comme un grand modèle. Mais on aime aussi, après cette espèce de tribut payé à l'opinion, après ce doute de soi qui fait l'éloge de la modestie de Don Félix d'Azara, à le voir s'élever au-dessus de cette considération par un mouvement de respect pour la vérité, devant laquelle il ne doit plus y avoir d'hommages que pour elle-même.

Ainsi, deux grands avantages qu'on ne sauroit trop priser, se sont rencontrés pour donner un prix réel au travail de Don Félix d'Azara. Le premier, c'est qu'il se soit trouvé tellement privé de livres sur l'histoire naturelle, que nulle idée antérieure, nul système particulier, n'ait pu avoir d'influence sur la description qu'il a faite des quadrupèdes du Paraguay, et qu'il soit ainsi resté avec l'indépendance la plus heureuse, et avec le seul désir de consigner des faits dont l'existence étoit, pour ainsi dire, toute matérielle pour lui. Le second, c'est qu'au moment même où il venoit de disposer toutes ses recherches, Buffon soit venu lui commander en quelque sorte une révision de son travail, et lui prescrire une comparaison dont le résultat

résultat doit être tout entier au profit de la science.

Il n'échappera sûrement point au lecteur, que Don Félix d'Azara s'exprime toujours, en parlant de Buffon, comme si ce dernier étoit encore vivant ; et sans doute il faut compter cette circonstance comme une preuve de plus que l'auteur espagnol n'a pas craint que ce qu'il assure fût soumis à l'examen et même à la critique de celui qu'il a dû croire le plus intéressé à vérifier, à son tour, la justesse des observations par lesquelles il est contredit.

C'est peut-être ici le moment de faire, non pas l'apologie de Don Félix d'Azara, parce qu'il me désavoueroit si je pensois qu'il pût en avoir besoin ; mais de répondre tout-à-la-fois, et aux sectateurs aveugles d'un grand homme, qui croient qu'on porte sur sa réputation une main sacrilége, lors même qu'on n'ose attaquer que des erreurs qui sont l'apanage de l'imparfaite humanité, et à ces détracteurs de profession, qui, dans leur basse envie, pensent qu'aussitôt que le tems a fait reconnoître quelque chose d'inexact, et même de faux, dans un auteur célèbre, le monument que lui avoit élevé l'estime publique doit être renversé, et qui semblent être toujours prêts à devenir les instrumens de cette destruction, comme pour passer le niveau sur tout ce qui excède la mesure de leur propre médiocrité.

Loin de Don Félix d'Azara; oui, j'ose le professer hautement en son nom, loin de lui cette lâche jalousie qui fait agir comme si l'on devenoit héritier de tout ce que l'on cherche à ravir de gloire aux hommes de génie ! Mais loin sur-tout du traducteur des œuvres de Don Félix d'Azara, l'idée de coopérer, même par la simple transmission des idées de l'original espagnol, à un système aussi déshonorant !

J'irai néanmoins jusqu'à confesser que je ne me suis pas toujours trouvé indifférent à ce que l'auteur a dit de Buffon. Un sentiment qui est peut-être de la fierté nationale, et que l'on doit toujours s'affliger de ne pas ressentir, m'a même fait regretter que les reproches du naturaliste espagnol fussent aussi fréquens, et, je l'avoue sans honte, trop souvent fondés, quoiqu'il y en ait aussi beaucoup qui manquent de solidité : mais le souvenir de Buffon est venu bientôt effacer ces foiblesses passagères.

Pour me rendre à moi-même, pour me porter à traduire sans jamais les affoiblir, les expressions de l'original, relativement à Buffon, je n'ai eu besoin que de me rappeler tout ce que sa gloire a de solide et de vrai. Elle est si bien établie que ce seroit moi qui deviendrois coupable d'une offense réelle, si je pensois qu'enlever des taches qui obscurcissent sa renommée, c'est détruire cette renommée.

Qu'on se rappelle en effet les immortels services que Buffon a rendus à l'histoire naturelle. Avant lui, bornée à être l'objet de l'étude de quelques hommes laborieux dont les siècles sembloient être avares, leurs utiles travaux n'étoient connus que de quelques êtres privilégiés qui cédoient comme par instinct à une impulsion qu'ils recevoient presque du hasard.

Buffon paroît; et par lui l'étude de l'histoire naturelle réclame et obtient les hommages qu'elle mérite. Son culte a des sectateurs nombreux, et chacun veut y être initié, en rougissant d'avoir été jusqu'alors le froid spectateur des plus étonnantes merveilles de la nature. Doué d'une éloquence inconnue avant lui, et qui est encore demeurée le modèle de tous ceux qui se dévouent à la même science, il rend sensibles pour les esprits vulgaires les secrets les plus cachés de ce vaste univers. En l'adoptant comme un peintre digne d'elle, la nature lui prête ses couleurs; les tableaux tout-à-la-fois les plus sublimes et les plus attachans, naissent sous ses pinceaux: l'homme le moins disposé à céder à l'enthousiasme, ne peut se défendre d'une sorte de ravissement; et les animaux dont la vue continuelle n'offroit plus rien à sa pensée, deviennent des êtres nouveaux chez lesquels il découvre mille sujets d'admiration qu'on diroit que la plume de Buffon a créés. Tout le monde veut connoître l'histoire naturelle: une multitude de personnes l'étudient; des

hommes dont les générations futures répéte-
ront l'éloge, s'y consacrent; ce sexe aimable,
si outrageusement condamné à la futilité,
trouve dans un livre qu'on croiroit fait pour
son amusement, des connoissances utiles et
douces; il force ainsi les hommes à savoir ce
qu'il ne veut plus ignorer; et Buffon est devenu le précepteur de la France entière.

Et l'on compte ses erreurs! Oui, et
on le doit : c'est l'encens pur qui doit seul
brûler devant l'image des grands hommes;
c'est aux divinités mensongères, c'est aux
cendres de ceux qui ont usurpé les hommages, qu'il faut laisser la superstition : Buffon
n'en a pas besoin.

Et d'ailleurs, ces erreurs, dont le nombre
n'est encore ni vérifié ni incontestable, sont-
elles donc toutes de lui? Quel est le censeur
assez austère, disons mieux, assez injuste,
pour vouloir qu'un naturaliste soit responsa-
ble des faits qu'il consigne sur le rapport
d'autrui, ou de ce qu'il a donné sa confiance
à des observateurs trop peu instruits, ou abu-
sés eux-mêmes? Loin d'adopter une aussi

rigoureuse opinion , il faut encore sentir que la publication de notices incomplètes ou inexactes est une espèce d'invocation à la vérité. Et n'est-ce donc rien que la peine de réunir ces notices, que d'inspirer assez de confiance pour déterminer un premier observateur à hasarder la simple énonciation d'un fait , que de donner l'espèce de signal qui fait que les connoissances approfondies succèdent à ces notions informes ?

Et sans sortir du sujet actuel , peut-on douter que la nécessité de critiquer Buffon n'ait été utile à Don Félix d'Azara , et ne le devienne à la science elle-même ? D'après l'aveu de cet auteur , il est évident que ses essais étoient loin d'offrir l'intérêt dont ils sont remplis, au moment où l'ouvrage de Buffon est tombé dans ses mains. J'irai même jusqu'à dire qu'il a dû lui servir à rectifier quelques erreurs , ou à confirmer , par des détails, plusieurs de ses observations.

A la vérité, il est quelquefois un peu sévère dans l'expression même de sa critique ; mais c'est un effet nécessaire de l'impression qu'ont

dû faire sur Don Félix d'Azara, quelques assertions dont la fausseté étoit marquée pour lui
au coin de l'évidence mathématique. Et après
un séjour de vingt ans dans l'Amérique Méridionale, au milieu d'hommes dont fort peu
sans doute sont comparables à Don Félix
d'Azara, le ton d'un reproche peut n'être pas
rigoureusement à l'unisson de l'urbanité européenne ; sur-tout lorsque, passionné pour la
vérité, on rend à ceux que l'on combat cet
hommage qu'ils ne la repousseront point,
quoique sa nudité semble lui donner un peu
de rudesse.

Il n'échappera point en outre au lecteur
attentif, que Don Félix d'Azara a répété
plusieurs fois que des erreurs qu'il relève
sont l'ouvrage de ceux qui avoient adressé des
mémoires infidèles à Buffon ; et cela même
me conduit à deux observations.

L'une, c'est que Buffon a consigné dans
plusieurs endroits ses propres doutes sur ces
mémoires ; et en me renfermant dans ce qui
appartient aux quadrupèdes, je puis en citer
plusieurs exemples. Il rectifie sa description

du Tapir, d'après ce qu'il avoit recueilli de
Barrère, de Bajon et du professeur Lalla-
mand ; et sur cet article il fait une critique
assez longue de l'opinion de Bajon, qui vouloit que l'on considérât le Tapir comme un
animal ruminant. En parlant du Couendou,
Buffon ne cesse de citer les erreurs des naturalistes ; et ces erreurs sont telles, que lui-
même n'ose rien déterminer sur l'existence
de l'Hoitzlaquatzin, comme distinct du
grand et du petit Couendou, et qu'il croit,
contre l'avis de quelques naturalistes, que ces
deux derniers ne sont qu'un seul et même
animal. Sur les Tatous, cet auteur dit positivement, que dans *l'incertitude qu'il éprouve,
et que le tems pourra seul fixer, il prend
le parti de présenter tous les Tatous ensemble, et de faire néanmoins l'énuméra-
tion de chacun d'eux, comme si c'étoient
en effet autant d'espèces particulières.*
S'agit-il des trois Loutres de Cayenne ? après
en avoir parlé dans son supplément, tom. III
(édition in-4.º), il se détermine, dans le
supplément, tome VI, à croire que ce sont

simplement des Saricoviennes qui varient en grosseur, etc. etc. Or, la plupart de ces doutes se trouvent maintenant convertis en réalités par Don Félix d'Azara.

Il est donc bien démontré que Buffon n'a pas voulu qu'on eût pour les mémoires qui lui étoient adressés, et qui sont la base de plusieurs de ses articles, une confiance que lui-même n'éprouvoit pas. Il ne vouloit essentiellement que le vrai : et censurer avec fondement les faits tirés de ces mémoires, ce n'est pas critiquer Buffon, c'est fournir des preuves qu'il recherchoit lui-même ; c'est satisfaire un vœu qu'il a manifesté dans différentes occasions.

Cela me conduit naturellement à ma seconde observation : c'est que si Buffon vivoit encore, ainsi que le pensoit Don Félix d'Azara lorsqu'il écrivoit ses essais, il accueilleroit cet ouvrage avec bien plus d'empressement encore que des mémoires dont l'adoption, toute conditionnelle qu'elle est, sert plus à montrer dans Buffon un ardent désir d'exciter l'émulation et de provoquer les observations, que de grossir son livre par des motifs que rien ne permet de lui imputer.

Ainsi, et je le dis pour louer l'ouvrage de Don Félix d'Azara, Buffon auroit applaudi le premier à ses vues; il auroit encouragé une publication qui répand un jour nouveau sur l'histoire naturelle et la description d'un grand nombre de quadrupèdes; et je suis bien convaincu que Buffon, supérieur à cette fausse honte qui décèle les talens médiocres, n'auroit pas balancé un instant à considérer l'ouvrage actuel comme une espèce de dépendance de celui qu'on dit que chaque jour rend de plus en plus inutile, et dont personne ne sait encore se passer.

Il semble qu'il ne sauroit y avoir un moment plus propice pour la publication des essais de Don Félix d'Azara, que celui où l'on fait cinq nouvelles éditions des œuvres de Buffon. Il n'est aucune d'elles qui ne doive avoir ces essais comme un complément nécessaire; et c'est peut être une raison de plus de se féliciter de ce que les circonstances ont voulu qu'ils parussent d'abord, et pour la première fois, dans la patrie de Buffon.

La corrélation qui existe entre la partie des quadrupèdes dans Buffon et le travail de Don Félix d'Azara, est même si intime, que les planches de Buffon doivent servir aux deux. A la vérité, l'auteur espagnol se plaint quelquefois de l'inexactitude de ces planches; mais néanmoins c'est avec de certaines restrictions, qui prouvent que, comme il l'a pensé, son propre livre peut se passer de gravures.

Il pourroit arriver néanmoins que la suite des recherches de Don Félix d'Azara lui procurât de nouveaux détails, et qu'ils eussent pour objet d'autres quadrupèdes; mais il ne manquera point alors de faire pour eux ce qu'il a jugé indispensable pour sa partie ornithologique, et des dessins soignés viendront sûrement à l'appui de ses descriptions.

En m'occupant de la traduction actuelle, j'ai eu le désir constant de rendre l'original avec fidélité. Don Félix d'Azara écrit sa langue avec une pureté, une clarté, et surtout une concision qui, si elle augmente

quelquefois les difficultés pour le traducteur,
le garantit toujours à son tour du défaut de
la prolixité. Je n'ai rien négligé pour que ma
peine fût utile au lecteur, et pour rendre
l'ouvrage digne du public.

C'est ainsi qu'après m'être démontré à
moi-même qu'il falloit adopter une prononciation constante et uniforme des mots Guaranis, j'ai fait passer dans notre langue leur
valeur absolue, et que j'ai cru devoir donner
en outre une liste alphabétique de ces mots
qui se présentent dans l'ouvrage, avec leur
prononciation bien figurée et clairement in-
diquée. Buffon a exprimé, notamment aux
articles du Couendou, du Tatou Encoubert
et de l'Ouarine, son opinion sur les avantages de cette uniformité de prononciation ; et
cette idée a achevé de me décider.

D'autres expressions de l'Amérique Méridionale, m'ont semblé exiger l'adoption de
la même méthode, parce que nous ne sommes pas plus familiarisés avec elles, et parce
qu'il a même fallu en conserver quelques-
unes sans les traduire, attendu que la langue

française n'offre pas de véritables équivalens, si ce n'est avec des circonlocutions ou
des phrases explicatives. J'en ai donc fait une
espèce de définition, mais que j'ai crue mieux
placée à la tête de ce premier volume. Le
lecteur y verra quel est le sens réel de ces
expressions ; et j'ai préféré ce moyen à celui
d'une note qu'il auroit fallu répéter à chaque
fois, ou que rien n'auroit suppléée pour le
lecteur par-tout où il ne l'auroit pas ren-
contrée.

Cette traduction a cependant des notes.
Les plus multipliées sont celles qu'amène la
citation de plusieurs centaines d'endroits de
Buffon. Celles-ci, comme l'annonce la préface de Don Félix d'Azara, ont été tirées
par lui des douze premiers volumes de la
traduction espagnole de Don Joseph Clavijo,
et de l'édition française de 1775, in-12.
J'ai cru devoir les conserver toutes, en ajoutant d'abord à la citation à chercher dans
Clavijo, celle du volume français de 1775 ;
puis à la totalité de ces citations, les citations correspondantes de l'édition in-4.° du

Louvre, la seule que Buffon ait avouée, et que sa beauté typographique place au-dessus de toutes les autres.

J'ai vérifié toutes ces citations ; et j'ai même poussé le scrupule jusqu'à prendre les expressions même de Buffon dans les passages indiqués par Don Félix d'Azara, afin de ne pas courir le risque de dénaturer le texte, et pour laisser et à la chose critiquée, et à la critique qui en est faite, leur caractère primitif.

On me permettra sans doute d'ajouter ici que Don Félix d'Azara n'ayant vu que les douze premiers volumes de la traduction espagnole de Buffon, et que des volumes de l'édition française in-12, sans qu'il ait pu conséquemment soupçonner l'existence de la partie anatomique de Daubenton, les reproches dirigés quelquefois contre les planches de l'édition espagnole, et les reproches plus graves, et fréquemment adressés à Buffon, sur ce que sa description ne caractérise point assez plusieurs quadrupèdes, doivent être écartés par le lecteur judicieux et impartial qui connoît les œuvres de Buffon dans toute leur intégrité.

J'ai osé encore hasarder quelquefois des notes qui m'appartiennent ; mais je n'ai fait que céder au désir de mettre le lecteur plus en état de prononcer ; et j'ose croire avoir quelque droit à sa bienveillance, du moins par la pureté de mes motifs.

Mais ma délicatesse ne veut pas que je laisse ignorer que celles de ces notes qui sont géographiques, appartiennent bien plus à Don Félix d'Azara qu'à moi, puisque j'en ai puisé les matériaux dans sa description du Paraguay, dont j'ai déjà annoncé que j'avois commencé la traduction. J'ai pensé que ces courtes indications des lieux devoient ajouter quelque chose à l'histoire de certains quadrupèdes, et que le lecteur pourroit en recueillir quelque fruit.

C'est pareillement pour son utilité que j'ai cru devoir mettre à la suite de l'indication de chaque article, la synonymie de Linné et celle de deux naturalistes qui ont concouru à l'examen de cet ouvrage (a), et même à cette

____

(a) Les citoyens La Cépède et Cuvier.

synonymie. Cette précaution empêchera que
des dénominations nouvelles ne suspendent
ou n'éloignent l'intérêt que doivent inspirer
les descriptions qui ont pour objet des animaux déjà connus sous d'autres noms.

Il est néanmoins des quadrupèdes restés
avec le seul titre sous lequel M. d'Azara les
indique : mais c'est l'effet d'une réserve qui
a commandé de ne pas adopter trop vite des
analogies propres à indiquer des espèces déjà
connues, ou de ne point augmenter, sans
une conviction entière, les espèces nouvelles;
c'est, en un mot, par respect pour la science
elle-même.

Quant au court appendix de la fin, qui
ne parle que de quelques lézards, l'auteur
n'ayant aucune connoissance de l'intéres-
sante description des quadrupèdes ovipares
du citoyen La Cepède, n'a pas eu de motif
pour s'arrêter long-tems sur ce point.

En donnant réduites en nouvelles mesures toutes celles qui sont énoncées dans l'o-
riginal en mesures du pied ancien et de ses
subdivisions , j'ai cru néanmoins devoir
conserver

conserver ces dernières , parce qu'elles sont en quelque sorte un contrôle des autres ; et plus encore, parce qu'étant celles qui ont été employées par l'auteur, elles doivent avoir, dans leur énonciation, un degré d'exactitude que je n'aurois pu exprimer quelquefois que par le moyen de fractions décimales marquées avec plusieurs chiffres ; ce qui auroit amené des embarras typographiques.

Il me reste maintenant à satisfaire la juste curiosité du lecteur, par quelques détails personnels sur Don Félix d'Azara. Né dans l'Aragon, où réside sa famille, il est actuellement dans sa quarante-neuvième année ; il offre l'exemple, peut-être unique en Europe, d'un homme chez qui l'aversion pour le pain est si forte , qu'il n'en a jamais mangé.

Lors de l'expédition contre Alger, en 1776, Don Félix d'Azara, qui étoit descendu l'un des premiers sur le rivage , reçut une blessure si cruelle, qu'elle l'avoit fait confondre parmi ceux qu'on avoit réunis comme morts. Les regrets d'un ami déterminèrent cependant à faire des recherches pour trouver son corps ; on le trouve : un matelot imagine de lui faire, avec un couteau, une première opération à laquelle ne présidèrent ni l'art ni les ménagemens qu'une main savante sait employer : mais, en retirant une grosse balle de cuivre qui avoit traversé la poitrine et presque tout le corps, il le rappela à la vie. Lorsque Don Félix d'Azara put avoir des secours plus habilement dirigés, il lui fallut souffrir d'horribles douleurs, parce qu'on lui ôta une côte toute entière. Cette blessure a été enfin guérie ; et, à partir de cette époque, Don Félix d'Azara a constamment joui de la meilleure santé.

Depuis que l'Espagne, devenue l'alliée de la France, considère le Portugal comme un ennemi, le roi d'Espagne a nommé Don Félix d'Azara commandant de la frontière qui sépare le Paraguay du Brésil ; et nous savons que l'exercice de ses nouvelles fonctions lui a encore procuré des occasions d'enrichir,

dans plusieurs genres, sa brillante collection d'histoire naturelle.

Don Félix d'Azara est célibataire, et sans
discourir en moraliste sur les avantages et
les désavantages de cet état, il nous semble
assez naturel de penser, que si sa passion
pour la recherche des merveilles de la nature ne s'est pas accrue de l'espèce d'indépendance qui est une conséquence du céli-
bat, cette passion n'a pas été affoiblie du
moins par des soins dont les douces jouis-
sances auroient été toutes au profit de l'é-
poux, et dont la privation a servi la science,
qui, à son tour, l'aura consolé si elle n'a pas
pu le dédommager.

Mais un sentiment dont le charme est
bien doux à Don Félix d'Azara, c'est l'a-
mitié : c'est ce lien le plus fort comme le
plus durable de la vie ; c'est cette affection de laquelle toutes les autres emprun-
tent ce qu'elles ont de solide, qui l'attache
particulièrement à ses deux frères.

Je ne dois pas taire combien est parfaite la
juste réciprocité dont il est payé par Don

Joseph-Nicolas d'Azara, bailli de Malte, puisque c'est à elle qu'on est redevable de l'empressement qu'il a mis à faire paroître l'ouvrage de Don Félix. Témoin presque journalier de l'affection tendre que M. l'ambassadeur d'Espagne a pour son frère le naturaliste, et à laquelle la différence d'âge semble avoir mêlé quelque chose de l'amour paternel dans le cœur du premier, je sais qu'aux vertus publiques qui ont illustré, près de quarante ans, sa carrière diplomatique ; qu'à des connoissances approfondies dans plusieurs genres qui ont associé au titre de négociateur habile, ceux d'ami et de juge éclairé des arts, M. le bailli d'Azara réunit les qualités plus précieuses encore qui décorent si bien l'homme privé. Et dussé-je blesser sa modestie, j'ajouterai que dans ses sentimens, dans ses pensées, M. le bailli d'Azara confond la France avec l'Espagne, l'Espagne avec la France ; que la preuve s'en trouve par-tout, même dans le fait si simple en soi de la priorité de la publication de ces essais accordée à la France et à la langue française.

Qu'on me permette donc, si l'auteur et le traducteur ont besoin d'indulgence, de la réclamer pour eux deux sous l'influence d'un homme que la République Française compte parmi ses amis les plus sincères et les plus fidèlement attachés à la liberté publique, et aux vertus généreuses, sans lesquelles il n'est point de grand peuple.

Moreau Saint-Méry.

PRÉFACE

DE L'AUTEUR.

Dans le même tems que je cherchois des oiseaux dans la province du Paraguay, je n'ai pas voulu perdre l'occasion de décrire les quadrupèdes que je pouvois me procurer ou par mes propres soins, ou à prix d'argent. J'ai commencé ce travail, dirigé par la seule observation, et sans la moindre connoissance de ce que d'autres avoient écrit avant moi ; mais, à mesure que j'obtenois de nouveaux individus, je rectifiois, en les examinant, les précédentes descriptions.

Je les ai faites toutes ayant sous les yeux les animaux jouissant de la vie, ou lorsqu'ils venoient d'en être récemment privés ; et cette circonstance m'autorise à croire que je ne suis pas tombé dans les erreurs que n'ont pu éviter les personnes qui ne les ont pas rencontrés vivans ; celles qui ne les ont

vus qu'exténués, pelés, et devenus, en quelque sorte, des pourceaux dans des cages, ou
retenus par des chaînes ; et celles qui ne les
ont considérés que dans leurs cabinets. En
effet, toutes les précautions qu'on peut prendre alors, n'empêchent pas que l'action du
tems n'ait beaucoup altéré au moins les
couleurs ; et, d'un autre côté, nulle peau,
nul squelette, quelque parfaite que puisse
en être la préparation, ne sauroit donner
une idée exacte des dimensions, des nuances ni des formes.

J'ai mis tout mon soin à dire la vérité
sans rien exagérer, à saisir les caractères
principaux, et à ne pas confondre les caractères généraux avec les caractères particuliers.

Par les premiers, j'entends les rapports,
les ressemblances et les analogies qui se
trouvent entre quelques animaux que, pour
cette raison, l'on peut considérer comme
étant du même genre, de la même origine
et de la même famille ; et comme ces caractères s'offrent fréquemment, ce seroit

un grand ennui et une grande confusion que
de les trouver répétés dans la description
de chaque espèce. Par exemple : c'est assez
de dire quelle est la forme de la tête et de
ses parties , celle des pieds et des ongles
dans le lion , et d'y renvoyer quand on décrit les panthères , les *yagouarétés* , etc. ,
parce que ces formes sont les mêmes dans
tous ces animaux.

Les caractères particuliers ou spécifiques
sont opposés aux caractères généraux ; c'est
le manque de rapports et d'analogie , ce
sont les dissemblances qui existent dans une
espèce ou un animal relativement à d'autres ,
et il faut avoir soin de les indiquer , principalement dans la description de chaque
quadrupède , puisque ces caractères montrent en quoi celui-ci diffère de tous les autres.

Les caractères quelconques , soit généraux , soit particuliers , résident dans la
grandeur, les formes, les couleurs et les
mœurs. Parmi ceux qui appartiennent à la
grandeur, j'ai préféré la mesure exacte de
la longueur totale et celle de la queue, s'il

y en a une, parce que ces mesures suffisent presque toujours pour reconnoître si un animal est déjà adulte ou non, et s'il est ou n'est pas de l'espèce qu'a décrite un autre auteur.

J'ai été scrupuleux dans l'explication des formes et des caractères qui résident dans les couleurs et dans la manière dont ces couleurs sont disposées et placées sur l'animal même, parce que j'ai observé que ces caractères sont constans et ne varient point selon les climats ; opinion dans laquelle j'ai encore été confirmé, en trouvant dans Buffon deux cent soixante de mes oiseaux qui ont les mêmes couleurs, et avec la même symétrie que dans le reste du monde. Il est vrai que ces couleurs diffèrent quelquefois selon le sexe et dans les pères et les enfans ; mais cette diversité n'a-t-elle pas également lieu quant aux dimensions, aux formes et aux mœurs, sans qu'elle fasse naître aucun doute sur l'identité de l'espèce ?

Il est également positif que les causes accidentelles qui produisent parmi les hommes

les individus *albinos* et à poil crépu, altèrent la couleur et le poil des quadrupèdes,
ou la plume des oiseaux ; mais ces cas ne
sont ni très-fréquens, ni difficiles à reconnoître.

A l'égard des mœurs, c'est assurément ce
qu'il est le plus difficile de savoir, d'autant
que les habitans des campagnes , qui ne
sont que trop insoucians, racontent presque
toujours des fables , et prennent des choses
hasardées pour des vérités. Quant à moi, je
n'affirme sur les mœurs que ce que j'ai observé ; et quant aux faits sans nombre que
j'ai entendu rapporter, je n'en ai noté que
quelques-uns qui me paroissent certains, et
que je tiens de personnes d'une véracité
reconnue.

J'avois à peine disposé mes essais dans
l'ordre le plus clair qu'il m'avoit été possible d'adopter, lorsque je reçus un ordre du
vice-roi de descendre à Buenos-Ayres , où le
capitaine de frégate Don Martin Bonéolds
me fit présent des douze premiers volumes
de l'histoire naturelle de Buffon, traduits

en langue castillane par Don Joseph Clavijo y Faxardo (*a*) ; et comme il n'y avoit
que ce nombre de volumes traduits, Don

(*a*) *Extrait de l'Avant-propos du traducteur espagnol
des OEuvres de Buffon* (Don Joseph Clavijo y
Faxardo).

« En l'année 1770, le roi daigna m'employer dans son
cabinet d'histoire naturelle, pour former la notice des
productions et des curiosités qui y existoient alors, et
de celles qui l'enrichiroient successivement, pour travail-
ler, quand il en seroit tems, au catalogue raisonné de
ces mêmes productions, et pour entretenir au-dedans et
au-dehors la correspondance relative à ce cabinet. Le
désir de remplir ces objets me porta à rechercher aussitôt les termes castillans correspondans aux mots latins et
français d'histoire naturelle, (idiomes dans lesquels sont
communément écrits les meilleurs ouvrages qui traitent
de cette science), puisque je ne devois employer de mots
étrangers que lorsque la langue castillane ne m'en
offriroit pas elle-même.

» Cette entreprise ne laissoit pas d'être difficile...
cependant, à force de constance, et avec une application
soutenue durant plus de neuf ans, passés à lire, à noter et
à comparer avec les auteurs latins et français autant de livres castillans que j'ai pu en acquérir ou en trouver sur
l'histoire naturelle, je suis parvenu à former un vocabulaire d'un volume ordinaire, et qui m'a été assez utile. »

Pierre Cervigno me prêta le reste en original.

L'écrivain français est, d'après la renom-

» Ma première pensée, lorsque j'eus fait ce vocabulaire castillan-latin-français, étoit de le publier, afin qu'il devînt utile à ceux qui étudient l'histoire naturelle dans les auteurs latins, et plus fréquemment encore dans les auteurs français, l'expérience m'ayant fait connoître combien il est difficile de trouver, dans notre propre langue, les vrais équivalens des mots d'histoire naturelle, à moins de se livrer à une longue et pénible recherche. Mais diverses réflexions m'ont fait abandonner ce dessein quant à présent....

» Ce travail m'a montré que parmi nous l'étude fondamentale et méthodique de l'histoire naturelle est arriérée quant au règne animal et au règne minéral ; car les progrès des Espagnols, en botanique, sont notoires. Dans cette opinion, et pour réparer ce vide, il m'a semblé.... que le meilleur service que je pusse rendre à ma patrie, étoit de traduire, pour l'instruction de la jeunesse, le meilleur ouvrage d'histoire naturelle que l'on connoisse au jugement des savans ; et il ne me restoit point à balancer quant au choix, puisque toute l'Europe donne unanimement la préférence à l'histoire naturelle générale et particulière de Buffon, savant que les nations vénèrent sous le nom du Pline français : j'ai donc entrepris la traduction de cet ouvrage. »

mée, le meilleur naturaliste de son siècle
et des siècles passés : le traducteur est vice-

§. I.

« . . . Il n'y avoit, dans le royaume d'Espagne, de cabinets d'histoire naturelle dignes de ce nom, que le cabinet formé pour l'instruction du prince qui règne sous le nom de Charles III ; un autre qu'y avoit fait, dans le même but, son oncle l'infant Don Louis-Jacques ; et celui qu'a laissé tout formé à Barcelone le docteur Jacques Salvador, l'honneur de la Catalogne. Le roi Don Fernand VI avoit ordonné de recueillir les productions de ses vastes domaines, et attaché à son service des sujets versés dans l'histoire naturelle et la chimie, avec l'intention de former un cabinet d'histoire naturelle. Mais cette grande œuvre étoit sans doute réservée au règne de notre souverain Charles III, qui, dans cette vue, a donné non-seulement tout ce qui avoit été réuni au tems de son père, mais ce qu'il possédoit lui-même. Au moyen de ces dons et du célèbre cabinet qu'avoit formé avec application, discernement et une grande dépense, pendant une longue suite d'années, Don Pierre-François Davila, premier directeur et directeur actuel de ce cabinet royal (lequel a mérité que sa majesté daignât accepter l'offre qu'il lui en a faite), la nation s'est trouvée, tout-à-coup, en possession d'un cabinet d'histoire naturelle.

» Ce cabinet, depuis qu'il a été ouvert pour l'instruction publique le 4 novembre 1776, a peu à envier aux

directeur de notre cabinet royal d'histoire
naturelle ; et l'ouvrage qui porte ces du x

---

cabinets les plus anciens des autres nations, et l'emporte
peut-être sur eux dans quelques branches.

» Ce muséum n'a cessé de gagner depuis par les
présens du roi et des infans, par les soins du duc de
Grimaldi, premier ministre d'état ; par ceux du comte
de Florida-Blanca, son successeur. Lorsque, d'après les
ordres du roi, il réunira les productions des riches domaines de l'Amérique, et que des Espagnols, mus par la
curiosité ou par un sentiment plus noble, s'adonneront
à découvrir ce que renferme le sol heureux de cette
partie du monde qu'on peut encore considérer comme
intacte, la nation doit espérer de posséder le musée le
plus riche et le plus précieux de l'univers. »

Le premier volume de la traduction espagnole des
OEuvres de Buffon, format in-8.°, a paru en 1785. Je
n'ai pu trouver que les dix premiers volumes, les
seuls qui soient à la bibliothèque nationale, quoiqu'il y
en ait seize ou dix-sept volumes de publiés en ce moment,
et que M. d'Azara eût déjà le douzième au Paraguay, il
y a plus de quatre ans, comme le prouvent ses citations.

L'histoire naturelle des quadrupèdes ne commence
qu'au septième volume. Cet ouvrage est sorti des presses
de la veuve Ibarra, imprimeur à Madrid.

Le traducteur a réuni aux divers articles ce qui se
trouve dans les additions et les supplémens publiés par
Buffon. Il y a même ajouté des notes lorsqu'il les a crues

noms à son frontispice, devoit être, selon moi, le meilleur. J'en commençai la lecture, plein de cette prévention ; mais il me parut bientôt que l'auteur avoit eu peu de renseignemens sur les quadrupèdes américains ; que Don Joseph Clavijo n'avoit fait que le traduire, et qu'il étoit indispensable que je notasse dans mes foibles essais, les erreurs de Buffon. Néanmoins, je suspendis

---

intéressantes. C'est ainsi qu'il y en a deux sur les draps de laine de Vigogne, etc.

Il a cru aussi devoir adopter quelquefois une distribution différente des objets, en mettant, par exemple, le Zèbre après l'Ane, en plaçant le Mulet après le Zèbre et le Couaga, etc. etc.

La traduction de Don Joseph Clavijo est extrêmement estimée, et ses compatriotes lui paient un juste tribut de reconnoissance, en désirant qu'il puysse les faire jouir de la totalité des OEuvres de Buffon ; à leur jugement, toutes les beautés du style de Buffon sont transportées dans leur propre langue, en leur conservant ce charme qui est le caractère de la plume brillante du naturaliste français.

Je ne puis m'empêcher d'exprimer ici un regret aussi vif que sincère, de ce que, pour des motifs que Don Joseph Clavijo ne nous explique pas, il n'ait pas persévéré dans son premier projet d'imprimer son vocabulaire castillan-latin-français. Ce qu'il a lui-même éprouvé de son

pendant

pendant plus d'un mois ce nouveau travail, jugeant qu'il ne convenoit pas qu'un
homme aussi ignoré que moi l'entreprît,
d'autant que pour le bien faire, il falloit censurer, à chaque instant, d'autres naturalistes
très-célèbres, sans avoir plus de connoissance de leurs ouvrages que celle qu'on peut
puiser dans les citations qu'en fait Buffon.

---

utilité, et ce que j'ai trouvé de peines du même genre
dans la traduction que je présente aujourd'hui au public,
faute de ce vocabulaire, me persuadent qu'il rendroit
un véritable service à l'histoire naturelle, s'il lui prêtoit
ce nouveau secours.

J'ai rapporté le paragraphe de Don Joseph Clavijo, sur
le cabinet de Madrid, persuadé que plusieurs de mes
lecteurs seroient bien aises de connoître son origine, et
de voir que Buffon a eu une influence réelle quoiqu'in-
directe, sur ce bel établissement.

J'étois d'ailleurs jaloux de saisir cette occasion d'annoncer que Don Félix d'Azara est l'un des Espagnols qui
ont le mieux répondu à l'attente que Don Joseph Clavijo
fondoit sur les recherches en histoire naturelle qu'on
feroit en Amérique. Il a envoyé une multitude d'objets
au cabinet de Madrid, et l'ornithologie y a été particulièrement enrichie par ses soins.

(*Note du Traducteur.*)

d

Mais réfléchissant à la fin sur la nécessité de détruire les erreurs graves et nombreuses de Buffon , et qu'il étoit probable que l'Espagne n'avoit personne qui pût parler sur cette matière , je m'y déterminai , et je fis la critique que je présente , sans présumer qu'elle soit ni parfaite ni exacte en tout , mais en pensant qu'elle peut être un stimulant pour que d'autres en fassent une meilleure.

Ne connoissant les quadrupèdes que d'une seule province, et un petit nombre d'autres, je ne puis me livrer à des observations générales ; cependant comme mes animaux appartiennent à presque toute l'Amérique , je citerai certains faits d'où l'on pourra emprunter des preuves.

Le lecteur attentif trouvera que les animaux de ce continent peuplent de plus grands espaces que ceux de l'ancien monde ; et la raison en est que l'Amérique ayant peu d'hommes, les quadrupèdes n'ont pas rencontré de difficulté à s'étendre peu à peu, en tout sens, s'accoutumant insensiblement à tous les climats, et peuplant, pour ainsi dire , tout l'intervalle d'un pôle jusqu'à l'autre.

On peut aussi partager mes quadrupèdes en deux classes ; l'une, des quadrupèdes qui ont ce que j'appellerai des analogues dans l'ancien monde ; et l'autre, de ceux qui n'en ont point.

Comparant ensuite entre eux les analogues des deux continens, je trouve que le *Gouazoupoucou* est égal au Cerf d'Europe, et qu'il est même plus grand ; que l'*Yagoua-rété* ne le cède point à la Panthère africaine, ni l'*Agouaragouazou* au Loup ni au Chacal ; que l'*Agouarachay* est plus grand que le Renard ; que mes Furets excèdent les Furets d'Afrique, les Martes et les Fouines ; que ma Loutre et ma Vizcache l'emportent sur la Loutre et sur la Marmote d'Europe ; mon Rat épineux sur le Rat ordinaire ; mes Tatous sur les Pangolins, et le Taureau de Montévidéo sur celui de Salamanque.

D'une autre part, je vois que mes *Taya-zous* sont plus petits que le Sanglier ; que le *Tapiti* est inférieur au Lapin ; que mes Singes ne sont point égaux à ceux d'Afrique, ni le Cheval du Chili à celui d'Andalousie.

De tout cela il résulte que dans la comparaison des analogues que je connois, l'avantage de la grandeur est pour ceux de l'Amérique.

On pourra dire contre cette proposition, qu'il n'y a point ici d'animaux, du genre du Chat, comparables au Lion ni au Tigre ; mais, en revanche, il n'y a point ailleurs de quadrupèdes , ayant la bouche et les dents du Rat , qui puissent le disputer de grandeur au *Capiygoua* , au *Pay* , ni à la Vizcache (ou Marmote américaine.)

Voudroit-on objecter , en outre, qu'on n'a point ici d'animaux à opposer à l'Eléphant et à l'Hyppopotame ? L'on pourra répondre qu'on a trouvé nombre de fois, vers la rivière de la Plate , les ossemens de quadrupèdes beaucoup plus grands que ces colosses asiatiques.

Au surplus, je ne me sens point en état de suivre plus loin cette comparaison, ni d'ouvrir une opinion à cet égard ; et, si j'ai désigné des individus , c'est que je vois que , sans les avoir présens , on décide magistralement que le climat de l'Amérique diminue les dimensions des animaux , et qu'il n'est pas capable d'en produire d'égaux à ceux des autres parties du monde.

Comparons maintenant la fécondité , et nous trouverons que les *Tayazous* , qui sont les analogues du Sanglier , font deux petits comme l'*Yagouarété* , qui est l'analogue de la Panthère ; que l'*Agouarachay* , qui équivaut au Renard , en fait quatre comme le *Tapiti* , qui est supposé l'analogue du Lapin ; que l'*Apéréa* , qui correspond au Couy espagnol , ou petit Lapin chinois , produit un ou deux petits , et que le *Couïy* , qui est l'analogue du Hérisson , en fait un : finalement, que mes Furets n'en font que deux , et que tous mes Cerfs et mes Singes n'en produisent qu'un seul.

On pourroit inférer de tous ces détails, que mes quadrupèdes ne portant qu'une seule fois dans l'année , ils sont moins féconds que leurs analogues dans l'ancien monde ; mais la vérité est que le *Tatou-Mulet* fait jusqu'à douze petits, et les *Micourés* jusqu'à quatorze ; mais, comme ils n'ont point d'analogues, je ne tire pas de conséquence de ce fait.

Malgré leur peu de fécondité, ces quadrupèdes peuplent d'immenses surfaces, attendu que la nature, quoique par différens chemins, sait cependant arriver à son but. Si elle a affoibli ici la vertu prolifique, elle a pu le faire sans préjudicier au nombre des individus, en leur donnant une vie plus longue et des alimens plus nombreux.

Nous voyons, par exemple, que l'*Apéréa*, en produisant un ou deux petits, abonde infiniment plus que les *Micourés* qui en font une multitude ; parce que l'*Apéréa* vit plus long-tems, et que quand même cela ne seroit pas ainsi, il ne périt point, faute de subsistances, tandis que les alimens sont beaucoup plus rares pour les *Micourés*. Le *Caracara* est un épervier qui ne produit qu'une seule fois par an, et deux petits comme les autres ; et cependant il est plus commun que toutes les espèces d'éperviers réunies ; ce qui doit être attribué à sa longue existence, et à ce qu'étant omnivore, les alimens ne lui manquent jamais : ce qui arrive aux autres.

J'attribue la dépopulation où se trouve l'Amérique, quant à l'espèce humaine , au manque de subsistances qu'elle éprouve faute de connoissances en agriculture ; et je crois que si les souverains veulent y voir surabonder leurs sujets , ils n'ont autre chose à faire qu'à y multiplier les alimens , en fesant recueillir par-tout les racines, les fruits et les semences propres aux divers climats , de cette partie du monde.

Mes quadrupèdes sans analogues dans l'autre continent, ont des formes étranges , et dont quelques-unes paroissent même monstrueuses et comme dans une sorte de contradiction ou de chaos. Tous ceux de cette classe sont dans un état de torpeur, presque sans moyens pour se défendre , et quelques-uns savent à peine maintenir une existence qu'on pourroit appeler végétative ; raisons pour lesquelles ils disparoîtront de ce continent dès qu'il sera peuplé; car tel a été leur sort dans l'ancien monde, qu'ils habitoient aussi lorsqu'on n'y comptoit encore que peu d'hommes.

Si nous mesurons l'amour des mères pour les enfans par les soins et l'empressement qu'elles mettent à leur préparer un lieu de repos agréable, et une habitation commode et sûre , nous devrons confesser que le *Gnouroumi*, le *Cagouaré*, les six *Micourés* et les quatre Singes, font peu de cas de leurs petits ; puisque, sans disposer aucun lieu pour eux , ils les portent sur leurs épaules, et que celui de ces petits qui ne sait pas s'attacher fortement à sa mère, périt. On pourroit croire aussi que ces mères ne préparent point d'asyle à leur progéniture par un effet de leur paresse qui se montre, en ce que chez tous , le *Gnouroumi* et l'un des deux derniers Singes exceptés , ils se suspendent par la queue , donnant à entendre que la paresse de leurs quatre mains nécessite le secours d'une cinquième, qui est cette queue.

Il me reste à avertir que les mesures que j'indique dans cet ouvrage, sont en parties du pied de Paris (*a*). Les longueurs ont été prises sur les animaux étendus, et avec une corde dirigée par-dessus le dos, depuis le bout du museau jusqu'à la fin des poils de la queue quand il y en a une; ou s'il n'y en a pas, jusqu'au bout des poils du coccix. Les queues ont été mesurées de la même manière; et les hauteurs du devant et du derrière, en posant une des extrémités de la corde au plus grand ongle, et l'autre au garot et au point le plus élevé de la hanche.

Par circonférence antérieure, on entend celle de la poitrine prise derrière les bras; et, par circonférence postérieure, celle du bas-ventre prise près des hanches. Si l'on a changé quelquefois cette manière de mesurer, on a eu soin d'en avertir.

Les noms propres sont écrits avec l'orthographe *Guaranique.*

____

(*a*) Ce pied est égal à 32 centimètres et demi. (*Note du Traducteur*).

Quant aux citations, elles sont marquées du mot *traduction* lorsqu'elles se rapportent à ce qu'a fait Don Joseph Clavijo, et de celui *original*, quand elles sont tirées des volumes non traduits de Buffon. Et comme il y a différentes éditions des œuvres de celui-ci, j'avertis que celle qui m'a servi est de Paris, de l'année 1775, et en treize volumes ; sept de Quadrupèdes ; quatre de supplémens ; et les deux derniers, de tables (*a*).

- - -

(*a*) L'édition française de Buffon, dont parle M. d'Azara, est celle des quadrupèdes en 14 volumes in-12, faisant partie des *OEuvres complètes*. Les sept premiers volumes portent : *Paris, de l'imprimerie royale* 1775 ; les quatre suivans sont les *Supplémens à l'histoire des animaux quadrupèdes*, auxquels on a mis également le titre d'*OEuvres complettes* ; le 12.e contient les tables ; et les deux derniers, les OEuvres posthumes de Buffon. M. d'Azara n'ayant eu aucune connaissance de ces deux derniers volumes, il ne devroit parler que de douze, mais il paroît que celui de tables avoit été divisé en deux, puisqu'il dit en avoir eu deux de tables (*Note du Traducteur*).

PRONONCIATION

SYLLABIQUE

DES MOTS GUARANIS

Qu'on trouve dans cet Ouvrage.

On a désigné les syllabes qu'il faut faire sentir plus que les autres.

Lorsque les mots sont sans observations, l'on doit prononcer comme s'ils étoient français.

L'orthographe offre les mots Guaranis en sons de la langue française.

A.

ORTHOGRAPHE.	PRONONCIATION.
Agouara.	A-gou-a-ra. *gou* long.
Agouarachay.	A-gou-a-ra-chay. *gou*, *ra* et *chay* longs.
Agouaragouazou.	A-gou-a-ra-gou-a-zou. *les 2 gou*, *ra* et *zou* longs.
Agouarapopé.	A-gou-a-ra-po-pé. *gou*, *ra* et *pé* longs.
Angouya.	An-gou-ya. *An* fort.

ORTHOGRAPHE.	PRONONCIATION.
Angouya-gouaiquoui.	An-goui-ya-gouai-quoui.
	An et *quoui* longs.
Angouya-y-bigoui.	An-goui-ya-y-bi-gou-i.
	An et *gou* longs.
Apéréa.	A-pé-ré-a.

C.

Caaigoara.	Ca-ai-go-a-ra.
Caaigoua.	Ca-ai-gou-a.
	ai, *gou* et *a* longs.
Caaigouara.	Ca-ai-gou-a-ra.
	ai, *gou* et *ra* longs.
Caaigouaré.	Ca-ai-gou-a-ré.
	ai, *gou* et *ré* longs.
Caaigouazou.	Ca-ai-gou-a-zou.
	gou et *zou* longs.
Caaya.	Ca-ay-a.
Cagouaré.	Ca-gou-a-ré.
	gou et *ré* forts.
Caï.	Ca-ï.
	ï long.
Caigouazou.	Cai-gua-zou.
	zou long.
Capibara.	Ca-pi-ba-ra.
Capigouara.	Ca-pi-gou-a-ra.
	gou et *ra* longs.
Capiygoua.	Ca-pi-y-gou-a.
	y, *gou et a* longs.

ORTHOGRAPHE.	PRONONCIATION.
Caraya.	Ca-ray-a.
	a final long.
Carigoué.	Ca-ri-gou-é.
	gou long.
Carigoueybejou.	Ca-ri-gouey-be-jou.
Carigoy.	Ca-ri-goy.
Cay.	Ca-y.
Cayou.	Cay-ou.
Caytaya.	Ca-y-ta-y-a.
	a final long.
Chibigouazou.	Chi-bi-gou-a-zou.
	gou et *zou* longs.
Couati.	Cou-a-ti.
Cougouacou-été.	Cou-gou-a-cou—é-té.
Cougouacou-apara.	Cou-gou-a-cou—a-pa-ra.
Cougouacou-ara.	Cou-gou-a-cou—a-ra.
Cougouar.	Cou-gou-ar.
Couï.	Cou-ï.
	i long.
Couïy.	Cou- -y.
	Cou et *y* longs.
Couré.	Cou-ré.
Coutou.	Cou-tou.
Couy.	Cou-y.
	les 2 forts.

E.

Eyra.	Eyra.
	ra fort.

G.

ORTHOGRAPHE. PRONONCIATION.

ORTHOGRAPHE.	PRONONCIATION.
Gnouroumi.	Gnou-rou-mi.
Gouazouara.	Gou-a-zou-a-ra. *gou* et *zou* longs.
Guazoubira.	Gou-a-zou-bi-ra. *gou* et *zou* longs.
Gouazoucon.	Gou-a-zou-con. *gou* et *zou* longs.
Gouazouété.	Gou-a-zou-é-té. *gou* et *zou* longs.
Gouazoupara.	Gou-a-zou-pa-ra. *gou* et *zou* longs.
Gouazoupita.	Gou-a-zou-pi-ta. *gou* et *zou* longs.
Gouazoupoucou.	Gou-a-zou-pou-cou. *gou*, *zou* et *cou* longs.
Gouazouti.	Gou-a-zou-ti. *gou* et *zou* longs.
Gouazouy.	Gou-a-zou-y. *gou* et *zou* longs.
Guaranis.	Gou-a-ra-nis. *Gou* et *ra* longs.

J.

Jagouar.	Ja-gou-ar. *gou* long.
Jiya.	Ji-y-a. *y* long.

M.

ORTHOGRAPHE.   PRONONCIATION.

Mafoutiliqui.   Ma-fou-ti-li-quoui.
Mapourita.   Ma-pou-ri-ta.
M'borébi.   M'-bo-ré-bi.
                     bi long.
Micouré.   M'i-cou-ré.
                     ré fort.
Miriquouina.   Mi-ri-quoui-na.

N.

Nouroumi.   Nou-rou-mi.
                     tous longs et le dernier
                     plus fort.

O.

Ochagou.   O-cha-gou.

P.

Pay.   Pay.
                     fort en une seule syllabe.
Payagoua.   Pa-ay-gou-a.
                     gou fort.
Pouma.   Pou-ma.
Poyou.   Po-you.
                     you long.

Q.

ORTHOGRAPHE.	PRONONCIATION.
Quouïya.	Quou-ï-y-a.
	ï et *a* longs.
Quirquincho.	Kir-kin-cho.

S.

Sarigoué.	Sa-ri-gou-é.
	gou long.
Sarigouérembiou.	Sa-ri-gou-é-rem-bi-ou.
	gou et *ou* forts.
Sarigoueya.	Sa-ri-gou-ei-ya.
	gou et *ya* forts.
Sarigoy.	Sa-ri-goy.
Saytaya.	Sai-tay-a.
Sérouoi.	Sé-rou-oi.

T.

Tagnicati.	Ta-gni-ca-ti.
	ni et *ti* forts.
Tamandoua.	Ta-man-dou-a.
Tapiti.	Ta-pi-ti.
Tatouay.	Ta-tou-ay
	ay long.
Tatouhou.	Ta-tou-hou.
	hou long.
Tayassou.	Ta-ya-ssou.
	ssou long.

Tayazou.

ORTHOGRAPHE. PRONONCIATION.

Tayazou.	Tay-ya-zou.
	zou long.
Taytétou.	Ta-y-té-tou.
	y et *tou* longs.
Teyougouazou.	Té-i-you-gou-a-zou.
	you, *gou* et *zou* forts.
Tiaibi.	Ti-ai-bi.
	tout long.
Toupatima.	Tou-pa-ti-ma.

Y.

Yagoua.	Y-a-gou-a.
	gou long.
Yagouapé.	Y-a-gou-a-pé.
	gou long.
Yagouaré.	Y-a-gou-a-ré.
	gou long.
Yagooarété.	Y-a-gou-a-ré-té.
	gou et le *té final* longs
Yagouati.	Y-a-gou-a-ti.
	gou long.
Yagouaroundi.	Y-a-gou-a-roun-di.
	gou long.
Ynanbou.	Y-nan-bou.
Yoqui.	Y-o-quoui.
Youroumi.	Y-ou-rou-mi.

Z.

ORTHOGRAPHE.	PRONONCIATION.
Zarigoueya	Za-ri-gou-ei-ia.
	gou et *ia* forts.
Zarigoueyo.	Za-ri-gou-ei-io.
	gou et *io* forts.

EXPLICATION

DES TERMES

DE

L'AMÉRIQUE MÉRIDIONALE,

EMPLOYÉS DANS CET OUVRAGE,

A laquelle on a joint quelques détails sur les lieux principaux qui y sont cités ; avec l'indication de leur latitude et de leur longitude ; la valeur de certaines mesures , etc. etc.

Le tout mis en ordre alphabétique.

ASSOMPTION. Ville capitale de la province du Paraguay, avec le titre de Cité. Elle est située sur la rive orientale de la rivière du Paraguay, par 25 degrés 16 minutes 40 secondes de latitude méridionale; et par 59 degrés, 59 minutes , 56 secondes de longitude occidentale du méridien de Paris.

C'est dans cette Cité qu'est la résidence ordinaire de Don Félix d'Azara , et c'est-là qu'il a rédigé l'ouvrage actuel.

BAGIO. Terrain bas et noyé.

e *

BARDA. Clôture formée par des haies vives , des aloès, etc. etc.

BARRERO. Nom donné à une terre nitreuse dont les animaux sont très-friands.

Je n'ai pu parvenir à m'instruire plus précisément de la vraie nature de cette terre.

BARRIAL ; pluriel, BARRIALES. Lieu ou lieux remplis de la terre nitreuse, appelée *Barrero*.

BUENOS-AYRES. Province espagnole de l'Amérique Méridionale, qui a fait partie de celle du Paraguay jusqu'en 1620. Elle a pour limites, au Nord, la province du Paraguay ; et à son extrémité, Nord-Est, elle touche au Brésil ; au Sud, les Terres Magellaniques ; à l'Est, la mer ; et à l'Ouest, le Tucuman.

Elle s'étend du Septentrion au Midi , depuis le 26.e jusqu'au 54.e degré de latitude méridionale ; et de l'Orient à l'Occident, elle va par une direction Nord-Est et Sud-Ouest, du 48.e jusqu'au 70.e degré de longitude occidentale du méridien de Paris.

La province de Buenos-Ayres , qui faisoit autrefois partie de la vice-royauté du Pérou , dépend actuellement de celle de Rio de la Plata.

BUENOS-AYRES. Ville capitale de la province du même nom, et résidence du vice-roi de Rio de la Plata : elle est bâtie sur la rive droite de la rivière de la Plata, et située par 34 degrés 35 minutes 26 secondes de latitude méridionale, et par 60 degrés 41 minutes 15 secondes à l'Ouest du méridien de Paris.

CHACARRA. Champ ou jardin que cultive un Indien, et où il réunit des plantes de divers genres.

Le Chacarra ressemble beaucoup au terrain que cultivent les Maraichers aux environs de Paris, et qu'on nomme *marais*.

CORRIENTES. District de la province de Buenos-Ayres, situé à l'extrémité Nord-Ouest de celle-ci.

CORRIENTES. C'est la ville principale du district du même nom. Cette dénomination a pour origine la situation de cette ville, dans le voisinage de laquelle le bord de la rivière Parana a sept pointes, d'entre lesquelles les eaux sortent avec violence.

Elle est bâtie sur le bord oriental du Paraguay, à une lieue et demie au-dessous de son confluent avec la rivière de Parana. Latitude méridionale, 27 degrés 27 minutes 21 secondes; longitude, 61 degrés 4 minutes 56 secondes à l'Ouest de Paris.

Elle est à quarante-sept lieues un tiers (environ 26 myriamètres un tiers) vers le Sud-Sud-Ouest de la Cité de l'Assomption du Paraguay.

ESTANCIA. Signifie, dans le sens absolu, séjour, lieu où l'on s'arrête pour prendre du repos. Mais en général on entend par *Estancia* dans toute l'Amérique espagnole, une propriété située à la campagne, et où l'on cultive des denrées de différentes espèces.

ESTER. Parties marécageuses et noyées, formées le long des côtes ou des rivières par la retraite de la mer, par des alluvions ou par des débordemens, et qui sont, pour aiusi dire, *extrà terrá*, au-delà de la terre, du terrain solide dont les esters sont même quelquefois séparés.

Certaines personnes font venir Ester de *Æstus*, marée; lieu qu'inonde la marée.

GUARANIS. Indiens qui habitoient les bords des rivières d'Uruguay et de Parana, et que les Jésuites ont réunis en un grand nombre de peuplades. Une partie de ces peuplades dépendent maintenant de la province du Paraguay, et l'autre partie, de la province de Buenos-Ayres.

Les Guaranis formoient la nation indienne, la plus considérable de la province du Paraguay lors de sa conquête par les Espagnols; et ils ont été l'objet principal des soins des Jésuites, qui les ont réunis dans plusieurs points où ils forment ce qu'on nomme des missions. *Voyez* MISSIONS.

HATTE. Mot tiré de l'Espagnol, *hato*, et qui signifie *haras*, lieu où l'on élève des bestiaux.

INDIENS NON-SOUMIS. C'est l'épithète par laquelle les Espagnols désignent tous les Indiens qui ne reconnoissent

point l'autorité de leur gouvernement, et plus particulièrement encore ceux qui nont pas voulu se convertir à la
foi chrétienne.

A la vérité ; les Espagnols disent: *les Indiens barbares ;*
mais ici le mot *barbare*, que j'ai traduit par *non-soumis*,
n'est pas, dans l'expression espagnole, un reproche de
cruauté, mais seulement un mot dont la signification est
telle que je la rends.

LATITUDE. Voyez *chaque lieu dans son ordre alphabétique.*

LIEUE. La lieue dont parle l'auteur est toujours la
lieue marine, de 20 au degré, et par conséquent de 2,853
toises (1 myriamètre 42 décamètres 3 cinquièmes.)

LONGITUDE. Voyez *chaque lieu dans son ordre alphabétique.*

MISSIONS. C'est le nom qu'on donne à une étendue de
terrain placée le long des deux rivières du Paraguay et
du Parana, dans laquelle les Jésuites ont réuni les Indiens en peuplades, après les avoir convertis au chris-
tianisme.

Ces peuplades, qu'on appelle aussi *missions,* sont au
nombre de trente , et sont composées principalement
d'Indiens Guaranis.

Une ordonnance de 1782 vouloit que des trente peuplades ou missions, les treize placées sur le Parana , qui
est la limite méridionale de la province du Paraguay ,

d'avec celle de Buenos-Ayres, dépendissent de la première, et les dix-sept autres, situées sur la rivière Uruguay, de cette dernière ; mais le gouvernement de Buenos-Ayres n'a point encore obéi à cette décision.

MONTÉVIDÉO. Ville dépendante de la province de Buenos-Ayres, placée sur le bord oriental de la rivière de la Plate, et à l'extrémité Sud-Est de la baie du même nom.

Comme le Fleuve de la Plate ne permet point aux grands bâtimens de le remonter jusqu'à Buenos-Ayres, ils mouillent à Montévidéo qui se trouve au-dessous et à environ 57 lieues (environ 20 myriamètres 3 cinquièmes) dans l'Est de Buenos-Ayres.

Sa latitude est méridionale et par 34 degrés 34 minutes, et sa longitude de 58 degrés 40 minutes à l'Ouest de Paris.

PAJONAL. Lieu rempli de broussailles.

PARAGUAY. Province de l'Amérique Méridionale, qui s'étend depuis le 22e. jusqu'au 29e. degré de latitude méridionale, et depuis 56 degrés 20 minutes jusqu'à 61 degrés de longitude occidentale du méridien de Paris.

Le Paraguay est borné au Nord par les possessions portugaises du Brésil, au Sud et au Sud-Est, par la province de Buenos Ayres, à l'Est par le Brésil, et à l'Ouest par la rivière du Paraguay qui la sépare de la province du Tucuman.

La cité de l'Assomption est la capitale du Paraguay.

PAMPAS. C'est le nom qu'on donne, dans l'Amérique

Méridionale, à d'immenses plaines dans lesquelles on ne rencontre aucun bois.

Les *Pampas* de la province de Buenos-Ayres sont situés vers le Sud-Ouest de la ville de Buenos-Ayres.

PIASTRE. Pièce de monnoie espagnole d'argent, qui vaut 5 francs 5o centimes.

RODÉO. Point où l'on rassemble, à certaines époques, les animaux d'une lutte pour les visiter, les compter, etc.

On nomme animaux de *Rodéo*, ceux que l'on a accoutumés à venir à ce point de réunion.

SAVANE. Prairie naturelle.

TOLDERIA. Village d'Indiens.

INSTITUT NATIONAL

DES SCIENCES ET ARTS.

EXTRAIT des registres de la classe des sciences physiques et mathématiques.

Séance du 26 brumaire, an 9 de la République Française.

Un membre, au nom d'une commission, lit le Rapport suivant :

Nous avons été chargés par la classe des sciences physiques et mathématiques, les citoyens Richard, Cuvier et moi, de lui rendre compte d'un ouvrage manuscrit composé en espagnol, par Don Félix d'Azara, intitulé : *Essais sur les quadrupèdes du Paraguay*, et traduit en français, par le citoyen Moreau Saint-Méry, conseiller d'état.

Le titre de cet ouvrage indique le but que l'auteur s'est proposé. Il a voulu faire connoître les quadrupèdes les plus intéressans d'un vaste pays de l'Amérique Méridionale, qui n'a été parcouru jusqu'à présent, que par un très-petit nombre de voyageurs instruits ; et que Don Félix d'Azara a pu observer, avec d'autant plus de fruit, qu'il y a rempli, pendant un grand nombre d'années, des fonctions publiques importantes. Ce nom d'*Azara* est depuis long-tems cher aux amis des sciences. Personne n'ignore les grands services que leur a rendus le frère de l'auteur, M. le chevalier d'Azara, ancien ambassadeur d'Espagne à Rome, et ensuite en France, qui n'a cessé de bien mériter de l'humanité, par ses vues philantropiques ; des hommes éclairés, par l'emploi de ses connoissances ; de son pays, par les heureux effets de ses talens diplomatiques ; et de notre nation, par les sentimens particuliers qu'il lui a témoignés. C'est M. le chevalier d'Azara qui, dépositaire du manuscrit de Don Félix son frère, l'a remis dans le tems à son ami le citoyen Moreau-Saint-Méry, en l'engageant à le traduire et à le publier.

Les *Essais* de Don Félix comprennent l'histoire de plus de quatre-vingts quadrupèdes, que l'auteur a vus presque tous vivans, et qu'il a observés dans leur pays natal. Il nous suffira, pour donner une idée de l'importance de son travail, d'annoncer que l'on y trouve des articles très-étendus, relatifs au Tapir, au Pécari, à quatre espèces de la famille des Cerfs, aux Fourmilliers, à plusieurs Félis, à plusieurs Didelphes, aux Agoutis, au genre des Tatous, aux Singes, à treize espèces de Chauves-Souris, aux Chevaux, aux Anes, aux Mulets, aux Bêtes à cornes, proprement dites ; et que, dans un appendix, Don Félix traite du Crocodile d'Amérique, et de plusieurs autres Lézards.

Chaque article dans ces *Essais* présente non-seulement une description très-détaillée de l'animal observé par l'auteur, mais encore une exposition très-circonstanciée de ses habitudes, et une explication très-soignée des divers noms qui lui ont été donnés par les Espagnols et par les Indiens. On y trouvera aussi très-souvent une discussion, faite avec beaucoup de sagacité, des opinions relatives à l'espèce décrite, et publiées par divers naturalistes, notamment par Buffon. Cette critique annonce toujours, dans Don Félix d'Azara, le talent de bien observer, et un grand amour de l'exactitude. Nous croyons néanmoins devoir dire, qu'il nous a paru y être tombé dans quelques erreurs sur l'identité ou la différence des espèces dont il s'est occupé. Après s'être laissé aller à un zèle un peu trop vif, contre le sentiment des naturalistes qu'il a réfutés, il a peut-être, à son tour, substitué des conjectures trop hasardées, à celles qu'il a combattues ; et nous aurions desiré qu'il ne lui arrivât jamais de considérer, tout d'un coup, une de ses idées, tout au plus probable, comme un principe certain, et de rejeter toute opinion contraire à ce prétendu principe, uniquement parce qu'elle étoit opposée à ce qui lui paroissoit un fait fondamental. Mais, quoi qu'il en soit, Don Félix manquoit de bibliothèques et de grandes collections de quadrupèdes. Il n'a pu comparer, autant qu'il l'auroit souhaité, les résultats de ses recherches, avec ceux des travaux des autres naturalistes. Et cependant il mérite un grand éloge, car il a fait tout ce qu'il pouvoit faire ; et il a beaucoup fait pour la science. Il a rectifié un grand nombre d'erreurs importantes sur les formes des espèces, sur leurs facultés, sur leurs mœurs, sur leurs dénominations dans la langue espagnole, ou dans les idiomes des Indiens, sur leurs caractères distinctifs etc. Son ouvrage fera connoître la conformation et les habitudes de plusieurs animaux dont nous ne possédions que des descriptions imparfaites, et des dessins infidèles, ou dont

nous ne savions, en quelque sorte, que le nom.
Il enrichira d'un grand nombre d'espèces, encore inconnues des naturalistes, le catalogue de celles qui appartiennent à la classe d'animaux qu'il nous est le plus utile de connoître, et relativement à laquelle nous pouvions le moins espérer de nouvelles découvertes. Malgré le titre modeste d'*Essais* que Don Félix a donné à l'histoire des quadrupèdes d'un pays très-peu fréquenté par les naturalistes, et cependant très-digne de leurs recherches, son travail nous paroît devoir être regardé et comme un recueil des plus précieux pour ceux qui cultivent les sciences naturelles, et comme un ouvrage qui honore son auteur ainsi que la nation illustre et alliée des Français à laquelle il appartient ; et c'est avec beaucoup de plaisir que nous avons appris que le public jouiroit bientôt d'un très-grand nombre d'observations de Don Félix d'Azara sur les oiseaux du Paraguay.

Le traducteur, déjà connu par plusieurs ouvrages, a répondu dignement à la confiance de M. le chevalier d'Azara. Nous devons lui savoir gré de tous les soins qu'il s'est donnés pour augmenter l'utilité du travail de Don Félix. Il a ajouté au texte un discours préliminaire, des

notes, la nomenclature de plusieurs naturalistes, la comparaison des mesures et des poids
employés par l'auteur, avec les nouveaux poids
et les nouvelles mesures de la République Française ; et comme il n'a rien négligé de tout ce
qui peut donner du prix à une bonne traduction, nous pensons que *la classe doit accorder
son approbation à l'Essai sur les Quadrupèdes
du Paraguay, composé par Don Félix d'A-
zara, et traduit de l'espagnol en français,
par le citoyen Moreau-Saint-Méry.*

Fait à l'Institut national, le 26 brumaire, an 9.

Signé RICHARD, CUVIER, LA CÉPÈDE.

LA CLASSE approuve le Rapport et en adopte
les conclusions.

Certifié conforme à l'original.
A Paris, le 27 brumaire, an 9 de la République.

G. CUVIER, secrétare.

ESSAIS

ESSAIS

SUR LES QUADRUPÈDES

DU PARAGUAY.

LE MBORÉBI.

Tapir americanus. — LINN.
Tapir. — BUFFON.
Tapir américain. — LA CÉPÈDE.

C'EST ainsi que les Guaranis appellent cet animal, que les Espagnols nomment la *Grande-Béte* , et les Portugais du Brésil *Anta*.

L'espèce n'en est pas nombreuse ici. Le Mborébi va communément seul et quelquefois accompagné d'un autre. Pendant le jour , il est caché dormant dans les plus sombres épaisseurs , et il parcourt , durant la nuit , les lieux voisins , pour manger des melons d'eau , des citrouilles et pour paître. Pris jeune , il s'apprivoise dès le premier jour , et va par toute la maison sans en sortir , même après être devenu adulte. Tout le monde peut le toucher et le gratter, sans que pour cela il préfère qui que ce soit ou obéisse à personne; et si l'on veut le faire sortir d'un lieu, il faut presque l'en arracher. Il ne mord point; et si on l'incommode, il fait un sifflement grêle et très-disproportionné à sa stature. Il boit comme le pourceau, mange de la chair crue ou cuite, des alimens de toute espèce, et tout ce qu'il rencontre, sans en excepter les chiffons de laine, de toile ou de soie. Je l'ai vu plusieurs fois ronger mon bâton, et dans une occasion il fit la même chose d'une boîte d'argent remplie de tabac; de manière qu'il paroît plus glouton que le porc, et que son goût n'est pas propre à lui faire distinguer les choses les unes des autres. Il mange aussi du *barrero* ou terre nitreuse, de laquelle j'ai trouvé une grande quantité dans l'estomac d'un de ces animaux. Il est très-aisé de penser qu'on ne s'amuse pas à élever un animal aussi nuisible, aussi triste, qui n'a rien d'attrayant, et dont l'unique qualité est de n'exiger ni attention ni soins.

La femelle du Mborébi fait un petit au mois de novembre (en brumaire), et le jour de la Toussaint j'en trouvai un dans le ventre de la mère, ayant 24 pouces (environ 65 centimètres) de long, le corps entièrement couvert de poil, avec la livrée d'un jeune chien, qu'il conserva sept mois, et qui se convertit en un fond obscur avec beaucoup de taches blanches sur les quatre jambes, et des raies variées ou des bandes d'un blanc jaûnatre sur le dos et sur les côtés.

La mère conduit son petit et le dirige sans le secours du père; mais elle le protége peu, parce que cet animal ne sait pas se défendre. Néanmoins, on raconte qu'étant réduit à l'extrémité, et ne pouvant fuir, il donne des coups de pied, et saisit les chiens par l'échine avec ses dents, et que les élevant et les secouant il leur déchire la peau.

On rapporte que si l'Yagouarété se jette sur le Mborébi, celui-ci l'entraîne à travers les parties les plus épaisses du bois, jusqu'à ce qu'il ait brisé son ennemi en le faisant passer par les espaces les plus étroits. En effet, il ne cherche ni sentiers ni chemins pour fuir; mais il rompt, écarte et déchire tout ce qu'il rencontre avec sa tête, qu'il porte toujours très-basse. Il fuit tous les dangers avec prévoyance; et cette prévoyance est le résultat de l'excellente vue dont il est doué pour l'obscurité, et de l'ouïe fine qu'il a reçue en partage.

On chasse le Mborébi avec des chiens, ainsi qu'à l'affût dans les champs de melons d'eau pendant la nuit ; et si à l'aube du jour les chasseurs à cheval le trouvent dans la campagne, ils l'enlacent, parce que, quoique cet animal soit beaucoup plus léger que ne l'annoncent ses formes, un cheval l'atteint bientôt s'il le rencontre hors du bois ou hors des lieux marécageux. Ceux qui le chassent au fusil, ne l'arrêtent jamais sur le coup ; et j'en ai vu un dont le cœur étoit percé de deux balles, parcourir encore deux cents pas. Les Indiens non-réduits mangent la chair du Mborébi ; mais cela ne prouve pas qu'elle soit délicate.

Cet animal est très-robuste ; et comme on le trouve et dans les bois dont le terrain est sec, et dans ceux qui sont sur un sol baigné, et qu'il entre dans les *esters*, il paraît que toute habitation lui est indifférente, pourvu qu'il puisse s'y cacher ; car on ne le trouve dans les champs que lorsque le jour l'y a surpris. Il nage, et traverse facilement les plus grandes rivières, les esters et les lacs, sans plonger sous l'eau, et il s'y jette lorsqu'il est blessé et qu'on le poursuit.

On assure que quelques individus ont des

pierres de bézoard , et qu'elles produisent les mêmes effets que celles d'Orient. On attribue à leurs ongles réduits en poudre , la vertu de guérir l'épilepsie (*a*).

Je vais décrire un Mborébi mâle et adulte , après avoir averti que les femelles ont 4 ou 5 pouces (11 ou 13 centimètres) de longueur de plus , et la même proportion dans les autres mesures.

La longueur de l'animal est de 73 pouces (2 mètres) ; la queue a 44 lignes (un décimètre) de long ; elle est ferme , conique et finit en pointe.

La hauteur, prise par-devant, est de 40 pouces 6 lignes (11 décimètres) , et par derriere de 42 pouces (un mètre 13 centimètres et demi).

La circonférence antérieure, est de 45 pouces (un mètre 21 centimètres et demi) ; et la postérieure, de 50 pouces et demi (un mètre 36 centimètres).

Les quatre jambes sont très-fortes , puisque le paturon a , dans les quatre pieds, 7

(*a*) L'auteur ne parle de ces prétendues vertus du bézoard et des ongles , que pour montrer que le vulgaire est le même dans les deux mondes. (*Note du Traducteur*).

pouces 9 lignes (21 centimètres) de circonférence.

Le pied de devant est divisé en trois doigts,
gros, et si courts que les ongles font plus de la
moitié du tout. Celui du milieu est long de 16
lignes (3 centimètres 2 tiers), et les autres un
peu moins, quoique tous soient larges et de
vrais sabots, puisque leur intérieur est osseux
comme dans le cheval. Il y a en outre un autre
doigt externe, très-faible et très-court, qui
n e touche point à terre. Le pied de derrière a
aussi trois doigts et des ongles comme ceux du
pied de devant.

Toutes les parties de l'animal sont grosses,
rondes, et les articulations ne sont pas sensibles.

Quoique le corps ressemble à celui du cochon, le cou est plus long, et il est plus
gros que la tête même du Mborébi.

Cette tête est comprimée sur les côtés, et
davantage encore dans la partie supérieure,
parce que les joues sont saillantes. De l'extrémité du museau à la partie antérieure de l'o-
reille, il y a 14 pouces et demi (39 centimètres),
et 8 pouces et demi (23 centimètres) jusqu'à
l'angle antérieur de l'œil.

L'oreille excède le sommet de la tête de 4
pouces 9 lignes (12 centimètres) ; elle a 3
pouces (8 centimètres) dans sa plus grande
largeur : elle est épaisse , ronde , et son bord
postérieur passe de beaucoup le bord antérieur.

Entre les épaules , à l'endroit du garrot , commence une proéminence , *cuchilla* , qui se pro-
page en augmentant insensiblement le long du
cou , et qui commence à descendre entre les
oreilles , où elle a 27 lignes (6 centimètres) , et
finit vis-à-vis l'œil. Cette proéminence est formée par un cuir épais d'un pouce (2 centimètres et demi) , dur et affilé , depuis l'épaule jusqu'à l'occiput ; mais , dans le surplus , elle est
osseuse intérieurement , et toute sa longueur
est accompagnée d'une crinière ou poils roides ,
dont les plus longs ont 18 lignes (4 centimètres).

Au point où finit la proéminence dans le parallèle des yeux , il y a une cavité dont les
bords sont adoucis ; et de là à l'extrémité du
museau , la tête est moutonnée. L'œil est petit ,
brillant pendant la nuit et profond , parce que
la partie supérieure et la partie inférieure de
l'orbite saillent un peu. Au devant du grand

angle de l'œil , mais un peu au-dessus , il y a une profondeur sensible. Les mâchoires sont étroites àleur extrémité.

Enfin , la tête ne ressemble à celle d'aucun autre animal connu , comme on en peut juger parce que nous venons de rapporter , et en ce que sa moitié supérieure se termine par une lèvre qui est une espèce de trompe épaisse qui a plus de 2 pouces et demi (6 centimètres et demi) de saillie , et qui se meut facilement dans tous les sens. Cette trompe peut se contracter de moitié ou se dilater du double pour saisir les objets , ou pour porter les alimens à la bouche , et pour diriger aussi l'odorat , parce qu'à son extrémité sont deux narines horizontales , longues de 15 lignes (3 centimètres), et que l'animal ouvre ou resserre beaucoup , à sa volonté.

Dans la mâchoire supérieure sont quatre incisives de 4 lignes (un centimètre) de hauteur et de forme ordinaire. De chaque côté suit une canine aiguë , affilée et de 6 lignes (un centimètre et demi) de haut (*a*); après vient un espace de 4 lignes (un centimètre), puis une canine de 4 lignes (un centimètre), que suit

______

(*a*) Cette première canine est une vraie incisive un peu plus pointue que les autres. (*Note du citoyen Cuvier*).

encore un espace de 26 lignes (5 centimètres deux tiers) ; et après cela , six molaires très-larges et un peu semblables à celles du cheval (*a*).

Dans la mâchoire inférieure se trouve six incisives, dont celle du milieu est la plus considérable, et les autres vont en diminuant ; à la suite est une canine un peu plus grande que celle d'en-haut, que suit un espace de 3o lignes (6 centimètres 2 tiers), suivi lui-même de cinq molaires (*b*) pareilles à celles dont on vient de parler.

La vulve est semblable à celle de la truie ; et les testicules sont comme dans le verrat, quoiqu'un peu plus intérieurs. Le membre est détaché, et, dans l'état d'inaction, il a 8 pouces (21 centimètres et demi), et 2 pouces (5 centimètres un tiers) de diamètre dans son milieu. A un pouce (2 centimètres 2 tiers) de son extrémité, est un pli profond très-remarquable et gênant, qui n'occupe cependant que sa moitié antérieure.

(*a*) Il y a sept molaires dans l'adulte qui ont chacune deux éminences transversales. (*Note du citoyen Cuvier*).

(*b*) Il y a aussi sept molaires dans la mâchoire inférieure de l'adulte. (*Note du citoyen Cuvier*).

Quand l'animal éprouve de la crainte, son membre se retire en dedans, et sans qu'alors il en paroisse le moindre vestige.

Dans le voisinage du membre est une mamelle de chaque côté; la femelle n'a aussi que deux mamelles.

Le cuir du Mborébi est plus épais que celui du taureau.

Tout le poil, excepté celui de la crinière, est extrémement court, serré, lisse, de la couleur de celui du loup, c'est-à-dire, d'un brun foncé et obscur, excepté dans le bas de la tête, sous la gorge et au bout de l'oreille, où il est blanchâtre; il l'est aussi sur les côtés de la tête, quoique pas autant.

Les femelles sont d'une nuance plus claire que les mâles, parce qu'entre les poils fauves elles en ont de blancs.

Garcilasso dit de cet animal (*a*), qu'il est de la taille d'une vache très-petite qui manquerait de cornes, et que son poil est aussi dur qu'une cotte d'armes.

(*a*) Histoire des Incas, liv. 8, chap. 18, pag. 1085 de l'édition française de Paris, 1632, in-4.° (*Note du Traducteur*).

Buffon (*a*) appelle le Mborébi, *Tapir* et *Anta*, parce que M. de la Condamine assure que ce sont les noms qu'on lui donne au Brésil, où, selon Marcgrave et Pison, on le connaît pour le *Tapiier-été*.

A cette occasion, Buffon dit que l'adjectif *été* signifie *grand*, et que le nom de *Tapiier-été* équivaut à celui de *Grand-Tapir*. Mais cela n'est pas exact, car l'adjectif *été* équivaut à *véritable* ou *par excellence* ; et le bornant au cas actuel, je dis que *Tapiier-été* signifie *corps de Tapiié*. Mais comme *Tapiié* n'est pas un mot du pays, c'est sans doute un nom altéré, ainsi que celui de *Tapihiré* que Thevet a donné à cet animal.

Le nom de *Tapiroussou* que lui donne Léry, signifie *Grand-Tapir*.

Ceux de *Ent*, de *Danta* et de *Anté*, sous lesquels divers auteurs le désignent, sont des corruptions de *Anta*.

Celui de *Béori*, qu'on lui a donné dans la Nouvelle Espagne, est presque le même que Mborébi.

____

(*a*) Original, t. 5, p. 166. — Tom. 11, p. 444, édit. in-4.°

Les noms de mule, d'âne, de vache et de porc sauvages que d'autres ont désignés, sont aussi inexacts que l'est la comparaison du Mborébi avec les animaux qui portent ces noms.

Buffon n'a pas vu le Mborébi, et il a été obligé de copier les notes fournies par d'autres auteurs, et les descriptions de Marcgrave et de Barrère.

Celle de Marcgrave (*a*) est bonne, si ce n'est qu'elle suppose au Mborébi dix incisives en haut et dix autres en bas, avec un pareil nombre de molaires, et qu'elle laisse entre celles-ci et les incisives un espace, sans faire mention de canines. Tout cela est fautif, comme on peut le voir en rapprochant ces détails de ce que j'ai dit. Il a également tort de nier que le Mborébi ait une queue, et de mettre à la place de celle-ci un nœud formé par la peau. Il dit enfin que la livrée des petits est comme celle des chevreuils ; et cela n'est point fidèle.

Barrère se trompe beaucoup en faisant le Mborébi amphibie, et même plus aquatique que terrestre, parce qu'il n'a rien de l'amphi-

------

(*a*) Original, t. 5, p. 169, note *b*. — T. 11, p. 446, à la note, édit. in-4.°

bie que de savoir nager (*a*). La couleur qu'il lui assigne, est celle de l'individu étant petit, parce que sans doute il ne connaissait point les adultes.

Charlevoix (*b*) veut que le Mborébi paisse l'herbe le jour, et une espèce d'argile durant la nuit, tandis qu'il ne marche ni ne mange le jour : il est ridicule de supposer que sa nourriture varie selon l'état de la lumière, et l'argile qu'il mange, n'est que le *barrero*.

Charlevoix dit encore faussement qu'on chasse le Mborébi la nuit en l'environnant armé de torches, etc.

Ce qu'ajoute Buffon d'après d'autres auteurs, contient encore des erreurs, par l'exagération de la taille, qu'il égale à celle d'une petite vache ; par la supposition que le Mborébi vit en compagnie et même en troupes, tandis qu'il va seul et rarement avec un autre Mborébi. D'ailleurs, la planche de Buffon (*c*) est mau-

---

(*a*) Et même savoir nager n'est point un caractère exclusivement propre aux animaux amphibies. (*Note du Traducteur*).

(*b*) Original, t. 5, p. 169, note *b* — T. 11, p. 447, à la note, édit. in-4.°

(*c*) Tom. 11, planch. 43, pag. 448, édit. in-4.°

vaise, en ce qu'elle lui donne des canines si longues qu'elles sortent de la bouche.

Buffon s'occupe, dans un autre lieu (a), de décrire cet animal d'après les détails que lui a communiqués M. de la Borde, médecin du roi et naturaliste à Cayenne. Mais il y a beaucoup de choses à reprendre dans ces détails, puisque la Borde y donne au Mborébi des conformités prétendues avec l'éléphant, et réellement si foibles et si éloignées, qu'il est plus raisonnable de dire qu'elles n'existent point ; et qu'il avance, d'après des ouï-dires, que des Mborébis pèsent jusqu'à 500 livres (environ 25 myriagrammes).

Buffon dit que cet animal fuit le voisinage des lieux habités, tandis qu'on l'y rencontre fréquemment, quoique pas autant qu'autrefois, à l'époque où personne ne le tourmentoit. Il le fait plonger dans l'eau, et ici l'on assure le contraire. Il le suppose terrible et dangereux dans l'eau, parce qu'étant blessé, il a fait périr des canots : cela n'a pas lieu ; et si le fait est arrivé, c'est un pur hasard. Il dit aussi qu'on doit éviter de rencontrer le Mborébi dans les

____

(a) Original, t. 10, p. 1.ere et suivantes.—Supplément, t. 6, p. 2, édit. in-4.º

forêts ; et néanmoins il n'y a pas alors plus de
risque que dans la rencontre d'un âne qui fuit ,
et qui peut blesser lorsqu'on est fortuitement
sur son passage.

Je regarde encore comme une chose hasardée, que le Mborébi fasse des chemins larges et
très-battus dans les forêts , puisque personne
n'a observé ici cette particularité , et qu'elle
n'est pas croyable d'un quadrupède qui, sans
combinaison comme sans prévoyance , brise
tout sur son passage. Il est certain que l'on
reconnaît la trace qu'il a formée en passant ,
mais ce n'est pas pour cela ouvrir de larges
chemins.

Buffon dit que le Mborébi préfère le voisinage des rivières et des lacs , et j'ai déja assuré
que non. Il suppose qu'il court peu ; et cela
n'est pas plus exact que de lui faire tuer les
chiens , puisqu'il enlève tout auplus quelques
portions de leur peau. Il n'a pas d'autre son
que le sifflement qui exprime sa souffrance ;
par conséquent, la Borde erre en disant que
les chasseurs l'attirent en imitant sa voix. En
somme , il y a si peu d'exactitude dans les
notes de la Borde, qu'il vaudrait mieux ne les
pas lire.

La planche que Buffon nous donne (*a*) d'après un individu vivant , est assez bonne , quoiquelle amincisse et prolonge démesurément la trompe , et qu'elle rende peu sensible la proéminence entre les oreilles.

L'extrait du mémoire de M. Bajon (*b*) , rapporté par Buffon , m'oblige d'avertir que le premier se trompe en donnant au Mborébi un poil plus long et plus grossier que celui de l'âne ; en comparant ce poil aux soies du porc ; en faisant la trompe de près d'un pied (32 centimètres) , lorsqu'elle n'a réellement pas deux pouces et demi (7 centimètres) ; en rendant ses pieds trop grands ; en lui supposant environ quarante dents , et en voulant que les canines soient semblables aux défenses du sanglier ; assertions qu'il faut réduire à ce que j'ai dit moi même de cet animal. Il lui accorde de plus trois poches ou estomacs, dans le premier desquels le réseau ou bonnet n'est presque point distinct de la panse , et il le place parmi les animaux ruminans (*c*). Mais tout cela est imaginaire.

(*a*) Supplément t. 6, plan. prem., p. 26, édit. in-4°.

(*b*) Original t. 10, p. 7. — Suppl. t. 6, p. 5, éd. in-4°.

(*c*) Buffon a lui-même critiqué Bajon dans le supplé-

Bajon

Bajon continue en disant que le mâle est constamment plus grand et plus fort que la femelle : c'est précisément le contraire. Il assure qu'il a les poils de la crinière plus longs et plus épais ; et ces poils ne diffèrent pas sensiblement dans les deux sexes. Il met aussi une différencē dans le mâle à cause de son cri, qu'il rend plus aigu, plus fort et plus perçant ; mais cela est encore sans fondement.

Il dit que la femelle entre ordinairement en chaleur en novembre et décembre (brumaire et frimaire) ; et c'est ici le moment où elle met bas.

Enfin, Bajon donne au Mborébi, dans l'état de domesticité, de l'affection pour son maître ; mais j'ai répété plusieurs fois le contraire.

Buffon copie aussi l'addition (*a*) du professeur de la Haye, M. Allamand, qui est très-exacte ; en observant toutefois que l'individu dont il parle, n'était pas adulte, et qu'il lui donne à tort huit incisives en haut et autant en bas.

---

ment cité, sur ce qu'il faisait du Mborébi un animal ruminant. (*Note du Traducteur*).

(*a*) Original, tom. 10, p. 26. — Supplément, tom. 6, p. 17, édit. in-4.º

LE COURÉ ou TAYAZOU.

Les Guaranis donnent en général, et indifféremment, l'un de ces noms à deux animaux de leur contrée et au porc domestique; mais ils n'ont pas cessé pour cela d'imposer aux deux espèces du pays les noms propres que je leur conserve; et ils ont encore distingué le porc qui leur est venu d'Europe, par celui de *Cochi*, qui équivaut à cochon.

Ces trois animaux se ressemblent par leurs formes extérieures, par leur manière de marcher, par leur goût pour la même nourriture; parce qu'ils fouillent, mangent et boivent de la même façon; parce que leurs soies se hérissent de colère ou de frayeur; parce qu'ils respirent fortement, et qu'ils grognent lorsqu'on les irrite.

D'un autre côté, les deux espèces propres au Paraguay, lorsqu'on les prend jeunes, s'apprivoisent aussi avec plus de facilité que le sanglier. Elles vont librement et recherchent les hommes pour se faire gratter; de sorte que dans un très-court espace de tems et sans nul

travail, elles sont réduites à une parfaite servitude.

On dit, et je le crois, que leur chair est
bonne, et qu'elle serait meilleure si on châ-
troit ces animaux ; mais qu'ils n'ont pas autant
de graisse que le porc : ce qui n'est point
étrange, et parce qu'ils ne sont point engrais-
sés, et parce qu'ils sont toujours couverts d'une
infinité de *tiques* qui abondent dans les bois.

On assure qu'il faut, dès qu'on les a tués,
les priver d'une fistule qu'ils ont entre les hanches, parce que sans cela leur chair prend une
mauvaise odeur et un mauvais goût. Cependant les Indiens la mangent sans cette précaution.

Malgré les ressemblances ou les analogies
que je viens de citer, les deux animaux du
Paraguay diffèrent et du porc et du sanglier,
en ce qu'ils ont la tête plus courte et plus
grosse, le bourlet ou rebord du groin plus
marqué, le corps, le cou, l'oreille et les jambes
plus courts. Le train de devant est proportionnellement plus gros que celui de derrière.

On pourrait dire qu'ils manquent de queue,
puisqu'ils l'ont si courte qu'on ne peut la
découvrir qu'en la cherchant avec soin ; car elle

diffère de celle de tous les animaux connus ;
elle est large, plate, tombante, et ressemble,
par son extrémité, à la pointe d'une langue
humaine.

Les soies, dans ces espèces, sont aussi très-
grosses, et imitent un peu les piquans du
Couïy, quoiqu'elles n'aient pas la force nécessaire pour pénétrer.

A toutes ces particularités, il faut ajouter
celle qu'offre ce qu'on appelle ici un *catinga*,
sorte de fistule dont je viens de faire mention
comme placée sur la croupe entre les hanches,
et qui a un trou d'où découle continuellement
une liqueur ayant la consistance d'un lait
épaissi.

Quoique les pieds soient comme ceux du
porc, il n'y a dans ceux de derrière qu'un seul
doigt ou ongle supérieur placé en arrière.

Ces animaux diffèrent encore du porc par
le nombre des dents, par celui des molaires,
et par la longueur et la forme des canines,
comme on peut le voir en les comparant.
Quand ils blessent, ce n'est point du bas en
haut comme le sanglier, mais par un mouvement contraire de la tête.

Ils ne sont pas aussi sales que le porc, parce

qu'ils ne cherchent pas les *barriales ;* ni aussi féconds , puisqu'ils ne produisent qu'une fois par an , et seulement deux petits. On rapporte de ceux-ci qu'ils naissent unis par le cordon ombilical , et qu'ils vont collés derrière la mère jusqu'à ce que ce cordon pourrisse ; particularité que je ne suis point enclin à adopter.

Ayant ainsi séparé les deux espèces du Paraguay du porc ou sanglier , il reste maintenant à parler des premières.

Elles n'habitent que des forêts très-grandes et très-épaisses ; le *Tagnicati* ou la première espèce , en troupeaux nombreux dirigés par un mâle principal ; et le *Taytétou* , par paires ou petites troupes seulement , sans que l'une de ces deux espèces se réunisse jamais à l'autre , ni qu'elle aille dans le même bois.

Lorsqu'un Tagnicati entend du bruit , il en donne le signal en faisant claquer ses dents ; et tous les autres le répètent, et s'arrêtent pour observer. S'ils reconnoissent qu'il n'y a point de danger pour eux , ils continuent leur marche sans nuire et sans faire aucun dommage, comme je l'ai éprouvé moi-même. Mais si on les attaque , ils se réunissent et environnent l'homme , le chien ou l'Yagouarété qui agit en ennemi, et le déchirent s'il ne monte pas dans un arbre, ou s'il n'a pas la bonne fortune de tuer le chef ou conducteur ; car dans ce cas ils s'enfuient tous, ce qui n'arrive pas lorsqu'on tue beaucoup de Tagnicatis, autres que ce chef.

Quoique je ne doute pas que dans ce que je viens de rapporter, et qui est généralement répété, il n'y ait quelque exagération, et que je pense que l'animal n'est pas aussi brave qu'on le dit, puisqu'on en fait la chasse avec un grand nombre de chiens, je ne me suis cependant point hasardé à tirer sur les Tagnicatis quand j'en ai vu dans les bois, et que j'étois à pied, sans chiens et sans secours.

On dit que l'Yagouarété suit les troupes de Tagnicatis en silence, et que, saisissant un moment opportun, il se jette sur celui qui va le dernier, le tue en un instant, et grimpe sur un arbre pour venir le manger après un certain intervalle de tems, et lorsque toute la troupe s'est retirée.

Le Taytétou, au contraire, fuit à la première attaque, sans se défendre, sinon lorsqu'il est réduit à l'extrémité et individuellement ; et il se cache dans les cavernes s'il en rencontre.

Il est d'ailleurs moins grand , a moins de force et des dents canines plus courtes que le Tagnicati.

Les autres différences ou les ressemblances se trouveront dans la description particulière des deux animaux ; j'observerai seulement encore ici que leurs peaux sont épaisses , et que quelques personnes les ont tannées et les ont employées en bottes.

On ne trouve déjà plus ces animaux qu'en très-petit nombre près des lieux habités ; mais ils sont encore nombreux dans les endroits éloignés du séjour de l'homme. Comme ils causent des dommages aux patates , au manioc , au maïs et à la canne à sucre , on épie leurs traces , on pratique une espèce d'issue avec des branches d'arbres disposées comme une manche à l'extrémité de laquelle est une fosse , on les épouvante durant la nuit avec des chiens et des cris , et on les dirige en même tems vers la fosse qui , d'ordinaire , se remplit de ceux qui y tombent. S'il était certain , comme personne n'en doute ici , que les Tagnicatis assaillissent l'agresseur , et qu'ils ne sussent pas fuir tant que leur chef est vivant quoiqu'on fasse carnage de la bande , un seul homme couvert de cuir de bœuf, pourrait en tuer un nombre considérable à coups de bâton.

Ces animaux sont les sangliers de Garcilasso, *liv.* 8 , *chap.* 18 ; et en décrivant ces deux espèces , je ferai voir que Buffon les a confondues.

LE TAGNICATI.

CE mot signifie *mâchoire blanche* ; et on donne ce nom au Tagnicati, parce qu'il a réellement la mâchoire de cette couleur. Quelques Espagnols l'appellent *sanglier*, par opposition avec l'animal suivant, ou parce qu'ils se figurent qu'il est de la caste européenne ; mais ils se trompent.

Longueur, 40 pouces et demi (11 décimètres) sans compter les poils de la queue, qui excèdent de 3 pouces (8 centimètres).

La queue est longue de 20 lignes (4 centimètres et demi) ; large, à sa naissance, de 15 lignes (3 centimètres 1 tiers), et plate.

La circonférence antérieure est de 24 pouces (65 centimètres) ; celle postérieure, de 22 pouces (59 centimètres).

La hauteur, prise par devant, est de 23 pouces (62 centimètres) ; et celle de derrière, de 24 pouces (65 centimètres).

Les quatre pieds sont bissulces ; mais outre cela, ceux de devant ont deux doigts ou ongles placés en arrière, tandis que ceux de derrière

n'ont qu'un de ces ongles : il a 12 lignes (2 centimètres 2 tiers), et il est étroit en comparaison de ceux de devant, assez aigu, courbé,
et ayant sa pointe dirigée vers le pied qui lui
donne naissance.

L'oreille est droite, longue de 3 pouces
(8 centimètres) comptée depuis le plus bas ;
large de 2 pouces (5 centimètres 1 tiers), et
elliptique à sa pointe.

De l'angle de la bouche jusqu'à la fin de la
mâchoire supérieure, il y a 4 pouces (près de
11 centimètres) , et jusqu'à la fin de la mâchoire inférieure 27 lignes (6 centimètres). De
la pointe du museau à la racine de l'oreille, il
y a environ 11 pouces (29 centimètres 2 tiers).

Dans la mâchoire supérieure, il y a deux
grosses incisives que suit de chaque côté, après
une légère séparation, une autre incisive petite, et si peu épaisse qu'on pourrait la prendre
pour une canine ; toutes sont dirigées un peu
en dehors. Ensuite est un intervalle d'un pouce
(2 centimètres 2 tiers) où s'enchâsse la canine
d'en bas ; puis vient la canine d'en haut, longue
d'un pouce (2 centimètres 2 tiers), sans compter la gencive, qui saille assez : cette canine est
très-forte, pyramidale, triangulaire, droite, et

elle sort assez de la bouche ; c'est l'arme of-
fensive de l'animal. Vient après un autre grand
intervalle.

Dans la mâchoire inférieure, il y a quatre
incisives, égales, cylindriques, plus longues et
plus grosses que celles d'en haut. De chaque
côté suit un petit vide, puis une autre incisive courte et faible que l'on pourrait prendre
pour une petite canine. Ensuite est un autre
intervalle ; puis une canine de 15 lignes (3 centimètres 1 tiers), sans compter la gencive ; un
peu courbe à la racine, un peu plus forte que
la canine supérieure, et presque de la même
figure ; mais elle ne sort pas de la bouche,
puisqu'elle a son enchâssement dans le côté
de la mâchoire supérieure. Elle est suivie d'un
très-grand espace qui précède six molaires : ce
qui fait vingt-quatre molaires dans toute la
bouche. Les incisives d'en bas ne sont point
tranchantes, et ne viennent pas porter sur le
bord des incisives d'en haut ; la direction
de celles-ci est presque perpendiculaire à la
direction de celle d'en bas, de sorte qu'elles se
touchent obliquement.

Les parties sexuelles sont comme celles du
porc.

Entre les oreilles il y a des soies de 4 pouces et demi (12 centimètres) de long , qui vont en croissant sur la partie la plus élevée de l'animal , de manière que vers les hanches elles ont 6 pouces et demi (17 centimètres et demi); de là en arrière elles diminuent. Les soies placées depuis les oreilles jusqu'à l'épaule, sont verticales , les autres ne le sont pas ; elles ne sont pas rondes , mais aplaties comme celle de la queue du *Gnouroumi*. Toutes ces soies sont d'un blanc pâle à leur racine , et noires dans le surplus. Le reste de la robe est noir , excepté aux flancs , au ventre , et dans l'espace qui sépare l'œil de l'oreille , où les soies , quoique noires aussi , ont vers le milieu une tache peu sensible d'un blanc pâle. En outre , toute la mâchoire inférieure est blanche , ainsi que les lèvres , et la lèvre supérieure l'est un peu plus que l'autre. Ces couleurs sont communes aux deux sexes , et ne varient point dans l'espèce.

A la fin d'avril (vers la mi-floréal), on m'apporta un animal vivant , nouvellement né , en m'assurant qu'il était Tagnicati. Il avait environ 14 pouces et demi (environ 39 centimètres) de longueur; ne pouvant pas manger , il mourut le troisième jour , en grognant fréquemment de

la même manière que le cochon de lait , quoique plus bas et d'une manière rauque et sourde.

Son poil étoit noir à la racine , avec des
pointes blanches , tirant vers la couleur cannelle
sur la tête ; c'était la même chose sur le corps
et sur les côtés. Le front , le côté de la tête
et les quatre faces extérieures des jambes ,
étaient cannelle clair et le museau d'une nuance
obscure , avec la mâchoire inférieure blanche
comme le reste du dessous du corps.

On m'a assuré qu'à mesure que l'animal
grandit , la couleur noire devient dominante ;
de manière que , jusqu'à ce que l'animal ait
atteint un an , sa robe est presque la même que
celle de l'espèce qui va suivre. J'ai eu un jeune
mâle , long de 34 pouces (près de 92 centimètres) , dont la mâchoire inférieure com-
mençait à blanchir un peu ; et les scies du
corps avaient des bandes blanchâtres , pâles et
noires , toutes avec des pointes noires. Ainsi
les bandes blanches disparaissent avec l'âge ,
en faisant place à la couleur noire qui prévaut ,
et en même tems la mâchoire prend la couleur blanche.

Quoique l'on m'ait procuré plusieurs femelles , comme on leur avait enlevé le ventre ,

cela m'empêche d'assurer quel est le nombre des mamelles ; néanmoins il me paroît qu'il y en a quatre de chaque côté.

Quant aux dimensions, elles sont égales dans le mâle et dans la femelle.

LE TAYTÉTOU.

Sus tajassu. — Linn.

Pécari ou *Tajassu.* — Buffon.

Cochon pécari. — La Cépède.

Je n'en ai eu que trois ; ils étoient tous mâles, semblables entre eux et adultes.

Longueur, 35 pouces (près de 96 centimètres), mesurée comme dans le Tagnicati.

La queue a 9 lignes (2 centimètres), sans compter les poils, qui excèdent d'environ 2 lignes et demi (5 millimètres).

Hauteur par devant, 22 pouces (59 centimètres); par derrière, 23 pouces et demi (63 centimètres et demi).

La circonférence, prise derrière les bras, 25 pouces et demi (près de 69 centimètres); et au bas-ventre, près des hanches, 24 pouces (65 centimètres).

De la pointe du museau à celle de l'oreille, 8 pouces 4 lignes (22 centimètres et demi).

Les quatre pieds, les doigts, les parties sexuelles, la tête et ses parties, le corps et la queue sont comme dans le Tagnicati, quoique l'ensemble et les contours du Taytétou soient plus arrondis et en quelque sorte plus féminisés , si cette expression peut être permise , et qu'il ait le dessous des boulets plus délié à proportion.

Ses testicules sont aussi un peu plus ronds et plus apparens.

Les canines sont plus courtes de 3 lignes (6 millimètres). — La queue est plus étroite.

Les soies d'entre les oreilles ne sont pas aussi droites que dans le Tagnicati , et n'ont que 3 pouces et demi (9 centimètres et demi); celles qui suivent ces premières jusqu'à la fistule, sont encore plus couchées , et ont 5 pouces (13 centimètres et demi)à ce dernier point. En général le poil du Taytétou est plus serré et plus rude que celui du Tagnicati, il est couché , grossier , fort et rond. Enfin la position de sa fistule est un peu plus élevée ; et l'humeur qui en suinte , répand une odeur suave de musc , tandis que dans le Tagnicati , elle est inodore.

La chose la plus remarquable du pelage du Taytétou , est une raie blanche , large d'un pouce (2 centimètres 2 tiers), qui, passant par le garrot, va en se courbant des deux côtés vers la naissance du cou et s'y termine : mais dans les

les adultes, cette raie est moins sensible. Sur
les canons et en descendant jusqu'aux ongles,
la couleur est noire, et tout le reste, sans exception, est ce qu'on appelle *maure* ; c'est-à-
dire, un mélange résultant de ce que chaque
soie a différentes bandes alternativement blanches et noires, et son extrémité noire : mais
le noir domine dans la bande qui va depuis
l'entre-deux des oreilles jusqu'à la queue. On
assure que les petits naissent avec une nuance
rougeâtre uniforme ; et en effet, j'en ai vu un
de cette couleur.

Buffon dit (*a*) que les Espagnols transpor-
tèrent des cochons noirs dans le continent et
dans presque toutes les grandes îles de l'Amérique ; qu'ils s'y sont multipliés, et sont devenus sauvages en beaucoup d'endroits, etc.

J'ignore comment l'on peut savoir que les
pourceaux amenés par les conquérans du nouveau monde étoient noirs ; mais du moins ceux
que l'on conduisit au Paraguay étoient blancs,
comme l'atteste leur descendance, qui est blanche elle-même.

____

(*a*) Traduction, t. 9, p. 24. — Original, t. 1.ᵉʳ, pag·
3o6. — Tom. 5, p. 122, édit. in·4.°

(34)

Je n'entends pas mieux sur quoi Buffon se fonde pour affirmer que le porc est toujours noir dans les climats chauds, et blanc dans les climats froids, et qu'un seul degré de chaleur de plus ou de moins fait changer leur teinte; puisque dans la province de Buenos-Ayres ils sont noirs, et qu'au Paraguay, sous le tropique, ils sont blancs, et si anciennement blancs, qu'ils n'ont pas changé en 260 années. Et certainement, s'ils ont éprouvé une altération, elle a dû être du noir au blanc, contre ce que dit Buffon, qui affirme également, avec une sorte de légèreté, que les porcs sont tous noirs en Espagne, tandis, qu'au moins à Huesca et à Barbastro d'Arragon, ils sont blancs.

L'influence que Buffon attribue fréquemment au climat pour changer les couleurs et même les formes des animaux et celles de l'homme, n'a pas le pouvoir qu'il imagine (a).

Mais revenons à notre sujet.

Les porcs que Buffon croit être les descendans

(a) On peut citer encore, contre l'opinion de Buffon, que les chevaux arabes sont généralement alzans ou bais, et que les chevaux de différens pays de l'Europe, tels que les chevaux danois, holstenois, hollandois, allemands, françois, etc. sont noirs. (*Note du Traducteur*).

de ceux transportés par les Espagnols, ne sont pas des porcs, mais bien des Tagnicatis, puisque les caractères qu'il indique se rapportent exactement à ces derniers animaux ; c'est-à-dire, d'être sauvages en Amérique et de couleur noire, d'avoir le corps plus ramassé, d'avoir la hure plus grosse et un poil plus grossier que le porc domestique.

Je crois que notre d'Acosta (*a*) a commis la même erreur.

Buffon décrit (*b*) le Tayazou ou *Pécari*, en rapportant dans ses notes une multitude de noms et de phrases dont il est nécessaire que quelques-unes soient corrigées.

Les Guaranis prononcent le *z* comme un son qui tient le milieu entre le *z* et l'*s*. Ainsi l'on peut écrire également Tayazou ou Tayasou. Cela posé, les noms de *Tayassou* et de *Tajacou* que beaucoup de personnes donnent au Pécari étant altérés, ils doivent être remplacés par ceux de *Tayazou* ou *Tayassou*. Mais en

---

(*a*) Traduction, t. 11, p. 91, à la note. — Original, t. 5, p. 157, à la note. — T. 9, p. 72 à la note *b*, édit. in-4.º

(*b*) Traduction, t. 12, p. 1.re et suivantes. — Original, t. 4, p. 1.ere — T. 10, p. 21, édit. in-4.º

outre c'est mal-à-propos qu'on les applique d'une manière particulière au Pécari ; car, ainsi que nous l'avons vu à la page 18 , c'est le nom générique sous lequel sont compris les deux porcs américains et le porc domestique.

Le nom de *Caaigoara* que Marcgrave donne au Pécari, est également altéré, et l'on doit dire *Caaigouara* , autrement le nom est inadmissible. En effet, *Caaigoua* signifie *mont*, et *ra* signifie *imitation* , *ressemblance* ; or , le Pécari n'a rien qui puisse réveiller une idée de ressemblance, si ce n'est celle de son dos avec la cime d'une montagne.

Au surplus , ce nom de Pécari est étranger ici ; et sans m'embarrasser de celui qu'on emploie au Mexique et dans d'autres parties pour désigner le Taytétou, je ne dois pas omettre que celui d'*Aper mexicanus* , que lui donne Faber dans *Fernandez* ; celui de *Sus umbilicum in dorso habens*, d'Aldrovande ; celui de *Sus dorso cystifero , caudâ nullâ* , de Linné ; et ceux de *Sus ecaudatus, folliculum ichorosum in dorso gerens*, et d'*Aper mexicanus*, de Brisson , sont tous des noms ou des phrases équivoques qui conviennent également à mes deux Tayazous.

La phrase *Aper mexicanus moschiferus* de Ray appartient au Pécari, qui est mon Taytétou, parce que sa fistule exhale le musc, et que je n'ai pas remarqué la même chose de celle du Tagnicati ; mais on doit mettre *americanus* au lieu de *mexicanus*, parce que l'animal est du Paraguay comme du Mexique et de tout le pays intermédiaire.

La phrase de *Sus minor, umbilico in dorso, cochon noir,* de Barrère, implique, puisque *minor* appartient au Taytétou ou Pécari, et *noir* au Tagnicati.

De même que la nomenclature de Buffon se trouve réunir mes deux porcs, sa description convient aussi aux deux espèces. Il dit dans le texte, que les Pécaris vont ordinairement par troupes, et sont quelquefois deux ou trois cents ensemble, étant la plus nombreuse espèce de l'Amérique ; qu'ils se secourent mutuellement, enveloppent leurs ennemis, et blessent souvent les chiens et les chasseurs ; et qu'ils se conservent sans altération, et ne se sont point mêlés aux cochons marrons ou cochons européens devenus sauvages, quoiqu'ils aient l'habitude d'aller de compagnie. Rien de cela n'appartient au Pécari ou Taytétou, auquel on l'applique, mais bien au Tagnicati, qui est celui que Buffon appelle cochon marron ; croyant mal-à-propos qu'il vient d'Europe , et qu'il se joint au Pécari.

Il dit de la fistule ou glande de celui-ci, qu'elle répand une très-mauvaise odeur ; mais comme Ray , d'autres et moi, nous avons trouvé cette fistule musquée , suave et agréable pour l'odorat, on ne peut pas douter qu'elle n'exhale différentes odeurs selon la nourriture de l'animal, son état d'irritation ou d'autres circonstances.

Buffon ajoute que le Pécari préfère les montagnes aux vallées , parce qu'il ignore qu'ici l'on n'entend point par *montagnes* les hauteurs ou cordilières , mais les grandes foréts que recherchent toujours les deux espèces de Tayazous , soit dans les vallées , soit dans les plaines , soit enfin sur des élévations. Il est encore inexact lorsqu'il dit que le Pécari produit beaucoup de petits et souvent , puisque les deux espèces n'en produisent que deux à-la-fois, et qu'elles n'ont qu'une seule portée par an. Quant au reste , je m'accorde avec Buffon dans la description du Pécari, qui , comme je l'ai dit, est mon Taytétou.

Cet auteur rapporte ailleurs (*a*) qu'à Cayenne il y a deux espèces de Tayazous, en indiquant clairement dans la première et la plus grande, mon Tagnicati, quoiqu'il n'explique pas bien la blancheur de sa mâchoire. La seconde espèce, ou la petite, est rousse selon lui, et comme le sont les Taytétous non encore adultes. Je ne doute pas que M. de la Borde, de qui Buffon dit tenir ces observations, n'ait vu un Taytétou qui n'avait pas encore un an.

Buffon continue en disant que les deux planches 3 et 4 (du tom. 10, édit. in-4.º) représentent la grande espèce ; mais l'une et l'autre offrent au contraire la seconde espèce ou Taytétou. Il se trompe de nouveau en croyant que les deux espèces de la Borde sont des variétés l'une de l'autre, parce que la première est un Tagnicati adulte, et la seconde un jeune Taytétou.

La Borde dit que la petite espèce , et non la grande, court après les chiens et les hommes; et c'est tout le contraire. Je regarde également comme une erreur ce qu'il rapporte, que les

____

(*a*) Traduction , t. 12 , p. 7. — Original, t. 8 , p. 147.
— Supplément , t. 3, p. 92 , édit. in-4.º

pluies et les sécheresses les portent à changer de domicile. Il ajoute qu'ils ne fuient pas, et que l'on en tue beaucoup sur le même point : cela est vrai du Tagnicati, mais nullement du Taytétou, et encore pourvu que le chasseur soit sur un rocher ou sur un arbre. La Borde induit encore en erreur lorsqu'il avance que les Tayazous engendrent dans toutes les saisons.

Enfin, Buffon (*a*) avoue qu'il lui est difficile d'entendre la description faite par la Borde, de l'autre espèce de Tayazou appelée *Patira* dans la Guiane ; et quant à moi, je vois que ses mœurs sont celles du Taytétou, excepté dans ce qui est dit de la poursuite et de l'attaque de cet animal par les chiens, qui appartient au Tagnicati. Quant aux articles de la description où la Borde met au Patira une ligne de poils blancs tout le long de l'épine du dos, et lui donne un poil moins dur que celui du sanglier, ou même du cochon domestique, l'une et l'autre de ces choses sont contraires à ce qu'on observe d'ordinaire dans les quadrupèdes, puisque ceux-ci ont communément l'épine du dos plus

____

(*a*) Traduction, t. 12, p. 9. — Original, t. 8, p. 150. — Supplément, t. 3, p. 94.

obscure ou plus noire que le reste, et les soies plus rudes dans les espèces qui sont sauvages.

Aussi n'ayant point de confiance dans ces assertions de la Borde, mon opinion est-elle que le Patira est mon Taytétou adulte, qui a la ligne blanche en travers sur le garrot, et point en long comme le suppose la Borde, lequel se trompe pareillement lorsqu'il lui donne des soies douces, et qui peut-être altère le nom même en écrivant Patira au lieu de Pécari.

Il est aisé de se convaincre, d'après cette description du Taytétou par M. d'Azara, que le Pécari que d'Aubenton a décrit dans l'ouvrage qui lui est commun avec Buffon, est réellement un Taytétou; et c'est une preuve de plus de la justesse du reproche que fait M. d'Azara à ceux qui ont confondu le Tagnicati et le Taytétou en un seul animal, sous le nom de Pécari.

J'ai vu en 1787, au Port-au-Prince, aujourd'hui Port-Républicain, chez le gouverneur général la Luzerne, l'un des Pécaris qu'il avoit fait venir de la province de Carthagène dans l'Amérique méridionale, et par le port du même nom, avec le dessein de les multiplier dans l'île de la Gonave, dépendante de Saint-Domingue. Cet animal étoit aussi un vrai Taytétou, d'après la description de M. d'Azara.

Les autres Pécaris venoient d'être envoyés à la Gonave, comme je l'ai dit dans ma Description de Saint-Domingue (t. 2, p. 529, in-4.°); et en 1788, ils paroissoient y avoir déjà multiplié.

Ce Pécari étant indiqué comme une espèce de cochon marron ou sauvage, le gouverneur général la Luzerne avoit pensé, d'après plusieurs rapports, que la multiplication en seroit utile, et offriroit un moyen de subsistance de plus dans un pays où l'on fait beaucoup de cas de la chair du cochon marron.

Je ne sais quel est, en ce moment, le résultat de cette expérience, ainsi que de celle faite à la même époque et dans la même petite île de la Gonave, en y lâchant des oiseaux de plusieurs espèces ; des Agamis de Cayenne, des Tourterelles et deux oiseaux Martins, venus de l'île de France, etc. etc. (*Note du Traducteur*).

CERFS.

Les Guaranis appellent *Gazou* tout cerf quelconque, et ils distinguent ensuite les cerfs entre eux par des appellations particulières.

Il y en a au Paraguay de quatre espèces, dont j'exposerai les caractères tels que je les ai observés, afin qu'on ne confonde ces espèces ni entre elles ni avec d'autres. La première et la troisième sont rougeâtres, et la seconde et la quatrième sont brunâtres. Ces deux couleurs étant constantes dans ces espèces, il suffira maintenant de faire distinguer les deux rougeâtres et les deux autres entre elles.

Pour cela, il faut qu'on sache d'abord, sur les deux rougeâtres, que dans la première espèce, qui est remarquablement plus grande que toutes les autres, le mâle a un bois très-large et ramifié, tandis que le bois du mâle de la troisième espèce est sans divisions, et a la forme d'un poinçon long de 4 à 5 pouces (11 à 13 centimètres et demi) très-brun, menu et lisse. Ensuite nous dirons que la première espèce est d'une nuance moins rougeâtre, d'un poil plus flexible et plus long, moins lisse et moins luisant. Il faut ajouter que cette première espèce a un peu de blanc dans le contour de l'œil, que sa queue est noire en dessous, ainsi que l'intervalle qui règne depuis les sabots jusqu'aux secondes jointures des quatre pieds.

La troisième espèce manque de tous ces caractères ; son oreille est proportionnellement plus petite et moins velue intérieurement, et l'angle intérieur de l'œil est beaucoup plus petit. Cette espèce est aussi plus blanche entre les jambes ; son poil est plus grossier et d'une texture si forte qu'il ne peut s'étendre.

Enfin, la première espèce n'habite que les lieux baignés et les grands esters ; et la troisième, les forêts très-épaisses, d'où elle ne sort que la nuit, et au crépuscule, pour venir sur les bords du bois et dans les *chacarras*, où elle mange des haricots, dont elle est très-avide : elle est solitaire, et ses petits ont des taches blanches que n'offrent point les petits de la première espèce.

Passons aux deux espèces brunâtres.

La seconde espèce vit en famille et va en troupes composées quelquefois de cent individus. Elle habite, non les esters, mais les champs unis ou agréablement inclinés, sans jamais entrer dans les bois, d'où la quatrième espèce, toujours solitaire, ne sort jamais, si ce n'est comme la troisième, à la fin de septembre ou durant tout le mois d'octobre (pendant vendémiaire et la moitié de brumaire), lorsqu'elleest tourmentée par les taons. Quoique la taille de la deuxième espèce soit moindre que celle des deux rougeâtres, elle excède un peu celle de la quatrième, qui est plus basse des jambes, qu'elle a aussi plus inégales, celles de derrière étant plus longues; il en résulte qu'elle porte le corps un peu ramassé, tandis que la deuxième espèce, la plus véloce des quatre, le tient horizontalement.

Dans mes quatre espèces de cerfs, les femelles ont la tête sans ornement; et les bois du mâle de la seconde ont de 8 à 11 pouces (de 21 à 30 centimètres) de haut, avec des ramifications : mais les bois de la quatrième sont à poinçon, gros, lisses, et longs d'environ un pouce (2 centimètres 2 tiers).

La seconde espèce a le poil plus serré et plus court ; elle tient ses oreilles plus droites et elle les a beaucoup plus pointues et plus étroites que celles de toutes les autres espèces. Quant aux couleurs, celles de la seconde sont beaucoup plus claires, et les fesses, ainsi que toute la partie inférieure du corps, sont très-blanches ; ce qui n'a pas lieu dans la quatrième.

Comme l'on a vu ici des individus de la première et de la seconde espèce entièrement blancs, il est indubitable que la cause qui altère les couleurs et que j'appelle *albine*, agit dans les cerfs comme dans tous les quadrupèdes et les oiseaux. Je doute aussi peu que la cause *crépue* qui influe sur le poil des chevaux, des vaches et des oiseaux, ne produise quelquefois ses effets en crépant tout le poil des cerfs comme celui des nègres d'Afrique : du moins ce ne seroit point un sujet de surprise pour moi, que de voir des cerfs crépus, comme j'ai vu des vaches, des chevaux et des oiseaux crépus qu'on appelle ici *Pichay* ; mais je parlerai de cela dans un autre lieu (a).

La première espèce habitant les esters, comme je l'ai dit, elle est la plus grande pour la taille et le bois ; la seconde, quoiqu'elle occupe la troisième place en grandeur, est la première

____

(a) V. t. 2, à l'art. des *Chevaux*.

en vélocité, et la seconde quant au bois ; elle tientson corps allongé comme la première.

J'en conclus que l'étendue du corps et la longueur du bois , sont dues aux esters , la légèreté et la flexibilité des membres aux champs ou surfaces libres et unies , et que la timidité , la contraction du corps et la petitesse des cornes proviennent des forêts. Cette opinion se fortifie, lorsqu'on sait que tous les Indiens non-soumis qui ont habité et qui habitent ici les environs des rivières et des lacs , tels que les Payagouas et les Gouachiés, et que ceux qui étaient et qui sont dans les champs marécageux du Chaco , tels que les Gouaycourous , les Enimagas , etc. avaient et ont encore plus de taille , de force et de vigueur que les Indiens non-soumis qui habitent les forêts , comme les Guaranis et les autres nations des montagnes.

Il me semble inutile de parler des membres musculeux et flexibles , des formes élégantes , de la légèreté et du caractère curieux et innocent que ces cerfs ont en commun avec tous les autres. Je pense la même chose de la substance qui forme leur bois, de leur nourriture, etc. , parce que tout cela est bien connu.

Je dirai donc seulement que j'ai vu deux femelles de la première espèce, le 13 octobre (au commencement de la troisième décade de vendémiaire), au moment de mettre bas, et deux petits nouvellement nés de la seconde espèce dans les premiers jours du même mois (la seconde décade de vendémiaire). J'ai aussi ouvert deux femelles de la troisième, et j'ai trouvé leurs petits sans poil à la fin de septembre (au commencement de vendémiaire); j'ai jugé qu'elles auraient mis bas à la fin de novembre (au commencement de frimaire). J'ai eu divers petits de la quatrième espèce en janvier (de la mi-nivose à la mi-pluviose). Cela doit s'entendre du Paraguay, parce que dans les Pampas de Buenos-Ayres, j'ai vu une multitude de nouveaux-nés de la seconde espèce dans les premiers jours d'avril (vers la moitié de germinal).

Ceux de la première naissent avec la livrée de leurs pères ; et ceux des trois autres, avec un rang ou chapelet de taches blanches qui, en partant de l'épaule, se prolonge sur les côtes jusqu'au bas de la fesse, d'où il s'élève ensuite et continue parallélement à l'épine du dos, mais à un pouce (3 centimètres) de distance de cette épine, jusqu'à ce qu'il ait regagné l'épaule où il

a

a commencé. Ce qui entoure ce chapelet est rempli de taches blanches ; et tout le blanc disparoît à six mois. Le reste de la couleur est comme celle des pères, excepté dans la deuxième espèce , qui a communément une couleur plus sensiblement rougeâtre , et des taches blanches moins remarquables.

Quant à l'époque où les mâles perdent ou renouvellent leur bois , je n'en puis rien dire , si ce n'est que le 13 octobre (vers la fin de vendémiaire), j'en ai vu un de la première es- pèce, à qui le bois croissoit enveloppé ou couvert de la peau , et il étoit long de 4 pouces (environ 11 centimétres). Il tomba à un autre de la deuxième espèce le 25 juillet (au commencement de thermidor), d'un coup qu'on lui donna avec des boules ; ce qui me fait croire qu'il n'auroit pas tardé à en changer naturel- lement. Il étoit tombé à un de la troisième , et il n'avoit pas commencé à repousser le 27 dé- cembre (au commencement de nivose) ; et enfin, un de la quatrième l'avoit *enveloppé* , et étoit déjà parvenu à la moitié de sa crue le 24 février (au commencement de ventose). Quoique l'on ne puisse pas conclure de ces faits , quelle est l'époque fixe où le bois tombe ,

I. 4

on peut néanmoins conjecturer, puisque l'on n'a pas d'autre expérience, que mes Cerfs premier et second, le quittent à la mi-août (fin de thermidor), et les deux autres à la mi-décembre (fin de frimaire). On ne pense pas pour cela que tous les mâles le perdent précisément chaque année, parce que, outre que les campagnards conviennent que toute l'année il y a des Cerfs avec du bois, j'ai vu dans le même jour trois mâles de la première espèce, dont deux avoient un bois vieux et mûr ; et le troisième, un bois à demi-croissance, et j'en ai vu un domestique, de ma quatrième espèce, qui conserva le sien plus d'une année. De manière qu'il est hors de doute pour moi, qu'il n'y a pas annuellement la troisième partie des mâles qui se dépouillent ou refassent leur tête ; effet qu'on peut attribuer à ce que ces mâles ne sont pas aussi ardens dans leurs amours que ceux d'Europe.

Les mâles de mes deux dernières espèces ont toute la vie leur bois à alène ou poinçon, sans division ou couronnure. Dans les deux premières espèces, les mâles qui ont leur bois sans andouillers, sont appelés mâles à *alène* ou *chevillards* ; s'il y a deux andouillers, on les nomme *fourchus* ; et s'ils en ont davantage , *épineux*. Losqu'après avoir perdu leur bois , celui-ci commence à repousser , ce mâle est appelé *bouton* ; et si le bois a crû , et s'il est déjà enveloppé , le nom de l'animal est *enveloppé*. L'opinion des gens de la campagne est, que le mâle à alène l'est toute sa vie , et que c'est la même chose pour le fourchu et pour l'épineux. Ils se fondent sur ce que tous les mâles à alène ont la même grandeur, et sur ce que tous les fourchus et tous les épineux sont d'une taille égale. Cela est certain ; mais la conséquence est fausse. J'ai eu plusieurs mâles de la première espèce ; et quoiqu'ils fussent d'égales dimensions , on reconnoissoit que les épineux étoient plus vieux que les fourchus , indépendamment de ce qu'en Europe les andouillers augmentent avec l'âge , et que l'on doit croire que c'est la même chose ici. Mais comme ces Cerfs ne dépouillent pas annuellement , personne ne peut savoir leur âge par les andouillers, attendu qu'un fourchu , par exemple , peut l'être depuis plus ou moins d'années. D'ailleurs, comme les deux dernières espèces ne changent pas d'alènes ou poinçons; que la deuxième n'a pas plus de quatre andouillers , ni la première , plus

4 *

de cinq ; il n'y a plus de régle quand ils sont parvenus au *maximum.*

Toutes les espèces prennent le *barrero*, c'est-à-dire, qu'elles mangent de la terre nitreuse, et toutes diminuent à mesure que la population humaine augmente, ainsi que je l'ai observé ; parce que les habitans en font une grande destruction en les poursuivant, et qu'il est rare qu'un campagnard ne lâche pas son cheval dès qu'il voit un Cerf. Ce qu'il y a de particulier, c'est qu'ils ne font cas que de la peau qu'ils emploient, et encore très-rarement, pour de la buffleterie ou de la maroquinerie mal préparée. Cette chasse n'a communément d'autre résultat que de faire courir, et d'être la cause de la mort de quelques cavaliers excédés de fatigue, de tuer des chevaux, et de détruire de petits Cerfs, parce que le plus fréquemment on n'atteint pas les vieux.

Lorsque les chasseurs réussissent à s'approcher des Cerfs, ils leur lancent les boules. Ce sont trois pierres grosses comme le poing, attachées à des cordes fortes et longues de plus de 2 pieds et demi (81 centimètres), et réunies à un centre commun, comme autant de rayons, qui se mêlent dans le bois, ou autour du cou du Cerf ; et qui , en l'arrêtant, donnent le tems de lui passer la courroie de cuir à nœud coulant, qu'on jette avec dextérité , de 3o à 4o pieds (environ 10 à 12 mètres) de distance , laissant son extrémité fixée a la sangle du cheval. Nul montagnard ne monte à cheval sans ces boules et ce nœud ; et s'ils sont beaucoup à la poursuite d'un Cerf , la peau reste à celui dont les boules ont accroché l'animal , quoique ce soient les autres qui l'aient enlacé ou tué. Ils ont coutume aussi de faire la chasse de ma première et de mes deux dernières espèces, avec beaucoup de chiens.

On élève des individus de toutes ces espèces dans les maisons , en les prenant très-petits ; mais comme ils sortent dehors en grandissant, les chiens les font périr presque tous. Ils aiment beaucoup à lécher les mains et la figure ; et si on le leur permet , ils ne discontinuent point cette caresse pendant un quart-d'heure. Ils paissent, ils mangent des grains et de tous les alimens de l'homme , sans parler de la chair crue , des mouchoirs de poche , des chiffons, goût qui les rend nuisibles (a) ; mais si les choses

(a) Tous nos animaux d'Europe , domestiques ou sauvages , qu'on a apprivoisés , ont ce goût rongeur. Nos

ne sont pas propres, ils les dédaignent. C'est assez que quelqu'un morde une bouchée de pain, pour qu'ils ne veuillent pas du reste, s'il leur est présenté. Ils ne font jamais rien contre leur volonté ; et si l'on prétend leur interdire, par exemple, l'entrée d'un endroit, ce n'est qu'à force de coups qu'on peut vaincre leur obstination à y pénétrer, ou plutôt il faut les emporter. Ils ne prennent aucune affection pour qui que ce soit, et ne donnent de préférence à personne.

En résumant tout ce que je viens de citer, relativement aux caractères de ces Cerfs, j'ai fait les notes critiques suivantes sur l'ouvrage de Buffon.

Il a cru (*a*) que les Cerfs blancs d'Aristote et de Pline étoient le produit de la domesticité, et il se trompe ; car ici, où il n'y a point

---

chèvres, entre autres, détruisent tous les meubles si on les laisse entrer dans les maisons. Quant aux alimens composés, le citoyen Huzard est parvenu à faire manger à des chèvres (et l'on connoît leur délicatesse dans le choix des plantes), de la soupe, du bouilli, de la fricassée, etc. (*Note du Traducteur*).

(*a*) Traduction, t. 9, p. 160. — Original, t. 2, p. 59. — T. 6, p. 96, édit. in-4.º

une pareille raison , l'on voit des Cerfs blancs produits par la cause qui change en blanc les couleurs dans les hommes , les quadrupèdes et les oiseaux.

Buffon caractérise (a) le Cerf du Canada , en disant uniquement, qu'il diffère de l'Européen par la hauteur de son bois , et par le nombre et la direction de ses andouillers ; et comme cela est applicable à mon Gouazoupoucou , qui est aussi américain, et d'un pays à lac , comme le Canada ; je présume que le Cerf du Canada est mon premier Cerf ; parce que d'ailleurs ils se rapportent l'un à l'autre par l'inclination vers le merrain , qu'ont les pointes de l'andouiller. La vérité est , que Buffon n'accorde pas cette particularité à tous les Cerfs du Canada , et que dans le Paraguay elle est générale. Supposant donc l'identité rapportée , il faut absolument croire que Buffon se trompe , en disant que le Cerf du Canada , ou le premier du Paraguay , est de la même espèce que le Cerf d'Europe (b) ;

______

(a) Traduction , t. 9, p. 166. — Original, t. 2 , p. 67 , et original, t. 3, p. 194. — T. 6, p. 168 , et t. 9 , p. 97 , de l'édition in-4.°

(b) Ce que dit Buffon de la ressemblance du Cerf du Canada avec celui d'Europe , est réellement vrai, et le

parce que ce dernier a quelquefois plus de vingt-cinq andouillers ; tandis que celui du Paraguay parvient à peine à en avoir cinq. Celui-ci ne sort pas des esters dans lesquels l'autre n'entre pas ; et il fait des petits sans les taches blanches, que nous voyons dans les faons européens.

Ensuite il nomme (*a*) *Cerfs du Mexique, et des autres parties de l'Amérique Méridionale,* ceux qu'on appelle à Cayenne *Cerfs des bois et Cerfs des Palétuviers,* que je traduirois d'*Ester* et non de *Mangles,* comme le fait Don Joseph Clavijo. Dans ce peu de paroles, Buffon comprend et indique mes quatre Cerfs. Celui d'*Ester* est indubitablement mon Gouazoupoucou, comme ceux des bois sont le Gouazoupita et le Gouazoubira ; par conséquent, celui dont il ne donne aucune autre indication, sinon qu'il est du *Mexique* et de l'*Amérique Méridionale,* ne

---

bois du premier est même encore plus grand ; ainsi, il est naturel de penser que l'identité présumée par M. d'Azara, entre le premier Cerf du Paraguay et le Cerf du Canada, n'existe point. (*Note du Traducteur*).

(*a*) Traduction, t. 9, p. 167. — Original, t. 2, p. 69. — T. 6, p. 169, édit. in-4.°

peut être que mon deuxième Cerf, ou le Gouazouti. Il assure que tous ceux-là sont différens
de ceux d'Europe.

Mais ailleurs (a) , il affirme que le Chevreuil
d'Europe abonde dans les deux Amériques ;
parce que le *Coujouacou apara* du Brésil (mon
Gouazouti), ne diffère de ce Chevreuil que par
la forme du bois. Buffon a ignoré qu'ils étoient
encore dissemblables par la taille et par la couleur ; que celui du Brésil fait un petit, et l'autre
deux, et que celui d'ici n'entre jamais dans les
bois qui sont l'habitation de l'autre ; que ce
dernier vit en familles de quatre ou cinq, et
qu'il a quatre ou cinq andouillers ; tandis que le
brésilien va en troupe, et n'a jamais plus de
trois ou quatre andouillers ; enfin, que la chair
de celui d'Europe passe pour excellente, et
n'exale point de mauvaise odeur, et qu'on attribue le contraire au Gouazouti. D'après tout ce
qui précède, on ne peut douter que le Chevreuil
d'Europe ne soit différent de celui d'ici.

Pison (b) indique deux Chevreuils du Brésil,

(a) Traduction, t. 9, p. 183 et 184. — Original, t. 2,
p. 92. — T. 6, p. 210, édit. in-4.°

(b) Traduction, t. 9, p. 184. — Original, t. 2, p. 93.
— T. 6 ; p. 211, édit. in-4,°

appelés *Cougouacou-été* et *Cougouacou-apara*;
ces noms doivent être *Gouazouété*, qui signifie (Cerf, véritable Cerf), et *Gouazoupara*,
qui signifie (Cerf taché de blanc). Pison dit
que le premier est plus grand et n'a point de
cornes ; que le deuxième est plus petit et a
des cornes moyennes, à trois pointes ou andouillers ; qu'il a le poil luisant, mêlé de brun
et de blanc, sur-tout chez les jeunes, parce
que le blanc s'efface avec l'âge. Quoique Pison
parle d'après ce qu'on lui a dit quant aux couleurs, confondant celles des vieux avec celles
des nouveaux-nés, on ne peut douter que son
Chevreuil *cornu* ne soit mon Gouazouti. Il en
résulte que le *Gouazouété* étant le plus grand,
il ne peut être que le Gouazoupoucou et peut-
être le Gouazoupita ; néanmoins j'incline plus
pour le premier, parce que l'adjectif *été* le
demande ainsi. Mais, de toute manière, Pison
se trompe en faisant le Gouazoupoucou sans
bois, parce que dans toutes les espèces de
Cerfs, les mâles en ont toujours un.

Enfin je dis que, ni le *para* ni le *été* ne sont
des Chevreuils de la caste européenne, ni l'un
la femelle de l'autre, comme le présume Ray,
mais mes deux premières espèces de Cerfs.

D'ailleurs le nom de *para* ou *apara* doit être abandonné, puisqu'il ne peut être uniquement donné qu'aux faons qui ont moins de six mois, et qui sont de mes trois dernières espèces.

Les Cerfs dont parle Dumont (*a*), quoique je ne doute pas qu'ils ne soient d'une autre espèce que l'européenne, peuvent être de ma première ou de ma deuxième espèce, parce qu'elles seules ont des andouillers ; mais comme il dit que leur chair est bonne, je présume qu'il parle de ma première espèce ou Goua-zoupoucou.

Dans l'addition que fait Buffon (*b*) à l'histoire du Chevreuil, il copie une lettre de M. de la Borde qui dit : Il y a à Cayenne quatre espèces de Cerfs, et on leur donne là le nom de *Biches*, soit aux mâles, soit aux femelles. On nomme la première *Biche rousse* ou *Biche des bois fourrés*, et il dit qu'elles ont un bois

______

(*a*) Traduction, t. 9, p. 184, à la note. — Original, t. 2, p. 93, à la note. — T. 6, p. 211, note *a*, édition in-4.º

(*b*) Traduction, t. 9, p. 203. — Original, t. 8, p. 202. — Supplément, t. 3, p. 125.

de 5 pouces (13 centimètres et demi) pour le plus haut et sans andouillers. Cette désignation et les noms cités qu'accréditent la couleur et le domicile, ne laissent pas douter que ce ne soit mon Gouazupita ou ma troisième espèce.

La Borde nomme sa deuxième espèce *Biche de Barallou*, et il dit qu'elle est rouge aussi. Cela seul suffiroit pour que je la prisse pour ma première espèce ou mon Gouazoupoucou ; mais le mot *Barallou*, qui signifie *lieu plein de balisiers*, ne permet pas le doute, indiquant clairement que l'animal habite les esters (*a*). Comme la Borde ne dit rien de ses

____

(*a*) *Barallou* est le nom donné à Cayenne, où écrivait la Borde, au Balisier (*Heliconia bihaii*, Linn.). Mais à Cayenne, comme par-tout ailleurs, le balisier croît toujours dans le voisinage des eaux, et puisque les esters ne sont eux-mêmes que des lieux baignés, il n'est pas étonnant que le mot Indien Barallou qui, dans l'Amérique Méridionale, signifie *un lieu rempli de balisiers*, et conséquemment aquatique, soit employé ailleurs à désigner les mœurs d'un animal qui se plait dans des lieux semblables. M. d'Azara paroît donc tirer ici une conséquence juste du mot *Barallou*, même dans le sens de la Borde, en disant que la biche de Barallou péut être son premier Cerf ou le Gouazoupoucou qui habite les esters. (*Note du Traducteur*).

cornes, je soupçonne qu'il ne parle que sur des récits ; puisque, s'il avoit vu et connu l'animal, il diroit qu'il est plus grand et non pas plus petit que celui de sa première espèce ou la Biche rouge. La Borde dit que l'une et l'autre ont de petites glandes gonflées sur le côté des narines ; mais comme la Borde ne les a pas indiquées, et qu'il n'a pas vu l'animal, ainsi que je l'ai déjà observé, je crois qu'elle n'a pas ces glandes.

La troisième espèce que la Borde appelle *Biche des Savannes*, est indubitablement mon Gouazouti.

La quatrième est nommée par lui *Biche des palétuviers*, et il dit qu'elle habite les Savanes noyées, et qu'elle a plusieurs andouillers : ces signes caractérisent certainement mon Gouazoupoucou, et la Borde nous montre qu'il se trompe, en disant que cette espèce est la plus petite, tandis qu'elle est la plus grande de toutes.

Par conséquent les quatre espèces de la Borde n'en forment que trois.

Ensuite il parle d'une autre appelée *Cariacou*, à laquelle il donne un poil gris tirant sur le blanc, un bois droit et pointu, et moins de grandeur qu'aux espèces antérieures. J'ai dans celui-ci mon Gouazoubira, qui manquoit pour trouver à Cayenne les mêmes quatre espèces qu'ici. Mais Buffon se trompe en se figurant que tous sont des Chevreuils, parce que le seul Gouazouti se rapproche du Chevreuil d'Europe, et le Gouazoupoucou du Cerf ; tandis que les deux espèces qui habitent les bois ne se rapprochent ni de l'un ni de l'autre.

Buffon dit (*a*) : « Le Cariacou de la Guyane,
» que nous avons vu vivant, est de la nature et
» de la grandeur de nos plus grands Chevreuils.
» Le mâle porte un bois semblable à celui de
» nos Chevreuils, et qui tombe de même tous
» les ans ; la femelle n'en a point : on l'appelle,
» à Cayenne, *Biche des bois*. Il y a une autre
» espèce qu'ils appellent aussi *petit Cariacou*,
» ou *Biche des marais* ou *des palétuviers*,
» qui est considérablement plus petite que la
» première, et dans laquelle le mâle n'a point
» de bois. »

Voilà mon Gouazoupita et mon Gouazoubira. Mais je dois remarquer que Buffon se trompe

---

(*a*) Traduction, t. 11, p. 108. — Original, t. 3, p. 183. — T. 9, p. 90, édit. in-4.°

en donnant à celui-là la même nature et les cornes des Chèvres de montagne, parce que le Gouazoupita n'est point une Chèvre ; que ses cornes ne sont point semblables à celles de cet animal, mais solides comme celles du Cerf chevillard, et qu'il habite les bois siutés en plaine ; la vérité est qu'ici il n'y a ni rochers escarpés, ni précipices. En second lieu, Buffon a tort en refusant des cornes au mâle de la deuxième espèce, puisqu'il en a, et en lui attribuant le nom de *Biche des marais*, qui est le propre du Gouazoupoucou, le plus grand de tous les Cerfs de ce pays-ci. Comme Buffon ne connoissoit bien aucun des Cerfs de l'Amérique, ses jugemens portent à faux. Aussi erre-t-il lorsqu'il croit que les deux *Cariacous* cités sont le *Cougouacou-été* et le *Cougouacou-para* de Pison ; puisque, comme je l'ai dit, cet *été* et ce *para* sont ma première et ma deuxième espèces, tandis que ces *Cariacous* sont ma troisième et ma quatrième espèces.

Ensuite Buffon (*a*) fait le Cerf du Canada plus petit que celui d'Europe, et il lui donne un

---

(*a*) Traduction, t. 11, p. 115. — Original, tom. 3, p. 194. — T. 9, p. 97, édit. in-.°

bois plus haut et plus ramifié , et une queue plus longue. Si ces caractères sont exacts , il le sera que le Cerf du Canada est très-différent de mon Couazoupoucou , et par conséquent que je me suis trompé à la page (55) , en les croyant de la même espèce.

Le même auteur (a) décrit les cornes du Caribou , vues par Brisson , qui sont certainement d'un *fourchu* de ma première ou de ma deuxième espèce.

Buffon , pour ne s'être pas ressouvenu que les petits de mes trois dernières espèces naissent tachetés de blanc , n'a pas su (b) que le Chevrotain ou *petite Biche de Surinam rougeâtre et marquée de taches blanches* , étoit un *mamon* de ma troisième espèce. Il en résulte qu'il critique Séba à ce sujet avec peu de fondement , et qu'il assure , en s'égarant , que cette Biche est africaine. Ensuite (c) il insiste sur cette idée , parce qu'on lui a montré le *Memina* de Ceylan , et qu'il se figure que

---

(a) Traduction, t. 11 , p. 116 — Original, t. 3, p. 195. — T. 9 , p. 98 , édit. in-4.º

(b) Original, t. 5. p. 417. — T. 12, p. 311 , édit. in-4.º

(c) Original, t. 8, p. 164. — Supplément , t. 6 , p. 229, édit. in-4.º

c'est

c'est celui de Séba : mais c'est une erreur de plus, parce que le Mémina est de Ceylan, et que l'animal de Séba est américain. Outre cela, ce dernier est marqué de taches blanches, comme la peau du Tigre, et ces taches sont rondes, tandis que le Mémina les a longitudinales.

Après cela Buffon copie la description que Recchi fait, dans Fernandez, du *Mazame* et du *Témamazame* (a). Recchi dit du Mazame (b) qu'il est un peu plus grand que la Chèvre commune ; qu'il est revêtu d'un poil blanc et fauve ou cannelle, avec le ventre et les côtés blancs, et que les cornes ont des andouillers en petit nombre et aigus. Tout cela indique clairement mon Gouazouti, sans pouvoir l'appliquer à un autre animal.

Recchi indique le Témamazame en lui donnant des cornes aiguës et très-courtes, une

----

(a) Je ne sais pourquoi on dit dans Buffon, Mazame et Témamaçame. Il m'a semblé que l'analogie vouloit qu'on dît Témamazame ; et d'ailleurs, c'est ainsi que l'écrit M. d'Azara. — (*Note du Traducteur*).

(b) Original, t. 5, p. 424, note a. — T. 12, p. 317 à la note, édit. in-4.º

I

couleur rouge-obscur et le dessous blanc.
Quoique ces expressions pussent s'appliquer
au Gouazoupita, il me paroît en tout qu'elles
indiquent plutôt le Gouazouti, parce qu'il est
le seul qu'on puisse dire blanc en dessous, et
que ses poils en dessus ont les pointes rougeâtres ; que le reste est obscur, et que ce
sont les couleurs que lui donne Recchi, avec
de très-petites cornes ; ce qui provient de ce
que l'individu qu'il a vu, étoit un *daguet*, c'est-
à-dire, un animal encore dans sa seconde
année.

Buffon (*a*) retrace bien mon Gouazouti dans
le Mazame, mais il s'abuse en le croyant de
l'espèce du Chevreuil d'Europe. Il se trompe
pareillement en faisant le Témamazame de Fernandez une variété du Mazame, parce que,
comme nous venons de le voir, celui-ci est l'a-
dulte, et l'autre le chevillard de la même espèce. Il s'égare encore en se figurant que le Mazame et le Témamazame sont le *Cougouacou-*
apara et le *Cougouacou-été* du Brésil, et que
le Mázame est ce qu'à Cayenne on appelle *Ca-*

____

(*a*) Original, t. 5, p. 424, note *a*. — T. 12, p. 317,
à la note, édit. in-4.º

riacou ou *Biche des bois*, et le Témamazame, ce qu'on y nomme *petit Cariacou* ou *Biche des palétuviers ;* puisque nous avons vu que le Mazame et le Témamazame de Fernandez sont mon Gouazouti ; que le *apara* est aussi mon Gouazouti ; que le *Cougouacou-été* est mon Gouazoupoucou ; et que les deux *Cariacous* sont mon Gouazoupita et mon Gouazoubira.

Buffon dit (*a*) que Pison donne un bois au Cougouacou-été, tandis que précédemment (*b*) il a cité le contraire. Il faut présumer que Buffon, ou son copiste, s'est trompé en écrivant *Cougouacou-été* au lieu de *Cougouacou-apara* (*c*).

Quel que soit celui dont Marcgrave veut parler, il s'abuse (*d*) en lui refusant un bois, puisqu'il n'est point de classe de Cerfs sans cela.

(*a*) Original, t. 5, p. 425, note *b*. — T. 12, p. 318, note *a*, édit. in-4.º

(*b*) Traduction, t. 9, p. 184. — Original, t. 2, p. 93. — T. 6, p. 211, édit. in-4.º

(*c*) Puisque Pison donne un bois à celui-ci. (*Note du Traducteur.*)

(*d*) Original, t. 5, p. 425, note *b*. — T. 12, p. 318, note *a*, édit. in-4.º

5 ⋆

Buffon nous donne après (*a*) les deux indications de Barrère qui sont : *Cervus major corniculis brevissimis*, *Biche des bois* ; et *Cervus minor palustris corniculis brevissimis*, *Biche des palétuviers*. A mon jugement, Barrère désigne, par la première, mon Gouazoupita, et mon Gouazoubira par la deuxième, attendu qu'être *plus grand* est propre à l'habitant des bois, et s'applique au seul Gouazoupita; comme être *plus petit* s'applique au Gouazoubira, pourvu qu'on raie le mot *palustris* qui implique avec la petitesse de la taille et du bois.

Buffon copie (*b*) la description que Séba a faite du Mazame et du Témamazame, et s'arrête long-tems pour la critiquer; mais comme, selon Buffon, Séba est loin de mériter une grande confiance, je ne m'arrête point sur cet article, ni à repasser la critique de Buffon qui en exige elle-même une autre, et je me bornerai à dire que les descriptions de Séba s'adaptent à mon Gouazoupita et à mon Gouazou-

(*a*) Original, t. 5, p. 426., note *b*. — T. 12, p. 318, note *b*, éd. in-4°.

(*b*) Original, t. 5, p. 426, note. *d*. — T. 12, p. 318, note *c*, édit. in-4°.

bira , excepté dans ce qu'il dit des cornes , en quoi je ne doute pas qu'il n'ait parlé d'après d'autres , selon sa coutume.

Cette opinion prouve que Klein et Brisson (a) ont mal fait de copier Séba dans ce qu'il dit des cornes.

Linné (b) s'est trompé en croyant que le Mazame de Fernandez et le Cougouacou de Marcgrave , qui sont l'un et l'autre mon Gouazoupita (c) , ont des cornes avec trois andouillers , ce qui est le caractère de mon Gouazouti.

Enfin , je suis si las de la critique , que je la termine ici en disant que Buffon n'a pas connu un seul Cerf américain , et n'a pas même recherché s'il y en avoit un propre à cette partie du monde; d'où il est résulté qu'il auroit peut-être été plus désirable qu'il n'en parlât pas.

***

(a) Original, t. 5, p. 428, notes *e* et *f*. — T. 12, p. 520, notes *a* et *b*, éd. in-4°.

(b) Original , t. 5, p. 429 , note *g*. — T. 12 , p. 320, note *c* , édit. in-4°.

(c) L'auteur a cependant dit plus haut, (p. 67) , que le Mezame et le Témamazame de Fernandez sont son Gouazouti. Est-ce une inadvertance , est-ce une contradiction ? (*Note du Traducteur*).

PREMIER CERF ou GOUAZOUPOUCOU.

Les Guaranis l'appellent *Gouazoupoucou* (grand Cerf), et les Espagnols simplèment *Cerf*, peut-être parce qu'ils se figurent qu'il est de l'espèce de celui d'Espagne ; mais ils se trompent, parce que, laissant à part la grandeur, le lieu qu'il habite et son bois, le Gouazoupoucou fait un petit, qui n'a point les taches blanches du petit faon d'Europe.

Me trouvant dans l'établissement de Saint-Ignace-Gouazoucon, avec mon ami Noséda, nous réunîmes beaucoup de cavaliers et de chiens, avec lesquels nous fûmes au fameux ester de Neemboucou. Mon ami, comme le meilleur veneur, sépara la troupe en deux battues, et nous prîmes, dans cet ester et les environs, le 13 octobre (vers la fin de vendémiaire), une femelle de ma quatrième espèce, un mâle non adulte de la troisième, et trois vieux mâles Gouazoupoucous, avec deux femelles de la même espèce. Celles-ci étoient pleines et de la même époque, et nous trouvâmes dans le ventre de chacune d'elles, un petit bien couvert de poil de la couleur de celui des pères, sans taches blanches. Ces petits avoient 27 pouces (73 centimètres) de long; de manière qu'ils étoient près de naître. Un des mâles étoit *enveloppé*, c'est-à-dire, qu'il avoit le bois recouvert, long de 4 pouces (11 centimètres), dans un état d'accroissement, et que l'on pouvoit remarquer que la pointe se divisoit en deux. L'autre avoit le bois mûr, long de 11 pouces (29 centimètres 3 quarts), et divisé en fourche, à 4 pouces et demi (12 centimètres) de sa racine. Le troisième mâle étoit épineux.

Je vais décrire ce dernier.

Longueur, 69 pouces et demi (1 mètre 88 centimètres).

Queue, 7 pouces (19 centimètres), en y comprenant 2 pouces (5 centimètres 1 tiers) de poil, qui en font l'extrémité.

Les deux autres mâles avoient les mêmes dimensions; mais les femelles avoient environ 2 pouces (5 centimètres 1 tiers) de longueur de moins.

La circonférence antérieure, 40 pouces (1 mètre 8 centimètres); celle postérieure, 41 pouces (1 mètre 11 centimètres); celle du

cou à sa naissance , 25 pouces (67 centimètres).

La hauteur par devant , 46 pouces (1 mètre
25 centimètres) ; et par derrière , 49 pouces
(1 mètre 52 centimètres et demi).

De la pointe du museau à la naissance de
l'oreille , 11 pouces et demi (31 centimètres).

L'oreille est élevée au-dessus de la téte ; elle
a 7 pouces (19 centimètres) de hauteur , et dans
sa plus grande largeur , qui est vers sa moitié ,
3 pouces 10 lignes (près de 11 centimètres);
elle se termine d'une manière peu aiguë.

Au-dessous de l'œil est un enfoncement de
17 lignes (5 centimètres 4 cinquièmes) , que
j'appelerai petit trou lacrymal. L'œil est grand ;
et dans la paupière supérieure , il y a , en assez
grande quantité , des poils noirs , dont la paupière inférieure est privée. Le front est plat au-
devant du bois ; et le museau , qui est gros ,
ressemble un peu à celui du Bœuf ; il est pelé
et noir au-dessus des narines , comme dans les
espèces suivantes , auxquelles l'espèce actuelle
ressemble aussi par les huit incisives qu'a celle-
ci dans la mâchoire inférieure , assez inclinées
vers le dehors ; celles du milieu sont les plus
grandes , et les autres vont en diminuant.

Le scrotum est resserré et à peu de poils ; les testicules ont 2 pouces (5 centimètres et demi) de long , et 1 pouce (2 centimètres 2 tiers de grosseur). Le membre est court et délié , et placé dans un fourreau.

La femelle a quatre mamelles , placées comme celles de la Vache , et situées aux angles d'un quarré de 2 pouces et demi (6 centimètres et demi) , de côté.

Les quatre pieds sont bisulces , et ont , en arrière , deux autres doigts ou ongles , qui ne touchent point à terre. L'animal s'appuie sur les joncs et sur les débris qu'offrent les esters , en ouvrant ses doigts comme deux fourchons , ce qui est cause qu'à la racine de ces mêmes doigts, il y a un durillon fort et remarquable.

Du front , naissent deux éminences cylindriques , hautes de 6 lignes (13 millimètres et demi) , de 18 lignes (4 centimètres) de diamètre , et couvertes de la peau de l'animal. Au-dessus de ces éminences , sont les anneaux raboteux , qui donnent naissance aux cornes. La hauteur totale de celles-ci est de 14 pouces et demi (39 centimètres) , avec un diamètre de 18 lignes (4 centimètres) , lequel reste le même au-dessus de l'anneau , et sans diminution pendant 4 pouces (11 centimètres), jusqu'au haut d'une fourche divisée en deux branches. La branche qui se dirige en avant, se divise elle-même, lorsqu'elle est parvenue à 4 pouces et demi (12 centimètres), en deux andouillers presque égaux, quoique celui de derrière soit un peu plus long. L'autre branche, en se tournant un peu en arrière, se divise, à 3 pouces et demi (9 centimètres et demi) de la fourche, en deux andouillers, dont le postérieur est beaucoup plus court ; mais tous les deux sont très-aigus, forts et placés, en quelque sorte, sur le même plan, quoique les pointes se dirigent un peu en dedans.

J'ai vu d'autres épineux, et voici la description de leurs cornes.

Depuis la base, elles ont, sans diminution et dans une direction droite, 10 pouces et demi (28 centimètres et demi); mais, à 4 pouces et demi (12 centimètres), naît perpendiculairement aux cornes un andouiller, qui a par-tout la même grosseur, et qui va 5 pouces (13 centimètres et demi) en avant, et de-là se tourne en arrière pendant 6 pouces et demi (17 centimètres et demi), parallèlement au tronc principal. Ce tronc, parvenu à la hauteur sus-indiquée de 10 pouces et demi (28 centimètres et demi) , se divise , sous un angle de 60 degrés , en deux andouillers , dont l'antérieur va 8 pouces et demi (23 centimètres) vers le haut, avec une petite inclinaison en avant, et l'autre est long de 6 pouces (16 centimètres).

Je n'ai vu qu'un seul bois à cinq branches, et jamais ce nombre n'est excédé. Ces animaux s'en servent à la manière des Taureaux.

Les paupières sont noires ; elles ont un contour blanc , qui , par le côté du museau , gagne la partie pelée de celui-ci , et fait le tour de la bouche , quoiqu'au milieu de la lèvre inférieure il y ait une grande tache noire veloutée , et une autre en face du nez, dans la lèvre supérieure. Mais , au-dessus de la partie pelée du museau, est un triangle noir qui va, par une bande étroite, jusqu'à être parallèle aux yeux , point où est un autre triangle noir. La majeure partie des poils de l'intérieur de l'oreille et du dessous de la tête, sont blancs. Le dessous de la poitrine et l'entre-deux des jambes de derrière , sont blanchâtres, et tout le reste, ainsi que les fesses, est rouge-bai , excepté l'intervalle qui est depuis les ongles jusqu'à la seconde jointure dans les quatre pieds ; car cet intervalle est noir, ainsi que le dessous de la queue, et une bande qui règne le long de la poitrine. Un cercle noir, de 2 pouces (5 centimètres et demi), se fait remarquer à l'intérieur du jarret, parce qu'il a un poil différent, serré, court, rude et gros.

Le mâle fourchu et le mâle enveloppé, dont j'ai parlé en premier lieu, avoient le même pelage que l'épineux, excepté qu'on ne voyoit rien de noir au-dessus de la partie pelée du museau, et que sur la poitrine, le noir étoit peu de chose.

Les femelles sont de la couleur du fourchu, mais sans noir sur la poitrine.

L'année dernière, on prit ici un mâle adulte entièrement blanc ; et dans les premiers jours d'octobre (à la mi-vendémiaire), on en eut un autre de 55 pouces (1 mètre et demi), qui manquoit de cornes, de leur indice et du cercle noir des jarrets. Le museau et les lèvres étoient noirs ; cependant l'extrémité de la partie inférieure du museau étoit blanche ; dans tout le reste, il ressembloit absolument aux femelles.

Comme ce Gouazoupoucou ne pouvoit être que de la portée de l'année précédente, on doit conclure de ce que je viens de rapporter, que, dans cette espèce, l'animal n'est adulte qu'autant qu'il a deux ans accomplis.

DEUXIÈME CERF ou GOUAZOUTI,

Cervus mexicanus. LINN.
Idem , — LA CÉPÈDE.

LES Guaranis l'appellent *Gouazouti* (Cerf blanc), faisant allusion à ce que ses parties inférieures sont blanches , et que le reste est plus clair que dans toutes les autres espèces. D'autres le nomment *Gouazouy* (petit Cerf ou Faon), par opposition avec le Cerf précédent (le Gouazoupoucou.) Les Espagnols du Paraguay lui donnent le nom de *petit Cerf*, et ceux de Montévidéo et de Buenos-Ayres, l'appellent *Daine* ; mais, dans la réalité, il se rapproche plus du Chevreuil d'Europe que de tout autre animal.

Il n'habite point les esters comme le Gouazoupoucou , ni les bois, comme les espèces qui vont suivre ; mais les champs découverts depuis ici jusqu'aux Pampas de Buenos-Ayres. Il est le plus vif, le plus leste et le plus léger , de manière qu'un cheval ne peut le suivre ; et pour le prendre, il faut absolument le couper à la traverse, ou l'environner avec un grand nombre de personnes à cheval. Il se lasse moins que les autres. La chair de ceux qui sont fort petits est très-bonne, et j'en ai mangé; mais on dit que la chair de ceux devenus grands est mauvaise, et qu'elle a une odeur désagréable. Il est certain que lorsqu'un mâle adulte court, il répand une odeur infecte, dont on est frappé à quatre cents pas de lui; et l'on rapporte que, dans le tems du rut, cette odeur est encore plus puante, et devient même insupportable. On dit que les femelles n'ont point cette odeur, ou n'en ont qu'une extrêmement foible.

On raconte que les vipères fuient cette infection, et qu'elles meurent, parce que le Gouazouti, s'il les aperçoit, les étouffe en crachant autour d'elles; motif pour lequel on attache d'ordinaire une courroie du cuir de cet animal sur la morsure de la vipère, et l'on prétend que ce moyen guérit le malade; mais je n'en crois rien.

Les petits du Gouazouti, et particulièrement les mâles, ont une couleur plus rougeâtre que leurs pères, et les taches blanches sont moins sensibles que dans les Cerfs des deux articles suivans, et elles se prolongent sur un rang ou cordon jusqu'à l'oreille.

Je vais décrire un mâle adulte, dont la fe-

melle ne diffère que parce qu'elle est plus courte
de 3 pouces et demi (9 centimètres et demi).

Longueur , 51 pouces (un mètre 38 centimètres).

Queue , 5 pouces 3 quarts (16 centimètres),
dont 18 lignes (4 centimètres) sont de poils.

Circonférence antérieure et postérieure , 26
pouces (70 centimètres un quart).

Hauteur du devant, 27 pouces et demi (73
centimètres) ; et du derrière , 30 pouces et demi
(82 centimètres.)

De la pointe du museau à la racine de l'oreille ,
8 pouces 3 quarts (23 centimètres 2 tiers.)

L'oreille est haute de 5 pouces et demi
(15 centimètres) ; large de 2 pouces et demi
(6 centimètres et demi) à son milieu ; plus
aigue , plus droite et plus ferme que dans toutes les autres espèces. L'œil est grand , l'iris
brun ; les paupières sont comme dans l'animal
précédent. Le Gouazoutia un trou lacrymal, de
10 lignes (près de 2 centimètres), qu'il ouvre et
contracte à volonté , comme le Gouazoupoucou auquel le Gouazouti ressemble encore par
les pieds , les parties génitales et par les dents,
qui sont au nombre de huit.

Au-dessus de la tête , s'élève d'un pouce (2

centimètres 2 tiers) un os cylindrique, d'un pouce (2 centimètres 2 tiers) de diamètre, pour servir de base à une corne avec un anneau âpre. De-là sort la perche, de 13 lignes (3 centimètres) de diamètre, et 10 pouces 2 tiers (29 centimètres) d'élévation totale; à 2 pouces et demi (6 centimètres et demi), est le centre et la naissance d'un andouiller qui, dans une longueur de 2 pouces et demi (6 centimètres et demi), court presque directement en avant, et se courbe un peu vers le haut jusqu'à ce qu'il ait complété 3 pouces et demi (15 centimètres). A 4 pouces et demi (12 centimètres) de l'anneau, est le centre de la racine de deux andouillers égaux, qui font la fourche; l'un, est parallèle à celui que j'ai décrit, et un peu plus court; l'autre, se détourne un peu en arrière. Ces trois andouillers sont presque dans le même plan, quoique leurs extrémités aiguës s'inclinent un peu en dedans.

La hauteur totale des cornes et la longueur et la naissance des andouillers varient très-souvent, ainsi que leur grosseur; et il est beaucoup de Gouazoutis qui ont les cornes lisses, et d'autres qui les ont extrêmement rudes.

J'ai vu un mâle, chez lequel, au-dessous de
l'andouiller

l'andouiller inférieur, en naissoit un autre, long de 2 pouces (5 centimètres et demi). J'ai vu aussi beaucoup de fourchus, et seulement un daguet, dont les cornes avoient en avril (entre la mi-germinal et la mi-floréal), 1 pouce (2 centimètres 2 tiers), et naissoient sans avoir l'anneau raboteux.

Toute la partie inférieure du corps, de la queue et de la tête, avec le contour de l'œil, l'intérieur de l'oreille et la partie postérieure des fesses, sont très-blancs ; le reste du pelage est bai-rougeâtre à la pointe des poils, et à l'intérieur, d'un brun plombé. Le poil du dedans de l'oreille, celui du ventre et de l'entredeux des jambes, est notablement plus long que dans le reste de la robe ; et dans les autres parties, il est beaucoup plus court, et d'une couleur plus claire que dans le Gouazoubira.

Dans la province de Buenos-Ayres, j'ai vu un individu totalement blanc, avec des yeux roux ; et il en existe un second, absolument semblable à celui-ci, dans les champs de Saint-Ignace-Gouazou, au moment où j'écris cet article.

TROISIÈME CERF ou GOUAZOUPITA.

Ce mot signifie Cerf ou Cerf roux, et on le nomme ainsi , parce qu'il est réellement de cette couleur. Dans mes observations sur les Cerfs en général , j'ai assez parlé de celui-ci , et je vais ajouter ce qui me reste à dire à son sujet.

Quoique léger, il se lasse bientôt, et on le prend avec les boules , le lacet et avec des chiens, à l'époque où il sort des bois, et dans le reste de l'année à coups de fusil, en l'attendant au clair de la lune dans les *chacarras*, que l'on reconnoît qu'il fréquente par sa trace qui est plus ouverte que celle de l'espèce suivante. On le chasse encore en côtoyant les bois à petit bruit après le coucher du soleil ou à la pointe du jour , moment où l'animal gagne les bords du bois ; et, quoiqu'il voie le chasseur, il s'arrête et le regarde, tandis que celui-ci apprête son coup de fusil. Les mâles sont si rares, qu'il y a dix femelles pour l'un d'eux, comme me l'a assuré mon ami Don Rudexindo-Escurra, renommé pour la chasse de ce Cerf et du suivant, et comme me l'a confirmé ma propre expérience.

Longueur, 56 pouces un tiers (1 mètre 52 centimètres 1 quart).

Queue, 9 pouces et demi (26 centimètres), dont les poils forment presque la moitié.

Circonférence antérieure, 27 pouces 3 quarts (75 centimètres) ; postérieure, 31 pouces et demi (85 centimètres). Celle du cou, prise à sa naissance, 19 pouces un tiers (52 centimètres un quart); et à sa jonction avec la tête, 11 pouces 3 quarts (31 centimètres 2 tiers).

Hauteur antérieure, 29 pouces (78 centimètres 2 cinquièmes); et postérieure, 34 pouces (92 centimètres).

De la pointe du museau à la racine de l'oreille, 8 pouces un tiers (22 centimètres et demi).

Celle-ci, qui est élevée de 4 pouces (11 centimètres), au-dessus de la tête, a 2 pouces un tiers (6 centimètres un tiers) dans sa plus grande largeur, et n'est pas pointue.

La lacrymale n'a que 3 lignes (2 tiers de centimètre).

L'œil, les paupières, l'incisive, les mamelles,

les jambes et les parties sexuelles, sont comme dans le premier Cerf (le Gouazoupoucou); mais le museau est proportionnellement beaucoup plus aigu.

Au-dessus de la partie pelée du museau, est une petite tache triangulaire presque insensible ; et de-là au haut de la tête, l'animal est d'un brun-obscur, tirant sur le roux. La face extérieure des genoux et des jarrets est de même, ainsi que le dehors de l'oreille. Le dedans de cette dernière n'a que fort peu de poils : ils sont placés vers ses bords, et blancs. La couleur blanche n'existe point autour de l'œil ; elle occupe cependant les lèvres, le dessous de la tête et de la queue, la partie postérieure du ventre, les fesses, sans toutefois arriver jusqu'aux jarrets, et la portion la plus postérieure des bras, en atteignant néanmoins le genou. Tout le reste, sans exception, est roux-doré vif, et l'on ne voit point de noir ni aux lèvres, ni au-dessous du nez, ni au-dessous de la queue, ni à l'intérieur du genou, quoique l'on distingue un peu dans ce dernier point le cercle noir qu'a le Gouazoupoucou.

J'ai vu quelques femelles, telles que celle que je viens de décrire ; et quoique les mâles soient la même chose, j'en ai vu un seul, le 15 décembre (à la fin de frimaire), de 55 pouces (un mètre 49 centimètres), et qui n'avoit que les bases de son bois.

J'ai vu aussi la tête décharnée d'un autre mâle, dont les cornes étoient des poinçons parallèles, de 3 pouces (8 centimètres) de long, et de 5 lignes (un centimètre) dans leur plus grand diamètre. Une autre tête offroit des cornes plus longues, de 18 lignes (4 centimètres).

Elles naissent d'un anneau raboteux, et sont extrêmement lisses, presque droites et aiguës, sans que jamais elles aient des rameaux, ni plus de longueur que celle que j'ai marquée, ou un peu plus.

Le 13 octobre (vers la fin de vendémiaire), j'obtins un autre mâle, de près de 46 pouces (un mètre 24 centimètres un tiers). Il manquoit de bois, et même d'indice de ce bois. Il avoit, au-dessous du nez et à la lèvre supérieure, une petite tache blanche, et une semblable à la pointe de la mâchoire inférieure, suivie d'une tache de couleur brun-cannelle sur les deux lèvres.

QUATRIÈME CERF ou GOUAZOUBIRA.

C'est le nom que lui donnent les Guaranis ; et j'annonce, à son égard, que tout ce que j'ai dit du Gouazoupita , doit être censé répété ici sans en retrancher un mot , en ajoutant seulement que le cuir du Gouazoubira passe pour être le meilleur à chamoiser.

Longueur , 46 pouces et demi (1 mètre 26 centimètres).

Queue , 7 pouces (19 centimètres) , dont 3 pouces (8 centimètres) sont formés par le poil.

Circonférence antérieure , 23 pouces (62 centimètres) ; postérieure , 27 pouces (73 centimètres).

Hauteur devant , 26 pouces et demi (71 centimètres 2 tiers) ; derrière , 31 pouces 1 quart (84 centimètres et demi).

De la pointe du museau à la racine de l'oreille , 7 pouces 3 quarts (21 centimètres).

L'oreille est haute, au-dessus de la tête, de 3 pouces 5 sixièmes (10 centimètres) ; large de 27 lignes (6 centimètres).

La lacrymale est presque insensible.

La physionomie du Gouazoubira est plus moutonnée que dans les autres espèces, parce que son museau a quelque chose de la forme de celui du cheval. L'extrémité de l'oreille est un peu plus ronde que dans le Gouazoupita ; et par conséquent elle l'est, sans comparaison, plus que dans le Gouazouti.

Quoique l'oreille du Gouazoubira n'ait des poils que dans la bordure et dans les plis de l'intérieur, ils sont plus nombreux que dans le Gouazoupita, et blancs ainsi que dans le dessous de la queue. La partie inférieure de la tête et les lèvres, sont blanchâtres. Le contour de l'œil, l'intérieur des bras, depuis le coude jusqu'au sabot, et à partir du dessous de la poitrine jusqu'aux fesses inclusivement, tout est d'un blanc tirant sur le cannelle. Le poil long de la partie la plus extérieure des fesses, celui du dessus de la queue, et celui qui règne depuis le sabot jusqu'au bourlet, est cannelle. Le cou dans son entier, et tout le reste de l'animal, sont d'une nuance brune, tirant sur le bleuâtre. Mais, en le considérant attentivement, on voit que c'est un mélange, parce que les poils ont une petite tache blanchâtre autour de leur extrémité. La vérité est que la couleur du Gouazoubira, à la partie antérieure de sa tête, à l'avant-bras et au canon, est un peu plus obscure ; et qu'à la face intérieure du jarret, il y a une tache en forme de mouche et de couleur cannelle, placée comme celle du Gouazoupoucou.

J'ai vu un mâle domestique, semblable à celui que je viens de décrire, qui conserva ses cornes pendant plus d'un an. Elles étoient droites, aiguës, lisses, solides, plus inclinées en arrière que dans le Gouazoupita, extraordinairement fortes, et au point, qu'elles avoient 7 lignes et demie (un centimètre 2 tiers) de diamètre à leur racine, et 1 pouce (2 centimètres 2 tiers) de long. On m'a assuré que quelques individus en avoient de 2 pouces (5 centimètres et demi) de longueur. Un autre mâle, semblable encore aux précédens, les avoit recouvertes le 24 février (au commencement de ventose).

LE GNOUROUMI ou YOQOUI.

Myrmecophaga Jubata. LINN.
Fourmillier Tamanoir (*Myrmecophaga
Jubata*). LA CÉPÈDE.

CES deux noms lui sont donnés par les Guaranis, mais plus communément le premier, qui, sans doute, est altéré, et qui devroit être *Youroumi*, dont la signification espagnole est *boca chica* (petite bouche), mot applicable à l'animal. Les Espagnols du Paraguay l'appellent Ours-fourmillier, et les Portugais, Tamandoua.

Il habite les lieux baignés et les bords des esters; il entre aussi dans les bois sans monter sur les arbres, et il est rare depuis le Paraguay jusqu'à la rivière de la Plate. Il va presque baisant le sol, à pas pesants, et quoiqu'il galoppe lorsqu'il est pressé, sa plus grande vélocité n'est pas égale à la moitié de celle de l'homme. Ceux qui le rencontrent, le poussent devant eux et le forcent à avancer, ce qu'ils obtiennent avec autant de facilité que s'il s'agissoit d'un âne bien lourd ; mais, si on le pousse trop fort, il s'assied pour recevoir l'agresseur avec ses ongles de devant, qui forment son unique défense.

On suppose que l'Yagouarété n'ose pas l'attaquer ; et que s'il le fait, le Gnouroumi l'embrasse et ne le lâche que long-tems après lui avoir fait perdre la vie, en serrant ses ongles, et qu'il arrive quelquefois que l'un et l'autre demeurent sur l'arène. Il est certain que c'est de cette manière que se défend le Gnouroumi ; mais il n'est pas croyable qu'elle suffise contre l'Yagouarété, qui, d'un coup de dent ou d'un coup de patte, peut tuer le Gnouroumi avant que ce dernier le saisisse, parce qu'il est lourd, même dans ce cas ; qu'il ne sait pas sauter, et qu'il ne fait pas autre chose que de saisir avec les pattes de devant ce qui vient à lui. J'en ai tué quelques-uns en leur donnant des coups d'un gros bâton sur la tête, avec la même sécurité que si j'avois frappé sur un tronc d'arbre.

On se sert de la graisse du Gnouroumi avec succès, pour guérir les écorchures que la selle ou le bât fait aux chevaux (a).

____

(a) Nos vétérinaires ne seront pas de l'avis de l'auteur,

Il est extraordinairement fort et très-dormeur. Pour dormir, il se met sur le côté, posant sa tête entre ses bras, joignant ses pieds de devant à ceux de derrière, et étendant sa queue sur son côté supérieur, pour qu'elle couvre tout son corps. Il est solitaire et rarement gras. Il fait un petit qui s'attache sur la mère, par laquelle il est toujours conduit; et même, lorsqu'il est en état de marcher, il la suit encore près d'un an.

C'est une opinion générale que, dans l'espèce des Gnouroumis, tous les individus ont une vulve; qu'aucun d'eux n'a ni scrotum ni membre, et que néanmoins tous engendrent par l'introduction du museau de l'un dans la vulve d'un autre; mais, dans la réalité, les deux sexes existent avec des signes très-visibles, comme je le dirai bientôt.

Dans l'état de liberté, le Gnouroumi ne mange que des fourmis; et, pour cela, il fouille les fourmillières avec les ongles; et au moment même où les fourmis sortent en abondance pour former un rempart et se défendre, il traîne sur elles sa langue qu'il a sortie avec rapidité, et

---

qui ne rapporte peut-être ici qu'une opinion vulgaire sur l'emploi de la graisse. (*Note du Traducteur*).

qu'il retire avec les fourmis qui y sont prises. Il répète cet exercice avec tant de prestesse, que, dans une seconde de tems, il tire et rentre deux fois sa langue, mais sans jamais l'introduire dans les trous. Il paroîtroit incroyable que des fourmis pussent suffire pour alimenter un animal aussi robuste, et l'un des plus grands de cette province ; mais ce n'est pas une chose étrange pour nous, qui voyons quelle multitude de ces insectes chaque fourmillière renferme, et que dans beaucoup de lieux, les fourmillières se touchent en quelque sorte. Des personnes ont eu des Gnouroumis domestiques, et on en a transporté de vivans en Espagne, en leur donnant de la mie de pain, des morceaux de viande, et de la farine délayée dans de l'eau.

Cet animal est un assemblage de disparates : sa tête est en forme de trompette, et elle n'égale pas, dans sa partie la plus considérable, la grosseur de son cou. Sa queue tient un peu de celle du poisson, parce que, abstraction faite des poils, elle est extraordinairement grosse à sa naissance, et comprimée sur les côtés. Les bras sont démesurément forts pour le corps, très-comprimés sur les côtés, et l'on pourroit dire qu'ils n'ont point de jeu dans le coude ; d'ailleurs, ils sont presque aussi gros d'en-bas que d'en-haut, et le sont beaucoup plus que les membres de derrière. Les pieds de devant ne ressemblent point à des pieds, et l'animal ne les pose pas comme tels, mais comme s'ils étoient le sabot d'un cheval, en s'appuyant uniquement sur une espèce de pulpe ou excroissance dure, et sur le doigt extérieur qui, contre la règle, est le plus gros. Les autres ne paroissent pas être des doigts, et il ne peut les ouvrir que jusqu'au point où les ongles deviennent perpendiculaires à la ligne de l'avant-bras. Les pieds de derrière ne paroissent pas faits pour marcher, et ils sont très-mal conformés ; leur plante est ren-flée, et le doigt interne est plus court et plus foible.

Enfin, la bouche est une petite fente horizon-tale. L'animal manque de dents incisives et de molaires, et presque de jeu dans les mâchoires, dans les quatre jambes et les doigts.

Longueur, 93 pouces (2 mètres 51 centimè-tres un tiers).

Queue, 39 pouces et demi (un mètre 6 cen-timètres 2 tiers), dont 11 pouces (29 centimè-tres 3 quarts), sont formés par les poils.

Hauteur pardevant, 39 pouces (81 centimè-

tres); par derrière, 34 pouces et demi (93 centimètres un quart) : mais, comme il s'appuie
sur le talon, on peut dire qu'elle est presque
égale à l'autre (*a*).

De la pointe du museau à la partie antérieure
de l'oreille, 13 pouces et demi (36 centimètres
et demi), et à l'angle antérieur de l'œil, 10
pouces et demi (28 centimètres un tiers).

L'oreille est petite, ronde, large de 15 lignes
(3 centimètres) à sa naissance, et haute de
12 lignes (2 centimètres 2 tiers), au-dessus de
la tête.

L'œil est très - petit, enfoncé, et sans poil
aux paupières.

La circonférence de la tête, à la naissance et
en avant des oreilles, est de 14 pouces et demi
(39 centimètres), et elle diminue jusqu'au bout
du museau, où elle a 5 pouces un tiers (14
centimètres 2 cinquièmes), offrant dans sa

(*a*) On reconnoît bien un Gnouroumi dans le grand
Tamandua ou Tamanoir de Buffon, dont Daubenton a
fait la description; mais l'individu dont parle M. d'Azara,
a des dimensions bien plus considérables que l'autre,
puisque la longueur des deux est dans le rapport de 93 à
44. (*Note du Traducteur*).

totalité une trompe coupée , et une forme moutonne.

D'un angle de la bouche à l'autre, il y a 14 lignes (3 centimètres), sans que la mâchoire supérieure excède l'autre.

Les narines sont spacieuses , de la figure d'un C , et dans la bouche , le palais est plane et sans voûte; la langue est charnue, très-flexible , aiguë , pas tout-à-fait ronde , semblable à celle des oiseaux charpentiers ou pivers , et l'animal l'a fait sortir de 16 pouces (43 centimètres un quart) , quand cela lui est nécessaire.

Le pied de devant est un billot avec quatre doigts. L'interne et le plus foible a 11 lignes (2 centimètres et demi) , et son ongle , 6 lignes et demi (un centimètre 3 quarts). Il est presque droit , aigu et fort. Le doigt qui le suit immédiatement, ou le second, est beaucoup plus puissant, long de 30 lignes (6 centimètres 2 tiers); son ongle, qui a 21 lignes (4 centimètres 2 tiers), est un peu courbe, très-fort, et tranchant dans la partie interne. Le troisième doigt a 18 lignes (4 centimètres) de long , et 14 lignes (3 centimètres 1 septième) de diamètre, et est peu séparé du quatrième; son ongle est un peu courbe , excessivement fort, aigu, long de

5o lignes (6 centimètres 2 tiers), et a deux tran-
chans. Le quatrième doigt , long comme le
troisième , est un peu moins gros , et l'ongle est
droit, et de 5 lignes (1 centimètre un huitième).
On pourroit appeler cinquième doigt ou doigt
externe, une pulpe calleuse, haute de 2 pouces (5 centimètres 2 tiers), large d'un pouce et
demi (4 centimètres), et presque entièrement
unie au quatrième doigt ; mais elle manque d'ongle , et l'animal s'appuie sur elle pour marcher.
Dans la partie la plus postérieure de la plante
de ce pied, est un cal, gros comme une toma-
te (a) , contre laquelle il appuie la pointe de
l'ongle le plus grand , lorsqu'il saisit ; et, par cela
même, il est impossible de lui faire lâcher prise.
La plante de ce pied est calleuse, longue de 5
pouces et demi (14 centimètres 5 huitièmes), et
large de 3 pouces (8 centimètres).

Le pied de derrière a cinq doigts très-courts ,
un peu inclinés en-dedans. Les trois du milieu
sont égaux entre eux, et l'interne est plus court
que l'externe. Les ongles dans ce pied ont peu
de pointe et de courbure. Le plus long a 9 lignes

(a) Espèce de pomme d'amour (Lycopersicon) , de la
grosseur d'une pomme de reinette. (*Note du Traducteur*).
(2 centimètres)

(2 centimètres), et aucun n'est utile au Gnouroumi pour saisir.

L'os de la queue est applati sur les côtés, haut
à sa naissance de 4 pouces (11 centimètres) , et
large de 20 lignes (4 centimètres et demi); et
ces deux proportions vont en diminuant jusqu'à
la pointe, qui est aiguë. Toute la queue est très-
garnie de poils très-longs, qui forment, dans
leur totalité, un plan ou table verticale , de 30
pouces (81 centimètres) de hauteur, disposé
de manière qu'il n'a pas, pour ainsi dire, plus
d'ampleur que le plan même des vertèbres.
Ordinairement le Gnouroumi tient sa queue
horizontalement , les poils traînant ; mais il l'a-
gite et l'élève dans la colère sans la plier.

Le Gnouroumi a une mamelle , de 15 lignes
(3 centimètres 1 tiers) sur chaque muscle
pectoral , et le sexe de la femelle n'a rien de
particulier.

L'unique mâle que j'ai eu n'étoit pas complétement adulte , puisqu'il avoit 8 pouces (21
centimètres 5 neuvièmes) de moins que celui
que je viens de décrire. Il n'avoit point de
scrotum , et son membre, quoique très-sensi-
ble, ne se montroit point extérieurement , parce
que naissant collé au bord inférieur de l'orifice,

I

7

il avoit la figure d'une toupie, longue de 21 lignes (4 centimètres 2 tiers), et de la même dimension dans son plus grand diamètre , avec un conduit démesurément petit à son extrémité , qui est menue. Je l'ouvris , et je trouvai que de chaque rein , partoit un ligament , et que l'intestin rectum étoit au milieu de la distance intermédiaire de ces deux ligamens. Chacun de ces derniers va gagner son testicule , dont la longueur est de 3 pouces (8 centimètres) , et la grosseur , de 18 lignes (4 centimètres). De chaque testicule , naissent d'autres ligamens qui se rendent à la vessie ; de sorte que les testicules sont comme suspendus en *coy* ou hamac , par les ligamens qui des reins vont à la vessie , et qu'ils reposent sur l'abdomen sans toucher à l'épine du dos (*a*).

Le poil est grossier , âpre , dur , très-court sur la tête et l'oreille , et un peu plus long sur l'épaule ; il se dirige en avant dans ce que je viens

---

(*a*) Il y a ici quelque faute dans l'observation ; ce que M. d'Azara a regardé comme des ligamens allant des reins aux testicules, sont probablement les artères et les veines spermatiques ; et les ligamens qui lui ont paru aller des testicules vers la vessie , ne sont autre chose que les canaux déférens. (*Note du Traducteur*).

de citer, et en arrière dans le surplus. Entre les oreilles, commence une bande de poils droits qui vont en croissant ; de manière qu'à la moitié de l'épine, ils ont 6 pouces (16 centimètres un cinquième) ; dans tout le reste, ils sont assez longs, et ceux de la queue n'ont pas moins de 11 pouces (3 décimètres), ni plus de 18 pouces (48 centimètres 4 cinquiemes), et ne sont pas ronds.

Vers la partie postérieure des lombes commence en pointe une raie très-noire, qui va en s'élargissant, de manière qu'en passant au-dessus de l'épaule, elle a 6 pouces (16 centimètres), et continue en occupant la moitié du côté du cou, le dessous de la tête et toute la partie inférieure du corps, ainsi que les jambes en entier.

A cette pointe citée de la raie noire, commence une autre raie blanche étroite, qui, jointe à la noire, la suit par le haut jusqu'à l'oreille.

De la même origine, part une troisième raie, également blanche et plus large, qui accompagne la noire en-dessous jusqu'à l'épaule, où elle s'élargit davantage, et occupe la portion antérieure et celle intérieure des bras.

Au-dessous de cette troisième raie, est un petit mélange d'obscur et de blanc ; ce mélange où le blanc domine, occupe le côté du corps, la partie extérieure et celle postérieure du bras ; mais dans l'espace qui est depuis la troisième raie jusqu'à l'épine, la couleur obscure prédomine ; le même mélange, mais plus clair, occupe le reste de la tête, l'épine du dos, les fesses, le dessus et le côté de la queue, dont la partie inférieure est obscure. Sur les doigts du pied de devant, est une tache noire ; au-dessus de celle-là, une autre blanche qui entoure le poignet ; et encore au-dessus de celle-ci, une autre très-noire. Au-dessous du boulet dans la jambe de derrière, il y a aussi une tache blanche.

Buffon (a) appelle le Gnouroumi *grand Tamandoua* (b), et dit que les jambes de devant sont plus menues et plus hautes que celles de derrière. La première assertion est inexacte, et la deuxième ne peut être admise que lorsque l'animal est appuyé sur son talon. Il donne 12

______

(a) Traduction, t. 12, p. 54. — Original, t. 4, p. 52. — T. 10 p. 145, éd. in-4°.

(b) Buffon écrit *Tamandua* ; mais d'après l'orthographe de M. d'Azara, qui, à coup sûr, a cherché dans sa langue les sons imitatifs de la langue guaranique, nous devons prononcer *Tamandoua* comme je l'indique. (*Note du Traducteur*).

pouces (plus de 32 centimètres) de hauteur aux jambes , et cela est ainsi en les mesurant jusqu'aux coudes. Il rapporte que les pieds sont moins propres à fouiller et à creuser qu'à grimper , et que l'animal grimpe ; mais le fait certain , c'est qu'il ne grimpe jamais , et qu'il gratte (a) les fourmillières. Buffon croit qu'il y introduit la langue , et cela n'a pas lieu , puisqu'il prend les fourmis de la manière que j'ai décrite. Il suppose qu'il n'habite que les pays les plus chauds , et on le trouve à la rivière de la Plate. Il lui accorde presque autant de vitesse qu'à l'homme , et il suffit que celui-ci se promène pour l'atteindre. Il affirme que de loin il ressemble au renard , mais je ne lui trouve point cette ressemblance , pas même de la manière la plus éloignée. Enfin , il dit qu'il se défend de l'Yagouareté , et moi je répète que je ne le crois pas ; et je crois encore moins , que pour ce combat, les ongles des pieds de derrière puissent être utiles au Gnouroumi. Je ne doute pas pour cela que s'il avoit l'Yagouareté entre ses bras il ne pût lui nuire ; mais je tiens pour impossible qu'il

---

(a) Il gratte à la manière des poules , des lapins , etc. (*Note du Traducteur*).

le tue , et qu'il trouve l'occasion de le saisir.

Ensuite Buffon (*a*) nous donne les couleurs et les dimensions d'une peau , et c'est assez pour (*b*) qu'on préfére ma description.

Les observations de la Borde portent sur des ouï-dire. Il rapporte qu'on tue le Gnouroumi à coups de fusil, tandis qu'il suffit pour cela d'un gros bâton ; qu'il grimpe aux arbres, et il cite aussi l'opinion vulgaire qu'il tue l'Yagouarété. Il lui fait chercher une caverne pour mettre bas ; tandis qu'il fait son petit par-tout indifféremment , et qu'il l'emporte sur le dos. Pour terminer , il lui donne une chair noire, et elle ne l'est pas plus que celle de la vache.

(*a*) Traduction , t. 12 , p. 70. — Original, t. 9 , p. 135. — Supplément , t. 3 , p. 278 , édit. in-4.°

(*b*) Traduction , t. 12 , p. 73. — Original t. 9 , p. 138. — Supplément , t. 3 , p. 180 , édit. in-4.°

LE CAGOUARÉ.

Myrmecophaga tridactyla et tetradactyla.
Linn.

Myrmecophaga tamandua. — Cuvier.

Fourmillier tamandua —i.
(*Myrmecophaga tamandua —i.*) } La Cép.

C'est une abréviation de *Caaigouaré* qui signifie *habitant des bois* et des *lieux puants et infects* , expressions appropriées à l'animal. Les Espagnols l'appellent *petit Ours-fourmillier*, par comparaison avec le Gnouroumi , dont il a les mœurs , avec cette différence , que le Cagouaré grimpe aux arbres , se sert de sa queue comme les singes , et répand une odeur de musc très-incommode que l'on sent de loin , principalement lorsqu'il est irrité. Je crois , en outre , qu'il mange aussi le miel et les abeilles (qui ne piquent point ici, et qui habitent les arbres). Pour dormir , le Cagouaré met son museau sous sa poitrine, et se laisse tomber sur le ventre , cachant sa tête sous son cou , mettant ses membres antérieurs le long de ses côtés, et plaçant sa queue le long de son corps. Ses formes, prises dans leur ensemble ou par chaque partie, offrent toujours celles du Gnouroumi, excepté qu'il a le corps proportionnellement plus gros et la queue ronde sans poil long, et même nue dans le tiers de sa longueur, à partir de son extrémité.

Longueur, 41 pouces 9 lignes (1 mètre 12 centimètres et demi).

Queue, 16 pouces et demi (45 centimètres), avec une circonférence de 7 pouces et demi (20 centimètres) à sa naissance.

La circonférence antérieure du corps, 15 pouces (40 centimètres et demi), et celle postérieure, 14 pouces 3 quarts (plus de 39 centimètres).

Hauteur du devant, 15 pouces (40 centimètres et demi) ; du derrière, 14 pouces (38 centimètres).

Du bout du museau à l'oreille, 5 pouces (13 centimètres et demi), et à l'œil, 3 pouces (8 centimètres).

Celui-ci est petit, et l'oreille, qui est distante de l'autre, de 3 pouces (8 centimètres), est haute de 15 lignes (3 centimètres 1 tiers), large de 12 lignes (2 centimètres 2 tiers), et arrondie.

En avant de l'oreille, la tête a 8 pouces 1 sixième (22 centimètres) de tour ; et le cou, à sa jonction aux épaules, 10 pouces 1 quart (27 centimètres 2 tiers). Abstraction faite des oreilles, le cou forme, avec la tête, un cône un peu recourbé en dessous, comme dans le Gnouroumi.

La jambe de devant a 7 pouces et demi (20 centimètres) de circonférence auprès du coude.

Le pied de devant a quatre doigts ; l'interne est très-petit, comparativement aux autres, et son ongle a 5 lignes (1 centimètre 1 huitième). Des trois autres doigts, celui du milieu est très-gros, long de 10 lignes (plus de 2 centimètres), avec un ongle de 25 lignes (5 centimètres et demi), très-courbe et extraordinairement fort ; les doigts collatéraux sont de très-peu plus courts, mais beaucoup plus menus. L'ongle du doigt interne a 12 lignes (2 centimètres 2 tiers) ; et celui de l'autre, qui est moins gros, a 7 lignes (1 centimètre et demi).

Le pied de derrière a cinq doigts très-courts, presque égaux en longueur et en force ; mais cependant ils décroissent quand on les prend en allant de dedans en dehors. La plante du pied a 3 pouces 3 quarts (10 centimètres 1 septième) de longueur, et ressemble à celle de l'homme.

Les parties sexuelles sont comme dans le Gnouroumi.

Le poil est laineux, luisant, non couché, et de 2 pouces un quart (6 centimètres) dans sa plus grande longueur. Le contour de l'œil est noir, et cette nuance, en partant du grand angle, va s'unir au contour, qui occupe plus de 2 pouces (5 centimètres 3 huitièmes) du bout du museau. Le reste de la tête, le cou en entier et le dessous de la poitrine, sont d'un blanc jaunâtre, dont la couleur s'étend en manière de capuce très-aigu, en diminuant de largeur, et se termine en pointe vers la croupe. Ce capuce est embrassé des deux côtés par deux raies noires qui, naissant avec assez de largeur antérieurement aux épaules, passent par-dessus celles-ci, s'étendent, et occupent tout le corps comme une camisolle, d'où sortiroient seulement les quatre jambes en entier et la queue, qui sont d'un blanc jaunâtre.

La femelle a moins de noir à l'œil, et quelques

femelles n'en ont même point du tout ; et la bande noire qui est sur l'épaule est beaucoup plus étroite. Le noir du corps gagne les deux tiers de la queue , et occupe la cuisse et l'entre-deux des jambes de derrière. Finalement, la portion intérieure des poils noirs est blanc-jaunâtre , et cette nuance dans tout ce qu'elle occupe , est plutôt d'un blanc cannelle , unique couleur des nouveaux-nés , qui sont excessivement laids , et portés sur les épaules par leur mère.

J'ai trouvé en juillet (dans l'intervalle de la mi-messidor à la mi-thermidor) un Cagouaré mort dans un champ ; il avoit 37 pouces 3 quarts (1 mètre 2 centimètres) ; et tout son poil , sans exception, étoit blanc-jaunâtre ; d'où je conclus que les Cagouarés ne sont point adultes , et ne prennent pas la livrée des pères avant la seconde année.

Buffon (a) appelle le Cagouaré, *Tamandoua*, et il auroit mieux dit s'il avoit ajouté un *y* final qui, en guarani, est un diminutif, parce qu'il l'auroit distingué alors du Gnouroumi , qui est

---

(a) Traduction , t. 12 , p. 54. — Original , t. 4 , p. 54, — T. 10 , p. 147 , édit. in-4.°

certainement le Tamandoua du Brésil. Il n'a pas vu l'animal, et il le décrit , en copiant Pison et Marcgrave , qui n'ont point eu d'individus adultes, puisqu'ils donnent à leur Gnouroumi 16 pouces 7 douziemes (près de 45 centimètres) de long, sans la queue ; et à celle-ci, 10 pouces (27 centimètres) , sans dire un mot ni des couleurs , ni de la qualité des poils.

Il résulte de cette ignorance que Buffon n'a pas su que le Tamandoua de Séba (*a*) est mon Cagouaré non-adulte, sans qu'on puisse en douter, puisque Séba lui donne un poil doux et laineux, et qu'il le fait grimpant , ce qui forme ses caractères spécifiques ; quoique Séba ajoute qu'il est de couleur incarnat , tandis qu'il est jaunâtre , et qu'il lui donne faussement des oreilles oblongues et pendantes , des doigts placés au-dessus d'autres doigts , et des testicules cachés sous la peau et en-dedans.

Buffon n'a pas mieux reconnu que le *Couati blanc de l'Amérique* , de Séba (*b*) étoit un

____

(*a*) Traduction , t. 12 , p. 62 , à la note. — Original , t. 4, p. 60, note *g*. — T. 10 , p. 152 , à la note, édition in-4.°

(*b*) Traduction, t. 12 , p. 61 , à la note. — Original, t. 4, p. 58 , ,note *f*. — T. 10 , p. 151 , à la note, édit. in-4.°

Cagouaré jeune , quoiqu'il soit mal décrit, et qu'il ne mette qu'un seul doigt à son pied de devant , où il y en a quatre.

Quant à la description de Séba (*a*) , elle a des disparates , et elle est remplie de confusion. Cependant ce qu'il y dit , que l'animal est le plus grand des fourmilliers , et qu'il a des poils comme des soies , prouve, sans qu'on puisse en douter , que cette description appartient au Gnouroumi.

Le genre de ces animaux se compose ici de mes deux espèces. En ne perdant pas cela de vue , examinons un Cagouaré au moment de naître ou récemment né , et nous trouverons qu'il a 13 ou 14 pouces (de 35 à 38 centimètres) de longueur totale , et c'est véritablement celle qui appartient au Cagouaré : sa couleur sera entièrement, comme je l'ai dit, d'un blanc-cannelle ; et , comme on le remarque dans l'homme et dans tout animal nouveau-né , le corps , la figure , enfin tout sera enflé et informe; le museau paroîtra raccourci ; les oreilles seront

---

(*a*) Traduction , t. 12 , p. 63, à la note. — Original , t. 4 , p. 62, note *h*. — T. 10 , p. 153, à la note , édit. in-4.°

collées à la tête; le cou ne se distinguera point, et la tête semblera sortir des épaules; les doigts qui, même dans les Cagouarés adultes, sont très-courts et roulés, ne seront pas aperçus; et des quatre ongles du pied de devant, à peine verra-t-on les deux plus longs; et il y en aura, dans le pied de derrière, qui seront cachés, principalement pour les personnes qui regardent avec peu de soin. Enfin nous trouverons que ce nouveau-né n'est pas autre chose que l'*Ours-fourmillier* de Buffon, qui, trompé par ces apparences, et pour n'avoir pas bien examiné les doigts, a fait une troisième espèce de ce qui n'est qu'un petit de la deuxième (*a*).

(*a*) M. d'Azara a tort de vouloir réduire le genre des fourmilliers à deux espèces : son Gnouroumi, *myrme-cophaga jubata de Linné*, et son Cagouaré, *myrmeco-phaga Tamandua* des citoyens Cuvier et La Cépède. Il y en a une troisième, le fourmillier de Buffon, *myrmecophaga didactyla de Linné*, qui reste toujours plus petite de beaucoup que le Cagouaré, dont le museau est bien plus court, et qui n'a que deux doigts de visibles aux pieds de devant. Cette petite espèce, originaire de la Guyane, est très-commune dans les cabinets de Paris, et sur-tout au Muséum national. Elle a été très-bien décrite et représentée par Daubenton. L'erreur fort excusable de M. d'Azara, vient sans doute de ce que cette espèce n'existe point au Paraguay. (*Note du Traducteur*).

Buffon décrit ensuite un animal (*a*) dont la planche 147 (*b*) suffit pour que tout le monde voie qu'elle ne sauroit être celle du Tamandoua, et je ne conçois pas d'où Buffon peut avoir tiré une idée aussi étrange. Sa description, quoique très-incomplette, fait reconnoître un Couati jeune, puisqu'il lui donne une queue avec des anneaux fauves et noirâtres, et entiè-rement couverte d'un poil long ; et quoiqu'il fasse cette queue un peu plus courte qu'elle ne l'est dans ma description, cela provient de ce que je l'ai mesurée jusqu'à la pointe des poils. La mâchoire supérieure, qui n'excède pas l'inférieure dans les fourmilliers, est si avancée dans la planche, que cela seul suffit pour ne pas douter qu'elle ne représente le Couati. L'œil très-petit, l'oreille ronde, et les cinq doigts de devant sont encore autant d'argumens (*c*).

Pour appuyer son opinion, Buffon cite, sur

(*a*) Traduction, t. 12, p. 75. — Original, t. 9, p. 141. — Supplément, t. 3, p. 281, édit. in-4.º.

(*b*) Planche 56 du Supplément, t. 3, édit. in-4.º.

(*c*) La planche LVI, t. 3, p. 284 du Supplément de Buffon, est en effet le produit d'une erreur. L'animal qu'elle représente, et que Buffon a pris pour une nouvelle espèce de Tamandoua, n'est autre chose qu'un Couati, le petit Tamandoua, les observations de la Borde, qui ont bien peu de prix, et qui appartiennent au Cagouaré nouvellement né, quoique ce qu'il dit des mœurs se rapporte à de vieux Cagouarés. Mais il ajoute faussement que l'animal prépare un lit pour mettre bas ; et il est très-ridicule qu'il dise que, pour cet effet, le Cagouaré transporte des feuilles sur son dos.

Enfin arrive la critique que M. de Vosmaer (a) fait des fourmilliers de Buffon ; je ne m'y arrêterai point, parce qu'elle n'a pas de rapport au fait actuel, attendu que l'animal de Vosmaer n'a rien de commun avec les fourmilliers dont les caractères sont des oreilles droites, rondes, épaisses et petites ; tandis que l'animal de Vosmaer les a très-grandes, longues, menues, pendantes et pointues.

Nous verrons à l'article du *Couïy*, une autre

---

dont la tête osseuse étoit enlevée, et sur lequel on avoit collé fort artistement, une peau étrangère, ayant des bandes parallèles et alternativement jaunes et noires. Le citoyen Geoffroy s'en est aperçu en examinant cet individu. (*Note du Traducteur*).

(a) Traduction, t. 12, p. 77. — Original, t. 9, p. 144. — Supplément, t. 3, p. 283, édit. in-4.º

disparate

disparate bien frappante , puisque Buffon fait du Cagouaré un *Couendou* ou *Couïy*.

Il ne m'est pas possible de cacher ici l'étonnement qui me saisit, en voyant qu'un homme appelé grand, très-grand, et le Pline français , confonde un Fourmillier ou Gnouroumi avec un Couati, et un Cagouaré avec un Couendou, qui sont cependant des quadrupèdes assez communs , et d'une grosseur assez remarquable , pour qu'on doive et les reconnoître et les distinguer. Cette réflexion, et d'autres semblables que fait naître fréquemment l'ouvrage de Buffon , m'ont porté plusieurs fois à hasarder des conjectures peut-être poussées plus loin qu'il ne convenoit, et à parler avec moins de respect qu'il n'en appartient à la réputation d'un aussi illustre personnage.

L'YAGOUARÉTÉ.

Felis Onça. — Linn.
Jaguar. — Buffon.
  Supplément, t. 3, pl. 38, éd. in-4.°
Felis Jaguar. — La Cépède.

La population de cette province a tellement diminué le nombre des Yagouarétés, que ceux qui y restent ne sont plus que sur les côtes, et se réfugient dans les forêts impénétrables. Ils en sortent seulement lors des grandes inondations des rivières, et se dirigent alors vers les lieux peuplés, pour y faire du dommage. Je ne les ai jamais trouvés dans mes chasses des Pampas, soit dans les bois, soit dans les esters, ni dans les voyages que j'ai faits à des distances de plus de 70 lieues (environ 40 myriamètres), où l'on disoit qu'il s'en trouvoit. Pour cette raison, je ne pensois point à en parler ; mais, ayant lu l'histoire de l'Yagouarété dans Buffon, j'ai cru nécessaire d'écrire ces notes, pour éclaircir l'histoire de cet animal, et celle des autres

quadrupèdes avec lesquels cet auteur l'a confondu de la manière la plus étonnante.

Buffon (*a*) nomme entre les animaux américains, appelés improprement *Tigres*, le *Jagouar*, le *Cougouar*, l'*Yagouarété* et le *Chat
pard*, mettant en doute qu'il en existe aucun
autre, et se trompant ensuite lorsqu'il dit qu'il
a vu le Cougouar et le Chat pard, mais pas le
Jagouar, ni le Pouma, quoique ce dernier soit
son Cougouar. Ces quatre animaux se trouvent
ici, et en les prenant dans le même ordre que
Buffon, on les y nomme Yagouarété, Gouazouara, Yagouarété noir et Chibigouazou.

Mais j'ai entendu différentes personnes, et à
diverses reprises, subdiviser le premier, ou
Yagouarété, en deux espèces, disant que
l'une est plus haute des jambes, avec les pieds
de devant plus petits, une peau moins belle,
et un naturel moins féroce ; et que l'autre
espèce, quoique aussi longue, et même plus
longue et plus grosse que l'autre, est plus basse,
a une tête et des jambes plus grosses, et que
ses pieds de devant sont sensiblement plus

(*a*) Traduction, t. 11, p. 79 et 80. — Original, t. 3,
p. 139. — T. 9, p. 60 et 61, édit. in-4.°

8 *

étendus ; dernier motif pour lequel on l'appelle *Popé* (à la main étendue).

Quoique l'on donne la même livrée aux deux, on assure que le Popé l'a d'un fond plus rougeâtre ; les portions noires, d'une nuance plus claire, et le poil plus court, luisant et couché.

Enfin l'on ajoute que le Popé est plus fort, plus féroce et plus audacieux ; et l'on dit qu'il attaque, tue et mange les hommes.

L'Yagouarété noir est si rare, que, dans ces dernières quarante années, on n'en a pris que deux, à la côte supérieure de la rivière Parana.

Celui qui a tué l'un des deux, m'a assuré qu'il ne différoit point de l'Yagouarété commun ou premier, sinon en ce qu'il étoit noir, marqué de taches encore plus noires, mais égales et semblables à celles du premier.

Outre les quatre espèces citées, quelques personnes attestent qu'il en existe une cinquième, qu'ils appellent Once, disant qu'elle est plus petite, que son poil a le fond et les taches un peu différens de l'Yagouarété premier. Mais comme j'ai entendu beaucoup de gens pratiques nier l'existence de l'Once, soutenir que le premier Yagouarété et le Popé ne sont qu'une seule et même chose, et affirmer

que les différences que j'ai rapportées n'existent point , je m'attache à leur opinion qui ,
pour moi , est d'un bien plus grand poids , et
je parlerai de l'Yagouarété et du Popé comme
n'étant qu'un seul animal.

On l'appelle dans le pays , Yagoua ; mais
comme on a appliqué ce nom au Chien que les
Espagnols ont transporté en Amérique, on l'a
changé en celui de Yagoua-été (vrai Yagoua) ;
et puis on l'a altéré , et aujourd'hui l'on dit Yagouarété (corps du Yagoua). Quelques-uns lui
donnent le nom de Yagoua-para (Yagoua tacheté), et les Espagnols celui de Tigre. Buffon (*a*)
l'appelle Jagouar ou Janouara , qui sont des
expressions corrompues et tirées de Yagoua. Il
croit, dans sa nomenclature, que c'est l'animal
appelé Janouare et Janouar par les premiers
historiens de l'Amérique; mais ces mots peuvent
très-bien être des altérations de Gouazouara ,
qui est celui que les Guaranis donnent au quadrupède qui suivra celui-ci.

Me trouvant dans une *estancia* , avec mon
ami Noséda , nous vîmes une peau, que l'on

(*a*) Traduction , t. 11, p. 182. — Original , t. 3, p.
289. — T. 9, p. 201 , édit. in-4.°

disoit être celle d'un Yagouarété-Popé ; qu'on avoit tué quelques jours auparavant. Aussitôt on chercha le squelette dans le champ, et mon ami en prit les dimensions.

Longueur totale, 72 pouces (1 mètre 94 centimètres).

Queue, 22 pouces (59 centimètres 2 tiers).

De la pointe de l'ongle à la fin du talon , 9 pouces (24 centimètres 1 tiers).

Le tibia, 11 pouces et demi (31 centimètres) ; et le fémur , 11 pouces 1 quart (30 centimètres et demi).

On ne trouva point les os des bras.

La bouche, les dents canines et les molaires ne différoient ni en nombre , ni par leur distribution, ni par leur forme, de ceux du Yagouaroundi , sinon qu'ils étoient plus grands relativement aux proportions des deux animaux.

Dans toutes les parties inférieures , et dans la face intérieure des quatre membres , le poil est fond blanc, avec une assez grande quantité de taches noires pleines , la plupart arrondies , quoique irrégulières et grandes. L'Yagouarété a en outre une bande étroite et noire, en manière de poitrail. Le fond du reste de la robe est jaunâtre , nuancé sur la tête, le cou et les

quatre jambes , de taches noires pleines et irrégulières , et notablement plus grandes aux
jambes. Du haut de l'épaule à la queue , court
une bande noire , formée de petites parties ,
et qui se divise en deux au-desus de la croupe.

Le surplus du pelage, a sur le fond jaunâtre ,
des taches annulaires irrégulières , de 2 à 4 pouces (de 5 centimètres et demi à 11 centimètres)
de diamètre , plus interrompues dans leurs contours, à mesure qu'elles sont plus éloignées de
l'épine du dos. L'intérieur de ces anneaux est
de la couleur du fond avec des taches , dont le
plus grand nombre est noir. Une longueur d'un
pied (de 32 centimètres) de la queue , a le
même fond , avec des taches noires pleines , et
plus longues que larges.

Dans beaucoup d'autres peaux , j'ai remarqué
quelque variété dans la distribution des taches ;
et dans le même individu, elles ne sont point
égales ni exactement symétriques, ou correspondantes les unes aux autres sur l'un et sur
l'autre côté de l'animal.

J'ai vu dans le même endroit , une autre peau
d'Yagouarété , qui étoit bien d'un pied (32
centimètres et demi) plus longue que celle que
je viens de décrire.

La femelle a la couleur du mâle, et il y a trois ans qu'on tua, sur le bord de la rivière Tebiquouari, un individu albinos, ou entièrement blanc ; mais une certaine opacité indiquoit les taches noires.

On m'excusera si je ne m'arrête point pour expliquer les formes de l'Yagouarété, parce que ce sont celles du tigre et des chats.

On dit de tout Yagouarété, qu'il va seul, et quelquefois avec la femelle qu'il aime. Celle ci fait deux petits, dont le poil est moins lisse et moins beau que dans les adultes. La mère les guide dès qu'ils peuvent la suivre ; les protège et les défend, en attaquant même sans calculer les périls. L'Yagouarété est un animal nocturne, qui rarement s'avance dans des champs découverts ; et s'il le fait, comme dans les Pampas de Buenos-Ayres, c'est parce qu'il se cache dans les cavernes des chiens (a). Il habite les esters et les grandes forêts, en préférant le voisinage des grandes rivières qu'il traverse en nageant avec adresse et habileté. Sur leurs bords, il prend les Capiygouas et tout ce qu'il peut rencontrer ;

(a) Cette contrée est remplie de chiens devenus sauvages. (*Note du Traducteur*).

et l'on assure qu'entrant un peu dans l'eau , aux points où les rivières forment des angles et n'ont presque pas de cours , il laisse tomber sa bave qui attire les poissons ; et que d'un coup de sa patte de devant , il les saisit et les jette dehors , parce qu'il en est très-friand. Il mange de tout animal quelconque , et j'ai vu dans ses excrémens les épines du Couïy.

Il donne la chasse aux veaux , aux genisses , aux vaches , et même aux taureaux de quatre ans , aux ânes , aux chevaux , aux mulets , aux chiens ou à de moindres animaux , et il les tue d'une manière étrange ; parce qu'il leur saute sur le cou , et qu'en leur posant une patte de devant sur l'occiput , et de l'autre saisissant le museau , il lève sa victime , et lui brise la nuque en un moment.

Quoique l'on puisse inférer de là quelle est la force et la puissance de l'Yagouarété , j'ajouterai , que me trouvant en Quouarépoti , on me dit qu'un Yagouarété venoit de tuer un cheval ; j'y courus au moment même , et je trouvai qu'il avoit à peine commencé à lui dévorer la poitrine. Je cherchai l'Yagouarété ; et ne l'ayant pas découvert, je fis traîner le cadavre jusqu'à portée de fusil d'un arbre où je me proposois de passer la nuit, me figurant que l'Yagouarété ne reviendroit pas auparavant. Dans cette confiance, j'allai manger, laissant un espion qui, dans le moment même, vint m'avertir que l'Yagouarété, après avoir traversé une rivière large et profonde, étoit venu saisir le cheval avec ses dents; et que le traînant soixante pas (environ un hectomètre) dans une terre qu'on avoit labourée, il avoit repassé la rivière, et avoit gagné, avec sa proie, le bois de l'autre côté. Je ne crus cet avis qu'après avoir vu la trace jusqu'à la rivière, mais non pas celle de l'autre bord où je n'allai point, étant sans chien et sans secours.

Personne ici n'ignore la facilité avec laquelle l'Yagouarété traîne un cheval ou un taureau mort, et le conduit dans le bois, ni ne manque d'assurer qu'il fait la même chose en surmontant en outre la force et la résistance que lui oppose un autre cheval ou bœuf vivant, qui se trouve attaché à celui qu'il a tué.

Il ne met point en réserve l'excédant de son repas : il chasse en surprenant, comme le chat par rapport au rat; quoique très-prompt dans son premier mouvement et sûr de sa proie, il est très-peu léger quand il faut se retourner ou courir. On dit que s'il trouve la nuit une troupe de voyageurs endormis, il entre et tue le chien s'il y en a un, puis le Nègre, puis l'Indien, et qu'il n'attaque l'Espagnol qu'après la défaite de tous ceux-là ; mais d'ordinaire, il saisit le chien et la viande, lors même que celle-ci est sur le feu à la broche, sans nuire à l'homme, à moins qu'il n'ait été attaqué, ou qu'il n'ait une grande faim, ou qu'il n'ait été accoutumé à manger de la chair humaine, parce qu'alors il préfère l'homme à tout autre aliment.

Depuis que je suis ici, les Yagouarétés ont mangé six hommes, dont deux ont été saisis par eux au moment où ils se chauffoient près du feu. S'il passe à une portée de fusil d'un Yagouarété une petite troupe d'hommes ou d'animaux, ils attaque le dernier d'entre eux en poussant un grand cri.

Durant la nuit, et principalement pendant le tems de ses amours, il rugit, et prononce, pour ainsi dire, et d'une manière continue, *pou, pou, pou*. On assure que l'Agouarachay le suit pour manger ses restes, et qu'il ose se placer sur la partie opposée de la victime, sans s'effrayer des *feu, feu, feu,* et des grommelemens que l'Yagouarété fait à la manière du chat, plissant son front, et agitant seulement l'extrémité de sa queue. On dit que son haleine est fétide (*a*), et que pour qu'on ne la sente pas, il attaque toujours du côté opposé à celui du vent. Il ne tue jamais que ce qui est nécessaire pour sa consommation; et il arrive souvent, que trouvant deux bœufs ou deux chevaux attachés ensemble, il n'en prive qu'un de la vie, montrant qu'il n'est pas cruel sans nécessité.

L'Yagouarété est féroce et incapable d'être apprivoisé; et ceux qui l'ont élevé depuis sa tendre enfance, et adouci jusqu'à jouer avec lui, s'en sont repentis, parce qu'il a toujours donné la mort à son maître ou à quelqu'autre personne.

Lorsqu'à cause de l'expulsion des Jésuites, on étendit les établissemens ou *estancias* espagnols, depuis Montévidéo jusqu'à Santa-Fé de la Véra-Crux au Nord, on trouva tant d'Yagouarétés, qu'on en tuoit deux mille par an, à ce qu'on rapporte; mais aujourd'hui ils sont diminués; leur destruction annuelle ne va point à mille, et chaque peau est vendue 8 liv. 5 s. (8 francs 19 centimes).

______

(*a*) Elle l'est généralement dans les carnivores. (*Note du Traducteur*).

Pour en faire la chasse dans le bois, on a une multitude de chiens qui, quoiqu'ils ne parviennent pas à mordre l'Yagouarété, si ce n'est tout au plus à la queue, l'entourent et l'importunent avec leurs aboiemens ; de sorte que l'Yagouarété a coutume de monter à quelque arbre, s'il en trouve un qui soit légèrement incliné, et là, les chasseurs lui tirent un coup de fusil, ou lui jettent le lacet ; mais on ne parvient pas toujours à le faire monter à un arbre ; il n'en descend point d'un saut, mais à pas lents comme il est monté. Lorsqu'on le trouve dans les champs, les chasseurs à cheval l'enlacent avec beaucoup de facilité, et, se mettant à courir, ils l'entraînent jusqu'à ce qu'un autre cavalier l'enlace par les jambes, et ils l'étouffent en tirant en sens contraire (*a*).

Il arrive quelquefois que l'Yagouarété entre dans un *pajonal* ou dans un autre lieu, où l'on ne peut pas l'enlacer, et dont il ne veut pas

---

(*a*) L'adresse des Espagnols et des Indiens de l'Amérique Méridionale pour enlacer, est prodigieuse, et le fait suivant en est une preuve.

Une chaloupe anglaise, chargée d'une vingtaine d'hommes, allant, durant la guerre de 1778, le long des côtes du Chili pour tâcher d'y faire quelque pillage, des In-

sortir ; alors il y a des hommes si téméraïres, qu'enveloppant leur bras gauche d'une peau de brebis non préparée , ils l'attaquent avec une lance d'environ cinq pieds (2 mètres 60 centimètres) , qu'ils lui enfoncent dans la poitrine, évitant son premier élan avec la peau garnie de laine et esquivant le corps , ce que favorise l'animal ; car il s'élève sur ses deux pieds de derrière pour se jeter en avant , et s'élance d'une manière droite , ce qui donne le tems de se préparer pour une seconde attaque , tandis qu'il se retourne. Quelquefois le lancier est accompagné d'une autre personne armée d'une fourche de bois avec laquelle elle réprime et arrête l'Yagouarété lorsqu'il va sauter ; mais ceux qui se livrent à ces excès d'audace, finissent par y succomber.

Buffon (*a*) cherche à décrire l'Yagouarété,

---

diens qui l'avoient remarquée, montèrent à cheval et s'embusquèrent. Lorsque la chaloupe fut à une foible distance du rivage, les Indiens parurent, et courant au galop , ils jetèrent leurs lacets vers la chaloupe , dont ils saisirent les hommes qu'ils traînèrent ainsi sur la plage, où la plûpart arrivèrent étranglés ou noyés. (*Note du Traducteur*).

(*a*) Traduction, t. 11 , p. 182.—Original, t. 3 , p. 289. — T. 9, p. 201, édit. in.4.°

en disant que cet animal ressemble à l'Once qu'il décrit, par la grandeur du corps, par son naturel et par ses taches ; qu'il est moins féroce que la Panthère et que le Léopard ; que, quoiqu'il ait le même fond de couleur que celui-ci, il a la queue plus courte que le Léopard et l'Once ; et finalement, que son poil est plus court que celui de ce dernier, et plus long que celui de la Panthère. En entendant cette comparaison, personne ne peut croire que l'auteur ait connu l'Yagouarété, puisqu'il n'en a emprunté aucune de ses idées. La planche 127 (*a*) qu'il nous donne est certainement celle de mon Chibigouazou (son ocelot), comme l'attestent encore ses longues taches sur le cou, les anneaux qui sont sur le corps et tout le reste, même les dimensions avec lesquelles il le désigne (*b*).

L'Yagouarété ne fuit pas à l'approche d'un tison , comme Buffon le dit, puisqu'un grand nombre de fois, et même il n'y a encore que peu de jours, il a enlevé un homme d'entre

---

(*a*) Cette planche de la traduction de Clavijo est la planche 18 du tom. 9. édit. in-4.º (*Note du Traducteur*).

(*b*) Traduction, t. 11, p. 188. — Original, t. 9, p. 31, — Supplément , t. 5, p. 218 , édit. in-4.º

beaûcoup d'autres qui entouroient un grand feu très-clair. Mais si l'auteur veut en cela parler du Chibigouazou, je lui dirai que celui-ci fuit toujours l'homme, quoiqu'il n'ait pas de tison, et pareillement un Chien quelconque, de la même grosseur que lui.

Prétendre que l'Yagouarété perd son courage lorsqu'il est rassasié, est une erreur; le vrai est, que se trouvant repu, il ne commet plus de dommage, et qu'il fuit même au contraire toute rencontre; et ce n'est pas qu'il manque ni de force ni de valeur, comme le croit Buffon; mais parce qu'il n'a point de cruauté. Je ne dis pas qu'un seul mâtin, comme le pense cet auteur, puisse tuer un Yagouarété que la faim presse, mais que même cent mâtins réunis ne le pourroient pas; et il n'y a point d'exemple que des Chiens lui aient donné la mort, en quelque nombre qu'ils fussent. Le font-ils fuir? Oui; quoique pas toujours; mais ils sont bien loin de pouvoir le tuer. Il n'a besoin ni d'un second coup de gueule, ni d'un second coup de griffe, pour mettre hors de combat et tuer le meilleur Chien; il suffit pour cela qu'il lui donne sous le menton une espèce de petit soufflet. Quoi! il traîne un Bœuf mort, et un autre qui lui est

attaché,

attaché, et qui résiste à marcher, et l'on prétend qu'un mâtin peut être son rival, quoique
celui-ci ne lui soit comparable ni par les armes,
ni par les forces, ni par la dextérité!

Il est certain que quelques hommes ont tué
l'Yagouareté avec la lance; mais il est incroyable que personne ait jamais pu lui couper les
jarrets avec le sabre, comme on l'affirme (*a*).

Pison (*b*) parle d'après des détails mal conçus,
lorsqu'il dit que des Yagouarétés sont marqués
de taches noires, et d'autres de taches rousses
ou jaunâtres; puisque j'ai vu une multitude de
peaux, toutes comme celle que j'ai décrite.

Le nom de *Chat-tigre*, que lui donne Pa-
gès (*c*), peut être adapté au Chibigouazou, mais
point à l'Yagouareté; et ni l'un ni l'autre ne
miaule comme le Chat.

Dampier parle (*d*) d'un Chat-tigre de la baie

(*a*) Traduction, t. 11, p. 184, à la note. — Original,
t. 3, p. 292, note *c*. — T. 9, p. 203, note *a*, édit.
in-4.º

(*b*) Traduction, t. 11, p. 186. — Original, t. 3, p. 295
— T. 9, p. 205, édit. in-4.º

(*c*) Traduction, t. 11, p. 183, à la note. — Original,
t. 3, p. 290, à la note. — T. 9, p. 202, à la note, édit.
in-4.º

(*d*) *Ibidem.*

I

de Campêche ; mais j'infère de ce qu'il lui donne un corps court, qu'il ne l'avoit pas vu, puisque tous les animaux de cette classe ont le corps long. De toute manière, ce nom ne peut convenir qu'au Chibigouazou, et non à l'Yagouarété auquel l'applique Buffon, en confondant, d'une manière étonnante, ces deux animaux.

Buffon dit (a) : Dans la planche 128 (b), « nous » donnons la figure d'un animal de l'epéce des » Léopards ou des Jaguars ; le dessin nous en » a éte envoyé par feu M. Colinson, sans nom » et sans aucune autre notice. Et comme » nous iguorons s'il appartient à l'ancien ou au » nouveau continent, et qu'en même tems il » diffère de l'Once et du Léopard par la forme » des taches, et plus encore du Jaguar et de » l'Ocelot, nous ne pouvons décider auquel de » ces animaux on doit le rapporter ; seulement » il nous paroît qu'il a un peu plus de rapport » avec le Jaguar qu'avec le Léopard. » Et moi, j'assure tout de suite que cet animal n'est pas l'Ocelot ou Chibigouazou, puisqu'il n'a point

______

(a) Traduction, t. 11, p. 187. — Original, tom. 9, p. 31. — Supplément, t. 3, p. 218, édit. in-4.º

(b) C'est la 38.ᵉ planche du Supplément, t. 3, édit. in-4.º

de raies noires ni au front, ni sur le cou ; qu'il n'a point d'espèces d'anneaux à la queue ; et qu'enfin toute sa description est celle de l'Yagouarété, et que l'animal est réellement l'Yagouarété.

La seconde addition (*a*) appartient au Chibigouazou, sans qu'on puisse en douter en la confrontant avec celle de cet animal, quoique la planche 129 (*b*) soit peu correcte.

Les réflexions de Sonini de Manoncour sur l'Yagouarété (*c*), me paroissent exactes. Cependant je dois remarquer que j'ai vu de petits Yagouarétés dont le poil n'étoit pas crépu, comme l'affirme Buffon, ni aussi lisse que celui des vieux, comme le dit Sonini. Je ne crois pas davantage que le poil varie avec l'âge, aussi considérablement que le veut ce dernier.

La relation qu'il donne de l'Yagouarété, qui le tourmenta pendant deux nuits dans une forêt, est la même que celle que m'ont faite des jour-

____

(*a*) Traduction, t. 11, p. 188. — Original, t. 9, p. 32. — Supplément, t. 3, p. 218, édit. in-4.°

(*b*) C'est la planche 39.e du supplément, t. 3, édit. in-4.° (*Note du Traducteur*).

(*c*) Traduction, t. 11, p. 189 — Original, t. 9, p. 33. — Supplément, t, 3, p. 219, édit. in-4.°

naliers dans des cas pareils , et n'a rien de vrai.
Ils racontent de semblables fables pour s'amuser
et pour se divertir , en inspirant de la crainte
aux voyageurs. L'Yagouarété ne fuit point lorsqu'on le couche en joue ; au contraire , les
chasseurs expérimentés conviennent qu'il est
nécessaire de le tirer dès le premier moment
où on l'aperçoit , parce que autrement il attaque en furieux. Et d'où lui viendroit la connoissance qu'un fusil peut le tuer , pour qu'il se
laissât tomber par terre avec promptitude , et
pour qu'il évitât ainsi la balle ? Il est certain ,
quoique cela paroisse impliquer, que les hommes
de la campagne , et principalement les Indiens ,
dorment dans les champs et dans les bois sans
précaution, quoiqu'ils craignent beaucoup l'Yagouarété ; mais quant à ce que dit Sonini , que
l'Yagouarété n'a point d'ennemi plus cruel que
le Tamandoua , c'est une fable.

Dans la critique que je ferai aux articles des
deux animaux suivans , on trouvera diverses
particularités appartenantes à l'Yagouarété.

———

LE GOUAZOUARA.

Felis Discolor. — Linn.
Couguar. — Buffon.
Felis Couguar. — La Cépède.

C'est ainsi que le nomment les vieillards Guaranis ; d'autres l'appellent *Yagoua-pita* (Yagoua-roux) ; d'autres encore, *Yagouati* (Yagoua-blanc) ; et les Espagnols du Paraguay, et ceux de Buenos-Ayres, Lion ou Léopard, sans qu'il soit ni l'un ni l'autre.

Comme il est moins féroce et plus facile à tuer que l'Yagouarété, les Paraguaisiens l'ont presque fait disparoître de leur terre. En courant les Pampas de Buenos-Ayres, j'en ai pris quatre ; et comme ces lieux n'ont point d'arbres, ils se cachoient très-bien dans les *pajonales*, sans jamais s'introduire dans les cavernes, comme le fait l'Yagouarété ; mais dans le Paraguay, le Gouazouara grimpe aux arbres quoiqu'ils soient droits, préférant, à ce qu'on dit, les plus élevés, montant et descendant d'un seul saut, en quoi il diffère également de l'Yagouarété, qui monte et descend à la manière des chats, et qui choisit les arbres un peu inclinés. Je le répute un animal des champs plutôt que des bois, ce qui est le contraire de l'Yagouarété.

Je n'ai jamais ouï dire que le Gouazouara ait fait ni cherché à faire du mal à l'homme, ni aux jeunes enfans, ni aux chiens, quoiqu'il les ait trouvés endormis ; au contraire, il fuit ou se cache beaucoup, manifestant de la timidité ; et comme il n'est pas très-véloce, quoique beaucoup plus léger que l'Yagouarété, il y a des chasseurs à cheval qui l'enlacent sans crainte.

Il ne tue ni les Vaches, ni les Chevaux, ni les Mulets ; et il ne se hasarde qu'avec les jeunes Poulains, les Genisses et les Brebis, et d'autres animaux moindres encore. Il va seul ou avec une compagne. Il est féroce et cruel sans nécessité ; puisque, lorsqu'il en trouve l'occasion, il tue cinquante Brebis et plus pour en lécher le sang ; en quoi il est encore différent de l'Yagouarété, et en ce qu'il a moins de force, plus de légéreté, qu'il est plus enclin à vaguer, qu'il s'approche davantage des lieux habités et moins des rivières. On dit qu'il fait deux petits ; et j'ai trouvé, le 29 mars (au commencement de germinal), trois petits, longs de 18 lignes et demie (d'environ 4 centimètres) , dans le ventre d'une femelle. Toutes ses formes, ses mouvemens, ses espèces d'éternuemens (*feu, feu, feu*), et son mode de chasse par surprise, sont de l'Yagouarété, dont il s'éloigne cependant encore, en ce qu'après s'être soulé, il couvre de paille ce qui lui reste d'alimens, pour les retrouver ensuite.

Dans la jolie ville de Néemboucou (*a*), l'on prit un petit Gouazouara ; on le châtra et le curé le garda, doux comme un Chien, plus d'une année, sans qu'il causât d'autre dommage que celui de manger les Poules de la maison et celles du voisinage. On me le donna, et je l'ai tenu attaché dans la cour pendant quatre mois. Il étoit aussi doux qu'aucun Chien puisse l'être, et si paresseux qu'il passoit la majeure partie du tems étendu et dormant.

____

(*a*) Située par 26 degrés 52 minutes 24 secondes de latitude méridionale, dans le Sud, 15.° 56 minutes Ouest de la ville de l'Assomption. Elle est distante de cette dernière cité de 33 lieues un tiers (environ 18 myriamètres et demi). (*Note du Traducteur*).

Il jouoit quelquefois avec le premier qui se présentoit, et prenoit un plaisir particulier à lécher la peau de mes nègres. En lui donnant une orange ou autre chose, il la frappoit du plat de la main, la poussoit et l'atteignoit en jouant, comme fait le Chat avec la Souris. Pour saisir les Poules, il usoit des mêmes ruses et des mêmes gestes que le Chat, quand il voit une Souris, sans en excepter l'agitation de l'extrémité de la queue. Si on le grattoit, il s'étendoit et faisoit entendre le même *rou*, *rou* que le Chat en pareil cas. Il ne distinguoit personne, ne cherchoit point à rompre sa corde, et je ne l'ai jamais vu en colère. Les nègres le délioient, et ils le menoient à la rivière sans qu'il prît garde aux Chiens de la rue. Un jour qu'il étoit lâché, il franchit les murs de torchis de la cour, mais revint à la maison sans qu'on l'eût cherché. Il cachoit l'excédant de la viande qu'on lui donnoit, avec du sable, parce qu'il n'avoit point de paille, et il la reprenoit lorsqu'il avoit faim ; mais, pour la manger, il la mettoit dans l'auge, la lavoit et la mâchoit à mesure. Lorsqu'on lui donnoit de la chair, il la mettoit sur une table ; et avant toute chose, il la léchoit pour la manger ensuite comme les

Chats ; c'est-à-dire , en commençant par un bout, et continuant sans dépécer , sans tirailler, ni secouer.

On dit que si le Gouazouara trouve quelque Yagouarété femelle en chaleur , il la couvre , et met les mâles en fuite après les avoir vaincus. Si cela étoit vrai , ce seroit parce qu'il est plus presté , et qu'il ne laisseroit pas à un Yagouarété le tems d'en faire sa proie, puisqu'on ne peut douter qu'il ne soit très-inférieur en force , en valeur et en hardiesse à l'Yagouarété. On assure aussi qu'on a vu quelques individus métis , et qu'ils sont plus forts et plus sanguinaires que leurs auteurs ; et on ajoute que le poil ou la couleur de ces mulâtres ressemble davantage au Gouazouara, qui est leur père , quoiqu'ils aient en assez grande quantité les taches de la mère.

Garcilasso , liv. 8, chap. 18 , l'appelle Pouma, et assure qu'un Espagnol lui a dit avoir tué une femelle pleine de deux petits, tachetés comme le père, qui étoit Gouazouara , et non comme la mère, qu'il supposoit Yagouarété. Je n'adopte rien de tout cela , parce que je crois ces animaux plus éloignés entre eux que le Chien et le Renard, d'après ce que j'ai rapporté.

Longueur, 74 pouces (2 mètres).

Queue, 26 pouces 3 quarts (72 centimètres 1 tiers).

Circonférence antérieure, 27 pouces 1 quart (74 centimètres) ; postérieure, 22 pouces (près de 3 décimètres).

Hauteur antérieure, 30 pouces (81 centi·mètres) ; postérieure, 32 pouces (86 centimètres 2 tiers).

Le pied de devant est comme celui du Chat, avec cinq doigts. Le doigt interne est très-court et situé très-haut relativement aux autres ; mais son ongle est le plus puissant. Cet ongle est long de 14 lignes (plus de 3 centimètres), très-courbe, et a la figure d'un tranchet de cordonnier. De l'extrémité de l'avant-bras naît un cal long et aigu, qui n'existe point dans le 'pied de derrière. Ce dernier n'a que quatre doigts ; tous les ongles sont étroits, élevés, courbes, aigus, très-forts, et on ne les voit que lorsqu'on fait remonter la peau qui les cache. Les quatre pieds sont fournis ; mais ceux de derrière le sont davantage : car ils ont, au-dessous du boulet, 10 pouces (27 centimètres) de tour, tandis que ceux de devant n'ont que 6 pouces 1 tiers (17 centimètres) au même point.

(139)

L'oreille est comme celle du Chat ; elle est élevée de 3 pouces et demi (plus de 9 centimètres) au-dessus de la tête , large de 2 pouces et demi (6 centimètres 2 tiers) , et son tour postérieur a deux bords , et le tour intérieur , une petite brèche ou hâchure.

La tête est longue de 11 pouces (29 centimètres 4 cinquièmes) , avec 17 pouces 3 quarts (48 centimètres) de circonférence au-devant de l'oreille ; et quoique sa structure soit celle de la tête du Chat , le nez est plus large et plus élevé entre les yeux , et plus mouton. Les moustaches sont longues de 3 pouces et demi (plus de 9 centimètres) , blanches , et quelques-unes des supérieures sont noires. Il y a aussi quelques poils blancs au-dessus de l'angle lacrymal.

L'œil est très-grand et brillant , avec un iris d'un brun grisâtre.

La langue est âpre Dans la mâchoire supérieure il y a quatre incisives que suit une petite canine de chaque côté ; ensuite est un vide , et tout de suite une canine conique , très-forte , et longue de 14 lignes (3 centimètres) ; celle-ci est suivie d'une petite dent très-étroite , et après viennent deux molaires.

En bas sont autant d'incisives et de canines qu'en haut , avec trois molaires ; mais la petite dent étroite y manque.

L'animal que je décris est un mâle , dont le sexe est marqué comme celui du Chat ; mais il n'a qu'un seul testicule, gros (*a*) de 15 lignes (3 centimètres 1 tiers) , dans un scrotum velu.

La femelle pleine avoit 72 pouces (1 mètre 95 centimètres) de long , avec trois paires de mamelles , dont l'antérieure est sous la poitrine ; 6 pouces (16 centimètres) après , est la deuxième paire que suit la troisième à une égale distance.

Un Gouazouara domestique, d'un an et demi , avoit 64 pouces et demi (174 centimètres).

Le poil du Gouazouara est très-serré, long d'un pouce (27 millimètres) , et si doux qu'on pourroit l'employer dans les pelleteries. Il y a une tache noire , grande comme une piastre forte d'Espagne (plus qu'une pièce de 5 francs), au point où naissent les moustaches.

(*a*) Peut-être l'autre testicule avoit-il été emporté par accident ; peut-être aussi les deux testicules collés comme le sont les cotylédons des jeunes plantes , n'auront-ils pas été distingués par l'auteur. (*Note du Traducteur*).

Une autre tache longue, et de la même couleur, se montre par derrière à la naissance de l'oreille, et une autre pareille à la pointe de l'oreille. Les lèvres, la mâchoire inférieure, l'entre-deux des quatre jambes, une tache au-dessus de l'angle antérieur de l'œil, et une autre placée au-dessous de cet angle, et qui s'étend, d'une manière étroite, vers le bord inférieur de l'œil, sont blancs, ainsi que les longs poils de l'intérieur de l'oreille. Le ventre est de même, mais tirant sur le cannelle.

Depuis la tête jusqu'au bout de la queue, ce poil est ce que l'on nomme roussâtre, ou un mélange de roux et de noir qui dégénère, parce que le noir diminue au point qu'il ne s'en trouve pas sur la partie inférieure des côtés. Le bout de la queue est noir.

Tel est l'animal que Buffon dit (*a*) qu'on appelle *Pouma* à Quito au Pérou.

Frésier (*b*) se trompe en lui donnant une queue plus courte qu'au Tigre et au Loup, et

______

(*a*) Traduction, t. 11, p. 57 — Original, t. 3, p. 109. — T. 9, p, 13, édit. in-4.º

(*b*) Traduction, t. 11, p. 59. — Original, t. 3, p. 113. — T. 9, p. 15, édit. in-4.º

une tête participant de celles de ces deux animaux. Le premier article peut être appliqué à
l'Agouara-gouazou, mais le second ne lui convient point ; et les deux circonstances réunies
ne peuvent s'accommoder au premier, qui a
une tête semblable à celle du Tigre , et une
queue très-longue.

Buffon suit les erreurs de Frésier (*a*) en disant
que le Gouazouara a le museau plus allongé ,
et la tête d'une forme différente de celle de la
Panthère et de celle de l'Yagouarété.

En parlant de l'Yagouarété , j'ai dit que les
noms de *Janouar* et de *Janouara* me paroissent une corruption de Gouazouara , et qu'ils
appartiennent plutôt à cet animal qu'au précédent. Buffon l'appelle *Couagouar*, par contraction de *Couguacou-ara*, qu'on lui donne au
Brésil (*b*) ; mais ce nom doit être Gouazouara.

Dans la description, Buffon dit , que quoique
le Gouazouara ait la taille aussi longue que
l'Yagouarété , il est moins étoffé, plus levretté

____

(*a*) Traduction , t. 11, p. 79 — Original , t. 3 , p. 141.
— T. 9 , p. 61 , édit. in-4.º

(*b*) Traduction, t. 11 , p. 193. — Original, t. 3 , p. 298,
note *a*. — T. 9 , p. 216 , à la note, édit. in-4.º

et plus haut sur ses jambes , avec une tête plus petite. Je renvoie à ma description exacte de l'Yagouarété pour faire la comparaison.

Buffon dit que le Gouazouara a le poil court : cela n'est point ainsi ; il nuance son poil en roux-vif, mêlé de quelques teintes noirâtres, sur-tout au-dessus du dos, sans taches rondes et pleines comme le Léopard , ni annulaires ou en roses , comme la Panthère : tout cela est inexact. Il est vrai que ces couleurs sont celles qu'on donne à l'animal, que je regarde comme fabuleux , et qu'on appelle métis de l'Yagouarété et du Gouazouara.

Il dit encore qu'autrefois les Gouazouaras passoient en grand nombre et en nageant dans l'île de Cayenne. Mais comme la circonstance d'habiter le voisinage des rivières et des lacs, et d'être de grands nageurs , convient à l'Yagoua-rété infiniment plus qu'au Gouazouara , on ne doit pas douter que Buffon n'ait pris ces mœurs de l'Yagouarété , pour les appliquer mal-à-propos au Gouazouara.

Il erre également en se figurant que c'est l'*Ocorôme* des Moxes du Pérou ; parce que celui-ci est mon Agouara-gouazou , sans qu'on puisse en douter , lorsqu'on sait qu'il a le poil roux et le museau aigu ; ce qui est étranger au Gouazouara et à tous les animaux de sa classe.

Le Tigre du pays des Iroquois que cite Buffon, est certainement le Gouazouara, puisqu'on lui adapte exactement la relation de Charlevoix (*a*).

Enfin, Buffon dit que le Cougouar n'attaque point l'homme, à moins qu'il ne le trouve endormi ; et cela n'est pas propre au Gouazouara, puisqu'il n'attaque jamais l'homme, mais à l'Yagouarété, qui a coutume de manger les hommes endormis comme éveillés. Ce qu'il dit du Gouazouara, qu'il fuit le feu, n'est pas un fait concluant ; puisque sans cela, il fuit toujours l'homme, et que cette précaution ne suffit pas contre l'Yagouarété. Celui-ci se cache dans les cavernes, s'il en trouve ; chose que ne fait point le Gouazouara, et que l'on ne peut conséquemment pas dire de lui, comme le hasarde Buffon, qui se trompe encore en disant qu'il s'élance d'un arbre sur sa proie. Cependant, comme le Gouazouara est plus léger que l'Yagouarété, ce mode de chasse lui répugneroit moins. Buffon doute que sa chair soit bonne, et je l'ai vu

---

(*a*) Traduction, t. 11, p. 194, à la note. — Original, t. 3, p. 300, note *e*. — T. 9, p. 217, note *d*, édit. in-4.°

manger

manger aux pionniers, qui la préféroient à celle de la Vache.

La planche (150) (*a*) que Buffon nous donne du mâle, est très-mauvaise à cause de l'amincissement du cou, de la longueur des oreilles, de la petitesse de la tête et de son museau de Chien. Celle de la femelle (*b*) est moins défectueuse, et l'une et l'autre sont extrêmement mal enluminées, comme elles le sont toutes (*c*).

Ensuite (*d*) il dit que le Cougouar et le Jagouar (mon Gouazouara et mon Yagouarété) habitent les régions les plus chaudes de l'Amérique Méridionale ; mais qu'il y a une autre espèce de Cougouar dont il nous donne la figure

---

(*a*) Cette planche 130 de la traduction espagnole, doit correspondre à la planche 19, p. 230 du t. 9, édit. in-4.º (*Note du Traducteur*).

(*b*) Cette planche doit correspondre à la planche 11 de Buffon, p. 224. Supplément, t. 3, édit. in-4.º (*Note du Traducteur*).

(*c*) Ceci doit s'entendre de l'exemplaire de la traduction espagnole qui étoit entre les mains de l'auteur, parce que les planches de cette édition sont enluminées. (*Note du Traducteur*).

(*d*) Traduction, t. 11, p. 196. — Original, t. 9, p. 38. — Supplément, t. 3, p. 222, édit. in-4.º

I.

dans la planche (130 **), (*a*) que l'on trouve dans les parties tempérées de l'Amérique Septentrionale , et que Colinson lui a envoyé le dessin de ce Cougouar, avec la description qu'il en publie. Ici je dois avertir que le Gouazouara et l'Yagouarété habitent également les pays tempérés , puisqu'ils existent au Sud de Buenos-Ayres et sur la côte des Patagons. Par conséquant il faut faire disparoître la différence que Buffon établit entre le Gouazouara et le Cougouar de Pensylvanie.

Colinson dit de ce dernier , qu'il diffère beaucoup de celui de Cayenne ou Gouazouara, par sa nature et par ses dimensions ; mais comme il lui donne 74 pouces 2 tiers (2 mètres 2 centimètres), et que le mien a 74 pouces (2 mètres), on voit qu'il n'y a , pour ainsi dire , point de différence dans la longueur. Je suppose que les 74 pouces 2 tiers (2 mètres 2 centimètres) comprennent la queue , car le contraire seroit une disproportion. L'Anglais Colinson le fait beaucoup plus long du corps que le Gouazouara ; mais rabattant 55 pouces (environ 95 centimè-

---

(*a*) C'est la 41.e du supplément de Buffon , t. 3, p. 224 , édit. in-4.º (*Note du Traducteur*).

tres), qu'il assigne à la queue du sien , il reste
39 pouces 2 tiers (107 centimètres et demi) pour
le corps ; et comme le mien est de 47 pouces un
quart (128 centimètres), il en résulte que le
Gouazouara a le corps plus long , contre l'assertion de Colinson , ou que celui-ci se trompe
beaucoup sur la longueur de la queue : en effet ,
je ne doute pas qu'il ne l'alonge de 8 pouces
(près de 22 centimètres). L'Anglais fait le sien
plus délié du corps que le mien ; mais il se contredit en lui donnant 34 pouces et demi (plus
de 93 centimètres) de circonférence ; ce qui
indique que le corps est plus gros que celui du
Gouazouara , qui n'offre que 27 pouces un quart
(environ 74 centimètres) de tour. Il lui donne
des jambes plus basses , et il marque celles de
devant à 14 pouces (38 centimètres), et celles
de derrière à 17 pouces et demi (47 centimètres) ; le train antérieur , de 24 pouces et demi
(66 centimètres), et le postérieur , de 25 pouces
2 tiers (près de 70 centimètres). Je ne sais ce
qu'il entend par ces mesures (*a*) ; mais je ne

(*a*) Les mesures que M. d'Azara cite dans cet article ,
comme étant celles de Colinson , ne sont pas les mêmes
que cite Buffon d'après ce dernier au supplément, t. 3 ,
p. 222 , édit. in-4.° (*Note du Traducteur*).

doute pas qu'il ne se trompe , en affirmant que son Cougouar est plus bas des jambes. Mais il lui donne une tête et des oreilles de Goua- zouara , et l'on est assez autorisé à conclure de cela même , que Colinson a vu son Cougouar , dans ce que j'appelle mon Gouazouara , et à ne pas douter de leur identité , lorsque les prétendues différences relatives à l'habitation , aux dimensions , aux proportions et à la lon- gueur de la queue , ont disparu absolument. Quant à la planche , elle est très-mauvaise (*a*). Buffon conclut , en annonçant qu'Edwards lui a envoyé des gravures relatives au dessin de Colinson ; mais il ne dit rien de ces gravures , si ce n'est qu'il les a reçues.

Ensuite (*b*) il parle d'un *Tigre* ou *Cougouar noir* en copiant la Borde , qui s'explique super- ficiellement , sans donner d'autres caractères spécifiques qu'un poil noir et long , et un poids d'environ 40 livres (19 kilogrammes et demi). Ce qu'ajoute la Borde , que ce Cougouar noir a

---

(*a*) Elle correspond à la 41.e du supplément , t. 3 , p. 224 de Buffon , édit. in-4.º (*Note du Traducteur*).

(*b*) Traduction , t. 11 , p. 198. — Original , t. 9 , p. 41. — Supplément , t. 3 , p. 223 , édit. in-4.º

une téte assez semblable à celle des Cougouars ;
qu'il a une queue longue, des moustaches longues et fortes, sont des choses de genre. Cette
particularité, qu'il fait ses petits dans des arbres
creux, est insignifiante. Buffon présume, d'après
cela, que ce pouvoit être l'Yagouarété noir (a) ;
je ne pense point ainsi ; parce que l'Yagouarété
noir a des taches qui sont encore plus noires,
et que celui de la Borde manque de ces taches ;
indépendamment de ce que l'Yagouarété de
Buffon est celui que j'ai indiqué à la page (116),
lequel a le poil court, et que celui de la Borde
a le poil long.

Je sens bien diminuer ma confiance en la
Borde, depuis que j'ai remarqué nombre de fois
qu'il rapporte des circonstances puériles, des
notices indigestes et des ouï-dire, avec la même
complaisance que si c'étoient ses propres observations. Si elles le sont ; s'il existe un Cougouar
noir, à poil long, et tel que le représente la
planche (130 ***) (b), je ne le connois point.

La Borde dit encore de mon Yagouarété et de

(a) Traduction, t. 11, p. 79 et 80. — Original, t. 3,
p. 141. — T. 9, p. 61, édit. in-4.°

(b) C'est la 42.e du supplément, t. 3, p. 224, édit.
in-4.°

mon Gouazouara , que l'un et l'autre tuent les vaches et les bœufs ; qu'ils ne sont point acharnés à donner la mort, et qu'ils se bornent à une seule victime. Tout cela est particulier à l'Yagouarété et point au Gouazouara. Il est encore mal informé sur la manière dont ces animaux tuent ; elle consiste à briser la nuque, et non pas à faire ce que la Borde rapporte (*a*). Il est pareillement faux qu'ils dépècent leur proie pour la porter par quartier dans le bois ; parce que l'Yagouarété , et non le Gouazouara, la traîne entière ; et la Borde devoit savoir qu'il répugne à tout animal du genre tigre ou chat de faire des quartiers de sa proie. Cacher et couvrir ce qui excède le repas , comme il le dit des deux, est le caractère du Gouazouara , et non de l'Yagouarété. Il erre de la même manière en croyant que l'un et l'autre s'élancent des arbres sur les animaux, en ne leur faisant produire qu'un petit , et en leur faisant manger par fois des feuilles tendres et des bourjeons.

(*a*) « En sautant sur le dos, en enfonçant les griffes de
» la patte gauche sur le cou ; et lorsque le bœuf est courbé ,
» ils le déchirent et traînent les lambeaux de la chair
» dans le bois ».

Finalement, la Borde ne donne que des notes fondées sur des bruitsqu'il a recueillis, et elles sont mal appliquées et pleines de confusion.

Il est nécessaire de bien méditer ce que j'ai dit de l'Yagouarété ; ce que je rapporte du Gouazouara, et ce que je dirai du Chibigouazou ; parce que Buffon a beaucoup mêlé tout ce qui tient à ces trois animaux.

LE CHIBIGOUAZOU,

Felis pardalis. — LINN.
Ocelot. — BUFFON.
Felis Ocelot. — LA CÉPÈDE.

UNE partie des Guaranis appellent *Chibi* le Chat domestique, et d'autres lui donnent le nom de *Mbaracaya*. De même aussi, les uns appellent *Chibigouazou* l'animal actuel, et les autres *Mbaracaya-Gouazou*, qui signifient l'un et l'autre *grand Chat*. Quelques Espagnols le dénomment *Once*.

Le Chibigouazou est si commun, que dans deux lieues, autour du bourg de Saint-Ignace, mon ami Noséda en a pris dix-huit en deux ans; cependant il est peu connu, parce que les Chiens ne le trouvent jamais, et qu'ils ne peuvent pas entrer dans ses retraites, et je doute qu'il y ait un animal qui se cache mieux. Il passe les journées dans des épaisseurs impénétrables; et il sort pour chasser pendant les nuits obscures et tempétueuses, en s'introduisant jusque dans les enclos et les cours, sans que jamais les chiens s'en apperçoivent. Lorsqu'il fait clair de lune, il ne va point dans les lieux habités, et il ne tombe point dans les piéges ; c'est en vain qu'on l'attend avec le fusil, parce qu'il guette le chasseur, et qu'il prend la fuite avant que celui-ci ne puisse le voir. Il monte sur les arbres pour y saisir les oiseaux domestiques, revient jusqu'à six fois dans une nuit, et laisse par fois quelques-uns de ces oiseaux morts. Il fuit avec le plus grand soin les hommes et les chiens. Il paroît que chaque Chibigouazou a son district séparé, comme on l'induit de ce que l'on prend toujours un mâle et une femelle, et pas plus dans le même lieu. Il fait deux petits, et le tems de la chaleur commence en octobre (vendémiaire).

Mon ami Noséda imagina une cage faite de gros pieux et à trois divisions : dans celle du milieu il mettoit un coq, afin qu'il chantât, et il le choisissoit blanc pour que l'on pût le voir de plus loin. Les deux autres divisions se formoient en faisant tomber une trappe lorsque le Chibigouazou entroit pour s'emparer du coq. On conduisoit la cage sur des petites roues dans le lieu où l'on disoit à mon ami qu'il trouveroit de la chasse ; et ayant pris beaucoup de Chibigouazous , il les mit dans une autre cage de sa maison , d'où quelques-uns s'étant échappés , il alla les reprendre jusqu'à deux ou trois fois avec sa première cage ; les reconnoissant à une oreille coupée ou à d'autres indices. L'on peut conclure de ces circonstances , que le désir de piller leur fait perdre l'idée du péril.

Nous observâmes que ceux qui étoient dans la grande cage de la maison , alloient par préférence déposer leurs excrémens dans le vase où on leur mettoit de l'eau ; et quoiqu'on plaçât ce vase dans un baril , ils montoient sur le bord pour remplir leur dessein , et jamais ils ne faisoient leurs ordures que dans le bacquet à l'eau , ou tout près de ce bacquet.

Ils passoient presque tout le jour couchés en peloton ; et celui qui vouloit s'étendre , ne le faisoit point sans avoir léché auparavant son voisin , qui restoit ramassé. Nombre de fois nous posions des pailles d'environ 3 pieds (97 centimètres) , hors de la cage , de manière qu'ils pussent les prendre en passant la patte de devant entre les pieux , et autant de fois nous avons trouvé le jour suivant, qu'ils les avoient coupées et haché es en un monceau ; de maniére que les brins avoient à peine 3 lignes (7 millimètres) de longueur, et ils se couchoient par-dessus. Ils étoient occupés la nuit, au point du jour et le soir, à aller et venir aux extrémités de la cage; et si un autre passoit à la traverse ou interrompoit cet exercice, ils se mettoient en colère, et gesticuloient comme les chats sans égratigner, parce qu'ils ne se battent jamais, et que tout au plus ils se donnent quelques coups de patte.

Nouvellement pris, ils mangent cinq livres de viande (24 à 25 hectogrammes) par jour, et ensuite trois livres (14 à 15 hectogrammes) leur suffisent. Nous faisions une ration pour chacun d'eux, et ils la prenoient par ancienneté de cage, sans que les autres les troublassent; mais si l'un d'eux étoit négligent, ou ne mangeoit point, tout de suite un autre pilloit sa part, sans que le premier la défendît, sinon par quelques éternuemens (*feu, feu, feu*) et un coup de patte par-ci, par-là.

Mon ami leur fit une rue avec des claies de roseaux, hautes de 2 pieds (65 centimètres), et dans laquelle nous mettions un rat, une poule, un chat ou un chien; en leur ouvrant la porte, ils sortoient et alloient les prendre; et nous observâmes aussi qu'ils ne sortoient qu'à raison d'un pour chaque proie, et presque toujours par ancienneté de cage. Ils prenoient les chats et les chiens par la nuque avec les dents; et se couchant sur le sol, ils assujettissoient de leurs pattes les pattes de devant de la victime, et de leurs pieds, les jambes de celle-ci, sans lui laisser de mouvement jusqu'à ce qu'ils l'eussent tuée. L'usage de la chair de chat les couvroit de gale, les attristoit, les faisoit miauler comme des chats; et à la fin ils mouroient. Ils mangeoient aussi des vipères, des couleuvres, des crapauds et des grenouilles; mais ces animaux leur occasionnoient de terribles vomissement, dont la suite étoit de rendre l'estomac incapable de garder aucun aliment, et de les conduire lentement à mourir étiques. Si le chien étoit aussi grand qu'eux, ils ne lui faisoient point de mal, parce qu'ils ne s'entr'aident point, et que si un seul ne peut pas faire un coup, il ne l'entreprend pas.

Quant aux oiseaux, ils les prennent par la tête ou par le cou, et ils les plument très-bien avec leurs dents avant de les manger. Il paroît qu'ils ne sont point cruels sans nécessité, parce que mon ami observa qu'un Chibigouazou ne tua un coq que le troisième jour qu'ils passoient seuls ensemble dans la cage.

Plusieurs fois, après avoir fait fermer les portes de la cour, nous ouvrions celles de la cage, et ils sortoient en commençant par les plus modernes, et quelquefois les anciens ne vouloient pas sortir, quoiqu'un jeune homme entrât dans la cage pour la nettoyer. Nous les laissions libres pendant quelques heures ; ils cherchoient les coins, et se mettoient à dormir ; et aussitôt nous les faisions poursuivre par les jeunes gens, et ils retournoient sur-le-champ à la cage, et plus promptement si on les suivoit avec une paille allumée ; mais nous remarquâmes qu'ils ne firent jamais de mal, quoiqu'on les enlaçât, et qu'on les battît. Un jour que l'un d'eux se montra lent et traîneur ; dès qu'il rentra dans la cage, sa femelle l'égratigna et le mordit, comme pour le reprendre.

Leurs yeux resplendissent la nuit comme ceux du Chat, auquel le Chibigouazou ressemble dans toutes ses formes et dans ses actions, en se couchant, en se léchant, en se nettoyant, en se débarbouillant la face avec ses pattes, en jurant et en soufflant du nez ou secouant la tête, et dans tout le reste. Mon ami en prit un très-jeune, qui s'apprivoisa tellement, qu'il dormoit sur le bas de son habit ; il alloit sans lien , et il n'y avoit pas d'animal plus doux ; mais comme il mangeoit les Poules des voisins , ceux-ci le tuèrent.

Je vais décrire le plus grand mâle que j'aie vu ; et il étoit si gros , que n'étant pas vidé, il pesoit 35 livres (environ 17 kilogrammes); les femelles sont un peu moindres.

Quoique les Chibigouazous communs aient plus de 42 pouces de long (plus de 113 centi- mètres); celui que je décris avoit 47 pouces (127 centimètres), et la queue, 13 pouces (35 centimètres).

La circonférence antérieure , 18 pouces (48 centimètres); et au ventre, 21 pouces (environ 57 centimètres).

La hauteur totale par devant, 18 pouces (48 centimètres); et par derrière, 19 pouces et demi (52 centimètres).

Les quatre jambes sont très-fournies ; et dans la patte de devant , il y a quatre doigts dont la peau cache les ongles. Ces derniers ont 8 lignes (22 centimètres) , et ressemblent au tranchet du cordonnier. Il y a en outre un autre doigt très-élevé et court, avec un ongle fort.

La patte de derrière a quatre doigts sembla- bles à ceux du Chat.

Dans la mâchoire supérieure, sont six incisives, et un intervalle de chaque côté que suit
une canine aiguë, forte et longue de 10 lignes
(2 centimètres un cinquième).

La mâchoire inférieure a le même nombre
d'incisives, que suivent les canines, qui sont
un peu moindres que celles d'en-haut.

Il y a douze molaires.

Le scrotum est très-ridé; les testicules ont
21 lignes (4 centimètres 2 tiers) de longueur,
et 12 lignes de grosseur (2 centimètres 2 tiers).
Le fourreau du membre est extrêmement épais
et court, et le membre est menu.

Le sexe de la femelle est comme celui de la
ratte, mais elle n'a que deux mamelles de
chaque côté.

Le poil du Chibigouazou est court et couché.
Le fond du pelage dans toutes les parties inférieures est blanc, tacheté sous la poitrine, sous
le ventre, et entre les jambes de derrière, de
marques noires; et entre les jambes de devant
sont de pareilles marques, mais irrégulières et
plus grandes. De l'épaule à la queue, en suivant
l'épine du dos, sont deux bandes noires, interrompues, semblables à deux rangs de taches
pleines, très-rapprochées entre elles, et placées

sur un fond d'un blanc rougeâtre. Après une petite séparation que forme le fond du pelage, vient de chaque côté un autre rang de taches très-écartées, lesquelles, depuis la moitié du corps en allant par derrière, sont en anneaux vides et en manière de chaînons, et l'intérieur de ces anneaux est cannelle - blanchâtre. Ces dernières taches occupent le reste des côtés de l'animal, mais sur un fond blanchâtre.

La queue est blanche en-dessous, et par-dessus elle est comme le pelage du haut du dos ; mais elle est très-tachée de noir, plus par-dessus, où elle a des espèces d'anneaux blancs et noirs.

On voit sur la nuque quatre bandes noires et longues, qui commencent entre les oreilles et vont sur le cou. Sur l'épaule il y a beaucoup de taches noires et irrégulières. La face extérieure des quatre membres a des marques noires ; l'oreille est noire aussi par derrière, avec une tache blanche à son milieu ; et par devant elle est blanche. Autour de l'oreille et dans l'intervalle de l'une à l'autre, naît une bande noire de chaque côté, qui va jusque par le parallèle des yeux ; et entre l'une et l'autre bande, on voit d'autres petites taches

noires

noires qui, par leur dessin, ornent assez le front.

De la partie postérieure de l'œil naît une bande noire qui s'unit, au dessous de l'oreille, avec une autre bande qui vient du tour des moustaches ; celles-ci sont noires et blanches, et les plus longues ont 4 pouces (11 centimètres). Les paupières sont blanches.

Le Chibigouazou que je décris, est un des plus beaux individus de cette espèce, parce que les autres, outre que leur couleur est sensiblement moins vive et moins pure, ont trois fois plus de noir sur la poitrine, le ventre et la face extérieure des membres. En outre, les taches sur le corps et les côtés sont moins ornées, de manière que le tout paroît assez disparate.

Ces différences de couleur ne dépendent pas du sexe, parce que j'ai vu des mâles et des femelles des deux teintes, et que mon ami Noséda a pris plusieurs fois un couple formé d'un individu d'une couleur et d'un individu de l'autre. Les jeunes Chibigouazous ont des teintes plus confuses, et sur-tout s'ils sont tenus à l'attache ou apprivoisés.

A la page (127) j'ai dit que Buffon avoit

décrit le Chibigouazou en voulant parler de l'Yagouarété.

Le même naturaliste (*a*) nous donne la description de l'animal que les Portugais de l'Inde appellent *Serval*. Il le fait semblable à la Panthère, par un fond de couleur fauve sur la tête, le dos et les flancs, et blanc sur le ventre, et en le faisant tacheté de marques. Ensuite il dit qu'il a comparé la description du Serval avec celle du *Chat-pard*, qu'ont faite MM. de l'Académie royale des sciences de Paris, sans trouver d'autre différence que les longues taches du dos, et les anneaux de la queue du Chat-pard.

Ce qu'il dit de sa grandeur, qu'il assure être plus considérable que celle du Chat sauvage ordinaire ; les taches à chaînons et les anneaux de la queue, ne laissent pas le moindre doute que le Chat-pard des académiciens ne soit mon Chibigouazou, et que Buffon ne se trompe en le croyant un Serval.

Le même auteur (*b*) décrit son *Ocelot*, qu'au

____

(*a*) Original, t. 6, p. 171. — Tom. 13, pag. 233, édit. in-4.º

(*b*) Original, t. 6, p. 175. — Tom. 13, pag. 239, édit. in-4.º

premier coup-d'œil je reconnois dans ses gravures pour être le Chibigouazou , sans que les
taches à chaînons sur le corps et les côtés ,
et les longues taches du front et du haut du
cou , permettent d'en douter.

Linné (a) l e décrit de manière qu'on ne peut
s'y tromper.

Buffon a vu le mâle et la femelle lorsqu'ils
avoient un an , et 23 pouces et demi (64 centimètres) de longueur ; mais il juge qu'ils n'étoient alors qu'à la moitié ou aux deux tiers
de la grosseur d'un adulte. Il ne dit pas si cette
mesure comprend la queue ou non ; mais je ne
doute pas qu'elle n'en soit exclue , ni que la
longueur totale ne soit de 32 pouces et demi
(près de 88 centimètres) ; à quoi, ajoutant une
moitié ou un tiers , nous trouverons 48 pouces
et demi (1 mètre 31 centimètres), ou 43 pouces
et demi (1 mètre 17 centimètres et demi) de
longueur totale pour l'adulte , ce qui est justement celle que je lui assigne.

M. l'Escot amena à Paris le mâle et la femelle dont parle Buffon, en disant qu'ils avoient

______

(a) Original , t. 6 , à la note. — T. 13 , p. 239 , à la
note , édit. in-4.º

11 *

été pris dans les environs de Carthagène des Indes, peu après leur naissance; et que leur ayant donné une chienne pour les alaiter, ils la tuèrent et la mangèrent lorsqu'ils n'avoient encore que trois mois. Je dois noter ici que la première particularité est invraisemblable, et qu'il est incroyable pour moi que ces animaux se soient résolus à manger une chienne, et que celle-ci s'y soit prêtée. Quant à la seconde, je dis qu'il est impossible qu'un animal qui, à un an, n'a que 23 pouces et demi (64 centimètres), ait pu, à l'âge de trois mois, lorsqu'il n'étoit pas de la grosseur d'un chat ordinaire, tuer et dévorer une chienne adulte, et d'autant moins que ces animaux ne s'aident point entre eux; et j'ai observé que les Chibis adultes ne se commettent point avec un chien de leur grosseur.

L'Escot en impose encore en disant qu'ils mangeoient 7 à 8 livres (de 3 à 4 kilogrammes) de viande par jour, à moins qu'il n'entende entre eux deux. Il dit que le mâle exerce de la supériorité, ou une sorte de préférence, pour prendre la viande, et que la femelle ne mange que son reste. Sur cela, j'ai déjà dit que cette préférence ne provient pas du sexe, mais de l'ancienneté du séjour dans la cage. Pour terminer, il ajoute qu'il leur a donné des chats vivans plusieurs fois , sans qu'ils fissent autre chose que de sucer leur sang ; mais j'ai vu qu'ils les mangeoient entièrement, et que par-là ils attrapoient la galle. Il est pareillement faux que, comme il l'avance, ils ne puissent pas être rendus domestiques.

Buffon a trouvé quelque différence dans les couleurs , et il s'est figuré qu'elles dépendoient du sexe ; mais il s'abuse. De plus, cela ne peut pas faire qu'on se trompe sur l'espèce , parce qu'ils ont tous des taches longues sur le cou et le front , et enchaînées ou en chaînons sur le corps et sur les côtés , en quoi ils sont très-distincts de l'Yagouarété.

Il dit que le premier auteur qui ait décrit le Chibigouazou , fut Fabri , en faisant graver et enluminer les dessins de Recchi , et en en préparant une description , à laquelle il ajouta l'histoire de l'animal , tirée de Grégoire de Bolivar. Ce Recchi dessina deux animaux , et Buffon prétend prouver qu'il n'y en a qu'un, c'est-à-dire, l'Ocelot ou Chibigouazou; mais il se trompe beaucoup.

La première description de Fabri dans Hernandez (*a*) , est celle d'un Yagouarété , comme le prouvent les taches en manière de roses ou rondes de toutes les parties supérieures et de la tête, et la beauté de la robe qui l'emporte sur celle de l'Ocelot , quoique Buffon ait cru le contraire.

La deuxième description est indubitablement celle du Chibigouazou , confirmée par toutes les couleurs , par la moindre beauté de la robe , et par les longues taches avec lesquelles il est décrit (*b*).

Bolivar (*c*) dit que l'animal adulte est haut de 3o pouces (81 centimètres) , et long de 47 pouces (127 centimètres) ; ce qui doit être entendu sans la queue, comme le prouve le rapport de la longueur avec la hauteur. Ces dimensions sont indubitablement celles de l'Yagouarété, et non pas celles du Chibigouazou , comme le pense Buffon. Les mœurs que lui donne Bolivar sont aussi celles de l'Yagouarété, quoiqu'il se

---

(*a*) Original , t. 6 , p. 178 , note. *b*. —T . 13 , p. 241 , note *a* , édit. in-4.°

(*b*) Original, t. 6 , p. 178, note *c*. — T. 13, p. 141, note *b* , édit. in-4°.

(*c*) Original , t. 6 , p. 179 , — T. 13 , p. 242 , édit. in-4°.

trompe én disant qu'il s'élance des arbres sur sa proie, et qu'il préfère le sang à la chair, tuant beaucoup d'animaux pour les lécher et les laisser ensuite; car c'est là le caractère du Gouazouara.

Enfin Buffon (*a*) nous donne la relation que fait Dampier du *Chat-Tigre* de Campêche, et elle est fondée sur des récits, car il n'a pas la grandeur d'un chien de chasse, ni le corps ramassé comme celui d'un mâtin, et ne tue pas les genisses comme le dit Dampier.

Il est clair que Buffon n'a connu ni l'Yagouarété ni le Chibigouazou, puisqu'il les confond d'une manière aussi surprenante. D'après cela, personne ne s'étonnera de ce que ce naturaliste revienne à décrire le Chibigouazou dans son Margay (*b*), tirant ce nom de *Maragoua* ou *Maragaia*, qu'il dit qu'on lui donne au Brésil, mots qui sont altérés et qui devroient être *Maracaya*. La même corruption a produit les noms de *Margaia*, *Maragouaco*, *Maracaia* et

---

(*a*) Original, t. 6, p. 180, note *c*. — T. 13, p. 242, note *b*, édit. in-4.°

(*b*) Original, t. 6, p. 185., note *b*. — T. 13, p. 248, éd. in-4°.

Malakaia, que d'autres auteurs lui ont donnés. Je l'ai reconnu tout de suite dans la planche (*a*), et je ne suis point arrêté parce que Buffon le fait plus petit que l'Ocelot, puisqu'il croyoit que l'Ocelot étoit un Yagouarété.

Maregrave lui donne la grosseur d'un Chat sauvage ordinaire ; mais il est beaucoup plus grand.

Hernandez le fait un peu plus petit que le *Cibeto*, qu'il n'avoit pas connu. Son poil est, selon lui, plus court que celui du Chat sauvage, et cela est vrai, ainsi que ce qu'il dit quant aux couleurs ; savoir : que l'animal est marqué de bandes, de raies et de taches noires sur un fond de couleur fauve ; traits qui sont indubitablement ceux du Chibigouazou, comme ce qu'on rapporte des mœurs.

Buffon croit que cet animal est proprement le *Pithou* de Page du Pratz, et je suis du même sentiment ; mais il est nécessaire de corriger du Pratz, lorsqu'il le fait aussi haut que l'Yagouarété.

(*a*) C'est la planche 37.e du tom. 13, pag. 252, édit. in-4.°

M. de la Borde (*a*) parle assez bien du Chibigouazou ; mais je ne doute pas qu'il ne se soit trompé en le faisant mettre bas dans toutes les saisons.

La notice que M. Colinson a fournie à Buffon (*b*), est encore celle du Chibigouazou lorsqu'il est très-petit, et dont il diminue la queue en ne lui donnant que 4 pouces (11 centimètres), lorsque le reste du corps a 19 pouces (51 centimètres). Il prétend que le fond de son pelage est d'un brun clair, mêlé de poils gris, et avec des raies larges et noires, placées, en forme de rayons, tout le long de son corps et sur les côtés, depuis la tête jusqu'à la queue, qui a huit anneaux blancs. Le ventre est, selon lui, clair avec des taches noires qu'on voit aussi sur les jambes, et il a une tache large très-remarquable et noire au-dessous de l'œil, de chaque côté du nez ; et tout-à-fait au bas de cette tache, à toucher les lèvres, naissent les moustaches. Comme les individus bien jeunes ont des couleurs peu distinctes, il en

---

(*a*) Original, t. 9 , p. 46. — Supplément, t. 3 , p. 226, édit. in-4.º

(*b*).Original, t. 9, p. 48. — Supplément t. 3 , p. 227 , édit. in-4.º

résulte que Colinson les explique mal : on ne sauroit cependant douter qu'il ne parle du Chibigouazou , quoiqu'il se trompe en lui donnant une femelle dissemblable d'avec lui, plus petite , et d'une couleur gris-roussâtre uniforme ou unie , avec une tache noire sur le ventre qui est blanc-sale.

Comme la grosseur et les couleurs de cette femelle supposée conviennent assez à mon *Eira*, je ne doute pas que ce ne soit lui, et qu'il n'y ait de l'équivoque par rapport à cette tache noire qu'on lui donne.

L'YAGOUAROUNDI.

Plusieurs anciens Indiens m'ont dit que tel étoit le nom du quadrupède qui m'occupe en ce moment ; d'autres m'ont assuré que l'Yagouaroundi est l'animal que je place après celui-ci. Il y en a aussi beaucoup qui appellent l'un et l'autre *Eira*. Dans de pareilles circonstances , où il est nécessaire de choisir les noms , j'ai trouvé convenable de conserver au quadrupède actuel celui que m'ont indiqué les vieux Indiens , et de nommer le suivant Eira , quoique l'on donne aussi ce dernier nom à mes furets.

Je n'ai eu que deux femelles semblables entre elles qui me parurent adultes , et des gens pratiques me l'assurèrent en ajoutant que les individus des deux sexes ne diffèrent point entre eux. En effet , j'en ai vu une paire au bord d'un bois , et le mâle et la femelle offroient une parfaite conformité.

L'Yagouaroundi habite seul ou avec sa compagne , les bords des forêts , les buissons , les ronces et les fossés, sans s'exposer dans des lieux découverts. Il grimpe, avec facilité, aux arbres pour y prendre des oiseaux, des rats, des micourés, des insectes, etc., et il attaque aussi les volailles s'il en trouve une occasion favorable pendant la nuit ; car cet animal est nocturne. Enfin, c'est un chat sauvage, sans qu'on puisse en donner une meilleure idée que par cette dénomination même, étant semblable au chat dans son ensemble, dans ses détails comme dans ses gestes, ses frémissemens, ses éternuemens et ses actions. Néanmoins il diffère du chat domestique, non-seulement parce qu'il est moins ventru, et qu'il a le corps proportionnellement plus long, mais encore parce que sa tête est moindre, plus courte et moins joufflue, que ses oreilles sont plus courtes et petites, son museau plus aigu ou alongé et sans enfoncement entre les yeux, ou plus moutonné.

L'œil qui est plus petit garde, quoique tourné vers le soleil, une pupille ronde ; la queue est assez gonflée, et les quatre jambes sont très-grosses.

Rien ne fait fuir l'Yagouaroundi, et l'on raconte que s'attachant aux fesses des cerfs, il ne les lâche point, malgré leur vîtesse, jusqu'à ce qu'il les ait tués. Je ne doute pas que l'on ne puisse apprivoiser facilement l'Yagouaroundi, parce que j'en ai vu un pris adulte, qui se laissoit toucher vingt-huit jours après.

Longueur, 36 pouces 3 quarts (99 centimètres).

Queue, 13 pouces 3 quarts (37 centimètres).

Hauteur du devant, 11 pouces et demi (31 centimètres) ; du derrière, 14 pouces (environ 38 centimètres).

Circonférence antérieure, 10 pouces (27 centimètres) ; celle postérieure, 10 pouces 1 quart (près de 28 centimètres) ; celle du cou à sa naissance, 7 pouces 1 sixième (19 centimètres).

De la pointe du museau à l'oreille, 3 pouces 1 sixième (plus de 8 centimètres).

L'oreille est haute et large de 18 lignes (4 centimètres), ronde et de la même figure que celle du chat.

Les doigts et les pattes de devant sont comme ceux du Gouazouara.

Dans la mâchoire supérieure, il y a six incisives réunies, et celle externe est la plus grosse et la plus longue ; suit un intervalle ; après

est une canine , de 5 lignes (11 millim ètres ,
puis un autre intervalle et les molaires.

Dans la mâchoire d'en-bas , il y a autant d'incisives ; une canine, de 5 lignes (11 millimètres)
les suit sans intervalle ; mais après celle-ci est
un vide qui la sépare des molaires.

L'Yagouaroundi a trois paires de mamelles ,
et ses parties sexuelles sont comme celles du
chat.

La couleur est uniforme et sans tache ; elle
se réduit à un mélange résultant de ce que
chaque poil a différentes bandes alternativement noirâtres et blanchâtres ; mais comme
les noirâtres occupent la pointe du poil et sont
beaucoup plus larges , la nuance sombre prévaut beaucoup. L'on remarque ces bandes jusque dans les moustaches qui ne sont pas aussi
garnies que celles du chat. Le poil est doux ,
propre à des fourrures d'habits , et de la même
longueur et avec le même lustre que celui du
chat, excepté celui de la queue , qui est plus
long , et qui a 9 lignes (2 centimètres) et
plus.

Buffon (*a*) dit que le chat commun d'Europe

____

(*a*) Traduction, t. 9, p. 109. — Original, t. 1.ᵉ , p. 383.
— T. 6, p. 10 , édit. in-4.º

se trouvoit en Amérique avant la découverte de cette partie du monde ; et pour le prouver, il allègue la vie de Christophe Colomb, où l'on voit qu'un chasseur qui avoit tué un chat dans le bois, en fit présent à cet illustre capitaine ; qu'il étoit de la taille ordinaire, qu'il avoit le poil gris-obscur, et que sa queue étoit longue et forte. Ce chat est sans doute mon Yagouaroundi, et, par conséquent, il étoit très-différent de ce que croit Buffon. Il appuie aussi l'existence du chat commun en Amérique, sur le témoignage des voyageurs, sur l'histoire des Incas et sur celle de Charlevoix, qui assurent qu'il y en avoit, et qu'il y en a au Pérou, au Canada, aux Illinois, etc. Mais comme personne ne les caractérise, il me semble plus prudent de croire qu'ils parlent des chats américains qui sont l'Yagouaroundi et les animaux qui vont suivre, plutôt que du chat d'Europe qui, à mon sentiment, n'existe ici que depuis la conquête.

Enfin, Buffon ajoute (*a*) qu'on lui a envoyé de Cayenne, une peau très-semblable à celle

---

(*a*) Traduction; t. 9, p. 120. — Original, t. 8, p. 188, — Supplément, t. 3, p. 117, édit in-4.°

du chat sauvage d'Europe , et que c'est celle d'un animal appelé *Haira* dans la Guyane, où l'on mange sa chair blanche et délicate avec plaisir. Par cette seule circonstance, Buffon croit que le Haira n'est point le chat d'Europe, attendu qu'il ignore que celui-ci a la chair blanche et bonne, et que j'en ai mangé avec plaisir.

Il est certain , toutefois , que le Haira de Buffon n'est pas le chat d'Europe, mais le Pampa ou l'Yagouaroundi que, comme je l'ai dit, beaucoup de personnes nomment *Eira*, et non Haira ni Taira, comme l'écrit Buffon qui, postérieurement à cela, se corrige (*a*) en affir-mant dans un autre endroit , que le chat ordi-naire ne se trouve point en Amérique.

______

(*a*) Traduction, t. 11 , p. 96. — Original , t. 3 , p. 165 — T. 9 , p. 78, édit. in-4.º

L'EYRA.

L' E Y R A.

En parlant de l'animal qui précède, j'ai dit la raison du nom que je donne à celui-ci. L'un et l'autre ont les mêmes mœurs et les mêmes formes, et l'on m'a assuré qu'ils ne produisoient que deux petits.

J'ai eu un Eyra presque adulte qui, ayant été pris jeune, étoit aussi doux et aussi folâtre que puisse l'être un chat. Néanmoins on le tenoit attaché, parce qu'il ne pardonnoit point aux volailles. Il dormoit sur les habits du premier venu, et faisoit le *rou, rou, rou* des chats; et, comme eux, il jouoit avec les souris, sans que nul animal eût plus que lui la certitude de ressaisir sa proie. Quoique moindre que le chat domestique, il tuoit en un instant les rats les plus gros, les poules, les canards et les dindes. Il n'avoit point non plus d'odeur particulière, ni une prunelle alongée.

Il n'y a de différence dans cette espèce que celle qui marque le sexe.

Longueur, 31 pouces (84 centimètres).

I

Queue, 11 pouces et demi (31 centimètres),
plus touffue que celle du chat.

Les autres dimensions sont proportionnelles
à celles de l'Yagouaroundi , auquel l'Eyra ressemble par la denture et par le reste.

Tout son pelage est roux-clair , ainsi que la
mâchoire inférieure ; il a les moustaches et une
petite tache de chaque côté du nez, blanches.
Son poil ne diffère ni en douceur ni en longueur
de celui de l'Yagouaroundi , et seroit très-propre
aux fourrures.

J'ai dit dans la critique sur l'Yagouaroundi ,
que les relations des voyageurs et les historiens
de l'Amérique , qui affirment l'existence du
chat commun dans cette partie du monde ,
sont fausses , et qu'elles parlent de quelques-
uns de mes chats , sans qu'on puisse dire duquel , parce qu'elles ne le caractérisent point ;
et à la page (170) , j'ai averti que la femelle
que Colinson donnoit au Chibigouazou est un
Eyra.

LE CHAT PAMPA.

JE ne sache point, et je n'ai pas ouï dire qu'il habite le Paraguay.

On le rencontre dans les Pampas, au Sud de Buenos-Ayres, lieu où, entre les *pajonals* du 35.ᵉ et du 36.ᵉ degré de latitude, je trouvai, en avril (en germinal), cinq individus à la distance de 10 lieues (plus de 5 myriamètres et demi) l'un de l'autre. Comme ces endroits n'ont ni arbres, ni buissons, ni terrains coupés, nous en poursuivîmes à cheval quatre, que les journaliers tuèrent avec les boules et le lacet, et ils laissèrent échapper le cinquième. Je ne sais s'il se sera caché dans les retraites des *Tatous* et des *Vizcaches* qui ne manquent pas là ; car s'il ne l'a pas fait, je présume que c'est parce que nous ne lui en avons pas donné le tems. Les campagnards m'ont assuré que le Chat pampa mange les Perdrix ou *Ynanbous*, et les Chevreuils ou *Gouazoutis* lorsqu'ils sont petits et même grands ; mais je ne crois pas cette dernière assertion.

12 *

Longueur, 29 pouces 5 sixièmes (81 centimètres).

Queue, 10 pouces (27 centimètres), dont 15 lignes (3 centimètres 1 tiers) ne sont que du poil.

Hauteur devant, 13 pouces 1 tiers (36 centimètres); derrière, 14 pouces 1 quart (plus de 39 centimètres).

Circonférence de l'une et de l'autre partie, 12 pouces (32 centimètres et demi); et celle du cou, 6 pouces 5 sixièmes (près de 19 centimètres).

Du bout du museau à la racine de l'oreille, 3 pouces 1 sixième (8 centimètres et demi).

L'oreille est haute de 2 pouces 1 tiers (6 centimètres) au-dessus de la tête, un peu pointue, et de la même forme que celle du Gouazouara.

Le Chat pampa a aussi la tête, les quatre pattes, les ongles et les parties sexuelles de ce dernier.

Il y a dans la mâchoire supérieure six incisives; l'externe est un peu plus longue : après, est un espace, puis une canine aiguë, forte et longue de 5 lignes (11 millimètres). Celle-ci est suivie d'un autre intervalle, et ensuite viennent deux molaires.

Dans la mâchoire inférieure on voit cinq incisives; et, après un peu de séparation, s'en trouve ensuite, de chaque côté, une autre qui est collée à la canine, et qui a une seconde pointe placée plus bas que sa pointe principale, laquelle est égale à la plus élevée des incisives; puis est un espace et deux molaires.

La langue est âpre.

Le corps et la tête sont très-forts, et la physionomie est plus sauvage que celles des animaux précédens, et la queue sensiblement plus courte et plus touffue, avec le poil de tout le corps beaucoup plus long.

Dans le premier mâle que j'ai eu, les testicules me parurent petits, et je jugeai à cause de cela que l'animal lui-même étoit jeune; mais comme les testicules se trouvèrent absolument semblables dans les deux autres, et que les trois animaux étoient de la même longueur, je ne doute pas qu'ils ne fussent adultes; car ce seroit un bien grand hasard que les trois individus fussent tous jeunes, d'autant plus que la femelle avoit les mêmes couleurs, avec 29 pouces (78 centimètres) de long.

Les parties sexuelles de la femelle du Chat pampa sont comme celles de la femelle du

Gouazouara, et elle n'a seulement que deux paires de mamelles.

La partie inférieure de la tête est blanche ; le dessous de la gorge est blanchâtre, avec de larges bandes en travers, d'un fauve un peu cannelle. Le bas du corps est comme la gorge ; mais les bandes sont plus foncées, plus visibles et mal suivies ou non contiguës. Du carpe et du métacarpe jusqu'aux ongles, la couleur est cannelle-clair , sans bandes. Les quatre membres sont blanchâtres en dedans, et blanc-cannelle en dehors ; mais dans toutes ces parties , il y a, en travers, des bandes ou zônes obscures très-remarquables. Tout le poil du dedans des oreilles est blanc , et celui qui naît vers le bord antérieur est long , de manière qu'il excède ou sort de 6 lignes (13 millimètres). La pointe de l'oreille est noire en dehors. Les moustaches sont blanches ; mais à leur naissance elles ont quatre bandes noires. Les poils les plus longs de la moustache ont 3 pouces (8 centimètres), et on en voit aussi quelques-uns au-dessus de l'œil. La partie pelée des lèvres est noire. L'angle de la bouche est blanc comme le poil de la lèvre supérieure au-dessous du nez, et le tour étroit des yeux aussi , excepté le grand angle. Au-dessus de l'œil se montre une lentille obscure.

Une raie notable brun-cannelle sort de l'angle extérieur de l'œil , et suit tout le côté de la tête au-dessous de l'oreille. Une autre raie pareille et parallèle naît de la moustache. Le reste de la robe paroît brun-clair ; mais en l'examinant avec soin , on voit une raie le long de l'épine du dos , et sur les côtés d'autres raies qui sont presque parallèles à celle-là ; cette première ligne a des poils de 3 pouces (8 centimètres) , avec des pointes obscures ; puis incontinent après une portion cannelle , et ensuite des poils obscurs. La raie qui suit immédiatement , ou la deuxième raie , a des pointes blanchâtres ; bientôt après elle est un peu obscure , puis blanchâtre ensuite. La troisième raie ne diffère de la deuxième qu'en ce que le blanchâtre y est cannelle ; le reste est comme dans la deuxième raie. Outre tout cela , il y a encore un autre poil intérieur , cannelle-vif , dans la raie de l'épine du dos ou première raie , blanchâtre dans la deuxième , et cannelle dans la troisième. Mais je dois avertir que toutes les bandes sont si peu perceptibles , qu'il seroit peut-être mieux de n'en pas faire mention ; et dans certains individus, elles sont beaucoup moins sensibles que dans d'autres.

La queue est comme l'épine du dos, sans anneaux ni raies, et très-gonflée et touffue, principalement vers sa naissance. Tout le poil est très-doux et excellent pour des fourrures d'habits.

Comme le Chat pampa préfère, à ce qu'il paroît, les pays froids et tempérés, et qu'il a le poil très-long sur tout son corps et dans l'oreille, avec une queue courte, il ne manque point de naturalistes qui le comptent parmi les Linx ou les Loups-cerviers.

DES FURETS.

JE ne leur connois point de nom propre. Cependant, j'ai ouï dire que quelques personnes leur donnent celui de Yagouapé (Yagoua écrasé), faisant allusion à la briéveté des jambes ; d'autres les appellent *Eyra*, les confondant avec mes chats ; et les Espagnols d'ici les appellent *Furets* comme moi, parce qu'ils se rapprochent plus du Furet avec lesquels on chasse les lapins , que d'aucun autre animal. Néanmoins je conserverai à la quatrième espèce le nom de Yagouaré , parce que c'est celui sous lequel elle est plus connue.

Les Furets ont la téte plate par-dessus , l'oreille ronde , velue , courte et doublée , comme si elle étoit collée à la téte ; le museau est alongé , quoique pas autant à mon jugement, que dans le Furet à lapin , et il est plus plat. Les moustaches sont en petit nombre, et pas très-longues ; les narines sont grandes et déchirées ; la bouche est comme celle du Furet. La mâchoire supérieure excède de 6 lignes (13 millimètres), et dans chaque mâchoire il y a six incisives et deux canines aiguës et fortes. L'œil est petit, et sans poil aux paupières ; le cou est long, et presque gros comme la tête et la partie antérieure du corps.

Les quatre jambes sont démesurément fortes et si courtes, que le ventre traîne presque par terre. L'animal s'appuie sur le talon. Aux quatre pattes il y a cinq doigts avec des poils jusqu'aux ongles, qui sont un peu courbes, plus hauts que larges, moyennement aigus, et plus propres pour gratter que pour autre chose. Tous les doigts sont unis par une membrane qui naît du doigt postérieur. Ces Furets sont si souples des articulations et du cou, qu'ils entrent par - tout où ils peuvent introduire leur tête.

Ils habitent les champs et parcourent les pâturages ; et quoiqu'ils ne grimpent point aux arbres, je crois que les deux premiers ne répugnent point à se mettre dans les forêts et dans les bords des bois. Ils s'apprivoisent beaucoup, et mangent tout ce qui se meut, comme les insectes, les lézards, les vipères, les rats, les *apéréas*, les *tapitis* et les oiseaux. Quelqu'un m'a assuré qu'un Furet de la première espèce avoit donné la mort à un jeune chat de moyenne taille , et peut-être en feroit-il autant des vieux s'il pouvoit les surprendre. Les Furets sont robustes , et tuent en un instant les poules et les dindes , en leur mordant le cou et la tête , pour en manger autant qu'ils ont de faim , et ils laissent le surplus. Ils sont cruels par inclination , puisqu'ils tuent sans nécessité , et ils jouent avec les rats , les vipères , etc. qu'ils prennent. S'ils ont faim , ils ne souffrent pas qu'on touche à ce qu'ils mangent , et ils le défendent en grognant, en frémissant et en mordant. Ils boivent en lappant , et presque toujours ils jettent l'eau restante pour s'y rouler.

Ils accourent lorsqu'on les appelle , et ils suivent. Ils nettoient une maison d'insectes , et jouent amicalement avec tout le monde sans distinction ; mais ordinairement on les tient attachés , parce qu'ils détruisent les oiseaux domestiques. Ils sont inquiets , et ils bouleversent tout dans les appartemens ; rompant , démolissant et montant , quoiqu'avec quelque peine , sur les siéges ; mais point aux tables isolées. Ils vont en baisant , pour ainsi dire , le sol , et courent moins vîte qu'un homme.

Ils profitent des terriers des Tatous ; ils les

creusent très-bien , y dorment et y font en septembre ou octobre (de la mi-fructidor à la mi-
brumaire) , deux petits de sexes différens , et
tous les deux semblables entre eux. Ceux qui
sont apprivoisés dorment la nuit et vont le jour ,
et je les ai trouvés aussi dans les champs lorsqu'il y faisoit beaucoup de soleil; mais je présume que l'obscurité ne leur répugne point.

Les deux premiers de mes Furets répandent ,
lorsqu'ils sont irrités , une forte odeur de musc
très - incommode ; mais point insupportable ,
puisqu'elle n'empêche ni qu'on les touche , ni
que les chiens les tuent ; et elle se dissipe en
quatre heures. J'ignore s'ils exhalent cette odeur
par leur sueur ou par un conduit particulier. Ce
qu'il y a de certain , c'est qu'on ne s'en aperçoit que lorsqu'ils sont en colère; que leurs
urines sont inodores , et qu'il en est presque de
même de leurs excrémens noirs et mous. De-là
vient que ceux qui les élèvent , assurent qu'ils
ne sentent pas mauvais ; mais moi, qui les ai vus
irrités , j'atteste le contraire. L'Yagouaré , en
élevant sa queue, envoie son urine dans une
direction sûre à quelque distance ; et elle
pue à un point inexprimable , tellement qu'il
n'est point d'homme qui puisse la souffrir, ni

même d'animal qui puisse tenter de mordre l'Yagouaré.

Si ce que je dis ici des Furets en général, ne convient point à l'un d'eux, j'aurai soin d'en avertir.

Buffon les appelle *Mouffettes*; et comme il a mis une grande confusion dans leur description, j'espère la faire cesser lorsque j'aurai fait connoître les caractères de chaque espèce; parce qu'autrement il seroit impossible d'entendre, et Buffon et les autres auteurs.

LE PETIT FURET.

Viverra vittata. — Linn.
Marte Grison (*Mustela vittata*). — La
Cépède.

J'en ai vu plusieurs de domestiques dans cette province (du Paraguay) et dans celle de Buenos-Ayres , et quelques-uns de sauvages aux champs , sans y remarquer de différence entre le mâle et la femelle.

Mon ami Noséda a obtenu en octobre (vendémiaire), deux petits, mâle et femelle , semblables entre eux , qui furent pris à l'entrée de leur trou. Ils étoient si petits, qu'ils ne surent pas s'esquiver , et chaque matin au point du jour , leurs yeux étoient fermés par la chassie. On les éleva avec de la chair crue jusqu'à ce qu'ils fussent adultes; époque où ils gagnèrent le champ près duquel ils étoient immédiatement placés.

Longueur, 26 pouces un quart (71 centimètres).

Queue, 7 pouces 3 quarts (21 centimètres), dont 18 lignes (4 centimètres), sont formés par les poils seulement ; sa circonférence mesurée à la racine, est de 3 pouces (8 centimètres) ; mais elle se termine en pointe. Le poil qui la recouvre est long de 3 pouces (8 centimètres) à l'origine de la queue ; mais il va en diminuant, de manière qu'à l'extrémité de celle-ci, il n'a que 18 lignes (4 centimètres) ; celui qu'elle a sur les côtés n'est pas couché, et il est plus long que celui du dessus ; de sorte que la queue paroît beaucoup plus large que haute, et plane supérieurement.

Le poil de l'épine du dos est plus court, quoiqu'il ait 1 pouce (27 millimètres).

Hauteur antérieure de l'animal, 7 pouces et demi (20 centimètres) ; de derrière, 8 pouces 3 quarts (près de 24 centimètres) ; mais l'animal s'appuyant sur le talon, il devient presque horizontal.

La circonférence prise derrière les bras, a 8 pouces 3 quarts (près de 24 centimètres) ; au cou, 7 pouces 3 quarts (21 centimètres).

La tête est plate, large, entre les oreilles, de 2 pouces et demi (6 centimètres 2 tiers), et longue de 2 pouces (5 centimètres et demi), depuis le museau jusqu'à la racine de l'oreille.

Au milieu de cette distance est l'œil.

Les moustaches sont peu fournies, noires, et la plus longue a un pouce (27 millimètres).

Dans la bouche il y a six incisives, et l'extérieure est sensiblement plus grosse. Après elles, on voit dans la mâchoire supérieure un espace que suit une canine, de 4 lignes (9 millimètres).

Dans la mâchoire inférieure, est une canine collée aux incisives. Il y a trois molaires en haut et quatre en bas, en tout quatorze.

Le scrotum est sans poil, et les testicules sont ovales, et longs de plus d'un pouce (27 millimètres). Le membre est mince, osseux, et placé dans une gaine serrée. J'ai oublié d'observer les parties sexuelles de la femelle et ses mamelles ; mais le mâle en a quatre paires.

Tous les doigts du pied de devant sont gros, courts, et assez unis par la membrane. Le doigt interne ou premier, naît un peu plus en arrière que le cinquième. Il est suivi du second ; puis viennent le troisième et le quatrième, qui naissent au même point l'un et l'autre, quoique le troisième soit un peu plus long. Les doigts des pieds de derrière ont les mêmes distances, la même union et la même forme.

Le

Le front est d'un blanc-jaunâtre , et cette nuance va jusqu'à 12 lignes (2 centimètres 2 tiers) de la pointe du museau , en formant un angle.

La même couleur se prolonge , de chaque côté , par une raie très-marquée , qui passe sur l'œil sans le toucher ; mais qui embrassant l'oreille va sur le côté du cou jusqu'à se perdre à la naissance de celui-ci. Dans quelques individus , le front et les raies sont beaucoup plus distincts et plus remarquables que dans les autres.

De l'occiput jusqu'à la queue inclusivement, et sur les côtés du corps , tout est d'une couleur mélangée , parce que les poils ont des extrémités blanc-jaunâtre , et que leur partie intérieure est noire. Les 12 lignes (2 centimètres 2 tiers) citées de la pointe du museau , et tout le reste de la tête , ainsi que la partie inférieure du corps et les quatre jambes , sont d'un noir foncé ; mais intérieurement ils ont un autre poil follet brun et doux. Le poil des raies des côtés du cou se dirige un peu en dehors ; ce qui élargit le cou et semble l'applatir.

Le poil est de la même nature dans la queue, que l'animal n'élève ni ne replie jamais , et qui est toujours horizontale.

I

13

Sa peau est bonne comme fourrure, quoiqu'elle ne soit pas aussi douce que celle du Furet suivant.

Buffon (*a*) appelle celui-ci, *Fouine de la Guyane*, parce qu'on le lui avoit envoyé de là. Il lui donne 20 pouces (54 centimètres) sans la queue. Il ne parle pas exactement lorsqu'il lui suppose une grande tache au haut des yeux, qui s'étend sur tout le front, etc. Enfin, ne perdons point de tems, et disons que la description qu'il fait des couleurs, montre que l'injure du tems les avoit beaucoup altérées.

Quant à la planche 87 (*b*), elle prolonge le museau avec excès ; elle élève le front et les jambes ; elle élargit le cou, et enfin elle n'est pas bonne.

Le même auteur (*c*) rend cet animal double par le nom de *Grison* (*d*). Apparemment qu'il

_____

(*a*) Traduction, t. 10, p. 98. — Original, t. 8, p. 264. — Supplément, t. 3, p. 161, édit. in-4.º

(*b*) C'est la 23.ᵉ du supplément, t. 3, édit. in-4.º

(*c*) Traduction, t. 10, p. 127. — Original, t. 8, p. 278. — Supplément, t. 3, p. 169, édit. in-4º.

(*d*) Le citoyen Cuvier est absolument de l'avis de M. d'Azara sur ce double emploi. (*Note du Traducteur*).

ne reconnut pas celui ci, parce que la *Fouine de la Guyane* étoit adulte, et que le *Grison* étoit jeune. La planche 94 (*a*) lui donne une trop forte tête, un museau pointu levretté; et en un mot, elle est très-mauvaise.

Lorsque Grégoire de Bolivar dit que la Civette musquée se trouve dans beaucoup d'endroits d'Amérique, il peut avoir eu en vue mon petit Furet qui, irrité, sent beaucoup le musc. Buffon (*b*) le contredit, en niant que la Civette existe ici; et moi, qui ne sais et qui n'ai point examiné si mon Furet a ou non une bourse de parfum, je ne puis rien dire sur la matière, sinon que la planche 134 (*c*) que Buffon donne du *Zibet*, a le front, l'oreille et les raies blanches, de la même manière que mon Furet, et d'autres ressemblances, quoiqu'il se montre d'ailleurs assez de dissemblances.

A la suite de la description du grand Furet, je ferai une critique, où l'on verra que mon petit Furet est aussi le *Vison* de Buffon et la

______

(*a*) C'est la 25.e du supplément, t. 3, édit. in-4.º

(*b*) Traduction, t. 11, p. 243. — Original, t. 3, p. 251. — T. 9, p. 305, édit. in-4.º

(*c*) C'est la 39.e du t. 9, édit. in-4.º

13 *

Galère de Brown. Dans la critique que j'exposerai à la suite de la description du Yagouaré, on verra également que les *Ysquiepatl* de Hernandez , et le *Puant* de Catesbi , sont mon Furet actuel.

LE GRAND FURET.

Mustela barbara. — Linn.

Idem. — La Cépède.

J'achetai mort celui que je vais décrire, et j'ai vu une peau entière d'un nouveau-né en tout semblable à celle du Furet que j'avois acheté ; d'où je conclus que les petits ne diffèrent point de leurs parens. J'ai vu encore un de ces Furets qui étoit domestique, puis un troisième plus petit que celui que je décrirai ; et tout ce que j'ai pu observer, est absolument conforme à ce que j'ai dit du Furet précédent ou petit Furet.

Longueur, 27 pouces 3 quarts (75 centimètres).

Queue, 10 pouces 1 tiers (28 centimètres).

Hauteur devant et derrière, 9 pouces (24 centimètres).

Circonférence antérieure, 9 pouces (24 centimètres), et postérieure, 9 pouces 3 quarts (26 centimètres).

De la base d'une oreille à celle de l'autre ,
2 pouces 3 quarts (7 centimètres et demi). De
là à la pointe du museau , 3 pouces (8 centimètres).

L'oreille est haute d'un pouce et demi (4 centimètres) , depuis son point le plus inférieur,
et large d'un pouce (2 centimètres 2 tiers) ;
et toutes ces mesures pourraient être prises
pour les axes d'une ellipse , dont la face for-
meroit presque la totalité , en y comprenant
la cavité de l'oreille. Le bord de celle-ci est
comme dans le petit Furet, un peu doublé vers
la tête , au dessus de laquelle elle passe à peine.

La mâchoire supérieure excède de 8 lignes
(près de 2 centimètres) la mâchoire inférieure ; et ces 8 lignes sont aussi la mesure des
moustaches ; celles-ci sont noires et si rares ,
qu'on ne les aperçoit qu'avec du soin.

La bouche et les dents sont comme dans le
petit Furet.

Le doigt externe ou premier de la patte de
devant, a la longueur apparente du quatrième ;
le second et le troisième sont égaux entre eux,
mais les plus longs de tous ; et le cinquième est
notablement plus court, quoique tous soient
d'une égale grosseur.

Dans la patte de derrière, les doigts sont comme dans celle de devant, avec le même ordre apparent de longueur et la même disposition, mais ils ne sont pas aussi puissans, et tous sont unis par une membrane comme je l'ai dit.

Au premier coup d'œil, il ne paroît point de scrotum, mais le tact fait trouver deux testicules un peu séparés, de la grosseur de ceux d'un poulet à l'époque où l'on chaponne, et l'on n'aperçoit de la gaîne du membre que sa saillie.

Sous la gorge est une tache d'un jaune-blanchâtre, large et très-marquée; elle commence à la naissance de la tête, et arrive aux jambes de devant sans les toucher. Tout le reste du cou et la tête entière, sont d'un blanc très-sale. Cette couleur commence à s'obscurcir en arrivant à l'épaule, et poursuit de manière que la croupe est déjà noire comme tout le reste du quadrupède et les quatre jambes. Le poil est doux et bon comme fourrure; celui de l'échine a un pouce (2 centimètres 2 tiers); celui de la queue a 15 lignes (3 centimètres 1 tiers), et il est égal dans toute la longueur de celle-ci, touffu et hérissé; l'animal porte la queue horizontalement, et elle est très-grosse.

La première description de quadrupède que j'ai faite, a été celle d'un grand Furet qu'on m'avoit vendu vivant; s'étant échappé depuis, je le tuai, et j'observai qu'il sentoit le musc d'une manière incommode, circonstance que je n'ai pas pu noter dans la description qui vient de précéder, parce que c'est celle d'un individu que j'achetai mort.

Je vais placer ici la première description faite sur le Furet vivant.

Longueur , 35 pouces (près de 95 centimètres.)

Queue , 14 pouces (38 centimètres).

Circonférence au ventre, 12 pouces (32 centimètres et demi) ; du cou , 8 pouces (près de 22 centimètres).

De la naissance du cou au bout du museau , 7 pouces (19 centimètres). La tête est longue de 4 pouces et demi (12 centimètres), large de 3 pouces (8 centimètres) par le travers des oreilles. De la pointe du museau au grand angle, 1 pouce (2 centimètres 2 tiers). Les moustaches sont peu nombreuses et longues, ainsi que le poil de la queue.

L'oreille est longue d'un pouce et demi (4 centimètres) depuis le point le plus bas,

large de plus d'un pouce (près de 3 centimètres), et son bord est double au-dessus de la
tête.

La mâchoire supérieure excède l'autre de
près de 8 lignes (18 millimètres). Elle a six
incisives, puis un espace de 2 lignes (4 millimètres) que suit une canine grosse de 3 lignes
(près de 7 millimètres), et longue de 5 lignes
(11 millimètres) ; mais elle étoit très-gâtée et
sans pointe ; ensuite sont quatre molaires.

On voit dans la mâchoire inférieure autant
d'incisives , puis une canine plus petite que
celle d'en haut , puis un espace de 5 lignes
(11 centimètres) , et enfin six molaires ; en
tout vingt molaires.

Depuis le carpe jusqu'à la pointe de l'ongle
le plus grand, il y a à peine 3 pouces (8 centimètres) ; et du carpe au coude , 3 pouces et
demi (9 centimètres 1 tiers).

Du tarse au plus grand ongle du pied, il y a
aussi 3 pouces (8 centimètres) ; et du même
point au jarret , 4 pouces et demi (12 centimètres).

Entre les jambes de derrière il y a deux mamelles , distantes l'une de l'autre de 12 lignes
(2 centimètres 2 tiers) , et deux autres , de

12 lignes (2 centimètres 2 tiers) plus en avant.

Une tache blanc-jaunâtre commence d'une manière étroite près de la jonction de la tête avec le cou, et s'élargit sous la gorge jusqu'à avoir 2 pouces (5 centimètres et demi) dans la partie inférieure de celle-ci ; le reste du cou est brunâtre comme la tête, qui a cependant un poil un peu plus foncé. Toutes les autres parties de l'animal sont noirâtres ; mais la nuance va en se rembrunissant encore depuis l'épaule jusqu'à la queue. Celle-ci a du poil de près de 2 pouces (5 centimètres et demi) de long ; et l'épine du dos, d'un pouce et demi (4 centimètres).

Je supprime quelques petites minuties, parce qu'il s'agit de choses qui sont les mêmes que dans la description du premier individu, description que j'ai faite avec plus de soin et plus de connoissance.

Celui qui me lit attentivement trouvera que mon premier individu étoit jeune, comme l'accréditent ses testicules ; et que le dernier étoit une femelle adulte, que sans doute j'ai mal mesurée, en lui alongeant la queue, parce qu'elle devoit être proportionnée à celle du sujet non-adulte. Quant aux différences qui se montrent dans les couleurs, on ne doit point s'en étonner, attendu que je ne savois pas les bien exprimer lorsque j'ai décrit la femelle.

Je pense, d'après tout cela, que la longueur de l'animal entièrement développée doit être de 36 pouces (97 centimètres et demi); celle de la queue, 13 pouces 10 lignes (37 centimètres 1 tiers), et que les couleurs sont celles de l'individu premier non adulte.

Buffon (a) décrit un autre animal de Cayenne, auquel il donne des analogies avec mon petit Furet. Il lui fixe 23 pouces (62 centimètres 1 tiers) de longueur totale, dont 8 pouces (21 centimètres 2 tiers) pour la queue, faisant celle-ci plus velue à son origine qu'à son extrémité. Il ajoute que l'animal est bas de jambe, que chaque pied a cinq doigts, que le poil est laineux, et que la tête est fort approchante de celle de la Fouine, à l'exception des oreilles qui ne sont pas semblables.

Tous ces signes qu'il nous donne uniquement pour nous faire connoître l'animal, sont

---

(a) Traduction, t. 10, p. 99. — Original, t. 8, p. 256. — Supplément, t. 3, p. 162, édit. in-4.°.

génériques, excepté les dimensions qui accréditent bien l'idée qu'il parle d'un individu jeune
de mon espèce présente, sans qu'on doive opposer à celui-ci que la planche 88 (*a*) lui aiguise
démesurément le museau et la queue, lui blan-
chit le ventre et lui refuse le jaune sur la gorge;
parce que de semblables, et même de plus
grandes erreurs, sont fréquentes dans les gravures de l'auteur.

Buffon (*b*), pour décrire le *Pekan* et le *Vison*,
dit encore que, quoique leurs peaux fussent
très-connues en pelleteries, on ignoroit à quels
animaux elles appartenoient en propre; qu'aucun naturaliste n'a fait mention de pareils noms,
appliqués par les voyageurs à divers quadrupèdes, principalement aux Mouffettes; et que
les notices qu'on en a données sont si rares et
si fausses, qu'on ne peut se former par elles
aucune idée de ces animaux. Après ce préam-
bule, il ajoute qu'il a trouvé le Pekan et le
Vison dans le cabinet de M. Aubry, et que ce
sont de simples variétés de la Marte et de la

(*a*) Cette planche est la 24.ᵉ du supplément, tom. 3,
édit. in-4.ᵉ

(*b*) Original, t. 6, p. 243. — T. 13, p. 304, édit. in-4.ᵉ

Fouine. Il se fonde sur ce qu'ils ont la même forme de corps, identité dans les proportions avec la même longueur de queue, la même qualité de poil, le même nombre de dents et d'ongles, le même instinct et les mêmes mœurs, sans qu'ils offrent de différence réelle, si ce n'est que le Pekan et le Vison ont le poil plus lustré, plus soyeux et plus brun.

En réfléchissant sur ce que je viens de rapporter de Buffon, il me semble qu'on est autorisé à dire que cet auteur ne peut exiger ici aucune confiance pour tout ce qui est instinct et inclinations, parce qu'il n'a pu ni les observer dans des squelettes, ni trouver sur ces objets dans les voyageurs que peu de chose, et des choses mauvaises. Quant aux dents, aux ongles, aux formes et à la qualité du poil, cela n'est d'aucun poids, parce que ce sont des articles communs à tous les animaux de ce genre. De sorte que rien de ce que dit Buffon ne sert à caractériser ni à comparer le Pekan et le Vison avec la Marte et la Fouine, sinon qu'ils ont les mêmes proportions et les mêmes longueurs de queue; mais cela ne décide ni n'établit ce que prétend Buffon. S'il avoit examiné ces animaux avec une exactitude plus

scrupuleuse ; s'il avoit bien expliqué leurs couleurs , et s'il avoit mesuré leurs longueurs to-
tales et celles de leurs queues , nous pourrions
juger avec certitude de ses idées qui pour moi
ont l'empreinte de l'erreur (*a*).

Je vois que le Pekan et le Vison sont américains et de la famille des Furets ; qu'ils ont
le poil foncé ; que le premier a la queue notablement plus longue que le second , et finalement que les planches que Buffon nous donne
font le Pekan un peu plus grand que le Vison.
Ces caractères s'approprient à mes deux Furets,
et il me paroît plus prudent de croire que ce
sont eux que d'en faire des variétés de la Marte
et de la Fouine (*b*).

Indépendamment de ce que , selon Buffon ,
le Pekan ne diffère de la Marte que par le
lustre de ses couleurs, il faut présumer que
le Pekan a , comme la Marte , une tache jaunâtre sous la gorge ; cependant Buffon ne le

______

(*a*) M. d'Azara nous rappelle encore dans cet endroit ,
que le travail de Daubenton lui étoit inconnu. (*Note du
Traducteur*).

(*b*) On peut penser que cette opinion de l'auteur est
hasardée. (*Note du Traducteur*).

dit pas , et on ne la voit pas dans sa planche qui , dessinée d'après un squelette , alonge et amincit excessivement le cou , met les oreilles très en arrière , étend démesurément la peau de la tête , alonge un peu les jambes , et rend la queue touffue outre mesure. Ces altérations de la vraie nature que je reproche au dessin , ont pu préoccuper l'auteur au point d'empêcher qu'il ne reconnût que la planche du Pekan est la même que celle qu'il nous donne de l'animal qu'il appelle *Coase*.

Celle du Vison est tout aussi outrée , parce qu'elle lui élargit le cou outre mesure ; qu'elle le lui grossit à la naissance , pour le diminuer tout-à-coup à sa jonction avec la tête ; elle lui enfle beaucoup la queue , et ne désigne ni la marque du front ni les raies blanches. Enfin mon opinion se réduit à ceci , que le Pekan est mon grand Furet , et le Vison mon petit Furet (*a*).

Quant à l'animal dont parle Kalm (*b*) , c'est

(*a*) Le Vison est certainement une espèce de l'Amérique Septentrionale , qui est toute brune avec un peu de blanc au bout de la lèvre inférieure. (*Note du c. Cuvier*).

(*b*) Original , t. 6 , p. 243 , à la note *b*. — T. 13 , p. 304 , note *b* , édit. in-4.°.

une chose à part; puisqu'il suffit qu'il dise qu'il répand une odeur insupportable, pour ne pas douter que c'est l'Yagouaré.

A l'égard de l'*Ottai*, de Sagard Théodat (*a*), l'opinion de Buffon qui le croit le Pekan ou mon second Furet, ne me paroît pas mauvaise. Ses caractères sont la grandeur d'un petit lapin, un poil très-noir, doux, poli, beau, et qui paroît être une panne ou pluche.

J'ai encore à parler de mes deux Furets.

Buffon (*b*) les confond en faisant des deux un seul animal, qu'il appelle *Taira* ou *Galera*. Il en rapporte plusieurs choses tirées de Brown; mais elles sont toutes génériques et insuffisantes pour faire connoître l'espèce, excepté ce qu'il dit qu'il est brun et qu'on l'appelle *Galera*. Buffon se persuade que ce nom est dérivé de Tayra; mais je crois qu'il se trompe, et que Brown lui a imposé ce nom en faisant allusion au bonnet ou apparence de bonnet qu'a mon petit Furet, auquel répugne moins qu'aux autres la couleur brune qu'il lui donne.

(*a*) Original, t. 6, p. 244, à la note *c*. — T. 13, p. 305, à la note, édit. in-4.°

(*b*) Original, t. 7, p. 386, à la note. — T. 15, p. 155, édit. in-4.°

A

A ce Furet, qui est mon premier, appartient indubitablement la description qui dit (*a*) : *Galera statura martis at nigra, pilis rigidioribus, auriculæ rotundæ villosæ. Area ante oculos cinerascens, maculæ sub medio collo non vero sub gulâ. Mammæ ponè umbiculum quatuor;* parce que certainement il a le poil plus rude que la marte avec l'*Area* blanchâtre, et les taches ou raies dans la longueur du cou; de sorte que cette indication ne pèche qu'en ce qu'elle n'explique pas que le noir est dans les parties inférieures, et dans l'intérieur des poils de la partie supérieure.

Buffon, d'accord avec Linné, présume que cette Galère est la *Belette noire du Brésil;* et cela n'est point exact, parce que l'indication de cette même Belette, qui dit (*b*) : *Mustela atra, collo subtùs maculá albá triloba. Habitat in Brasiliá,* est, sans que personne en puisse douter, de mon grand Furet, que dans la Guyane on nomme *Tayra,* et que beaucoup nomment ici *Eyra;* ce qui revient exactement à la même chose.

(*a*) Original, t. 7, p. 587, note *l*. — T. 15, p. 156, note *b*, édit. in-4.ᵉ

(*b*) *Ibidem.*

I   14

Quant à ce que Brown fait la Galère, africaine de Guinée, je crois avec Buffon que cela n'est pas ainsi.

Finalement l'indication de Barrère qui dit (*a*): *Mustela maxima atra Moschum redolens. Tayra*, est sans doute celle de mon grand Furet. Mais ce qu'il ajoute là est faux, qu'en se frottant contre les arbres, il leur laisse une humeur huileuse qui sent beaucoup le musc.

Dans la critique que je ferai à la fin de l'article de l'animal suivant, on verra que mon grand Furet est le Quouasse ou Ysquiepatl de Séba, et le Pekan ou le Fils du Diable de Virginie.

(*a*) Original, t. 7, p. 388, note *m*. — T. 15, p. 156, note *c*, édit. in-4.°

L'YAGOUARÉ (*a*).

LES Guaranis lui donnent le nom de Yagoua-ré (Yagoua Puant), et il lui est parfaitement adapté.

Il n'existe point au Paraguay, et le point le plus septentrional où je l'ai trouvé, est par 29 degrés 40 minutes de latitude méridionale, d'où il va jusqu'au détroit de Magellan ; et l'on dit aussi qu'il abonde dans le Tucuman.

Il vit dans les champs, mangeant des insectes, des œufs, et les oiseaux qu'il peut surprendre. Il va le jour et la nuit, toujours doucement,

---

(*a*) Considérant d'un côté que le nom de *Zorille* donné à cet animal par les Espagnols du Paraguay, et que M. d'Azara lui conserve, n'est pas celui qu'il a réellement dans cette province, et qu'il n'est appuyé que sur une analogie trompeuse ; et d'un autre côté, que la traduction naturelle du mot *Zorrillo* en français, amène celui de *Renardeau*, qui produiroit encore des idées propres à égarer, j'ai cru devoir appeler ce quadru-pède de son nom indien, *Yagouaré*. (*Note du Tra-ducteur*).

14 *

rasant le sol, et portant sa queue horizontalement. Il ne fuit point l'homme, et ne marque
aucune sensation en le voyant, ni aucun autre
objet ; mais s'il reconnoît qu'on cherche à lui
nuire, il s'arrête, ramasse son corps, hérisse
tous les poils de sa queue touffue, et la place
verticalement. Dans cette disposition, il attend,
et lance sur celui qui l'approche, ses urines avec
une direction sûre, et à 5 pieds (1 mètre 62
centimètres 2 cinquièmes) de distance ; et ces
urines sont si infectes, qu'il n'est ni homme, ni
chien, ni Yagouarété, qui ne recule et ne le
laisse sans le toucher.

Si une seule goutte de cette urine tombe sur
un vêtement, il faut l'ôter, parce qu'en le lavant
vingt fois, on ne parvient pas à en détruire la
fétidité qui se répand, jusqu'au point d'infecter
une maison entière. Je ne pus souffrir cette
mauvaise odeur qu'avoit communiquée à une
barraque, un chien sur lequel un Yagouaré
avoit pissé huit jours auparavant, et cela malgré que le chien eût été lavé et frotté avec du
sable plus de vingt fois. On dit que le principe de cette odeur, qui est insupportable jusqu'à un mille (15 décamètres) de distance,
réside dans une petite bourse qui est près des

voies urinaires ; et que pour la répandre, l'animal méle sa liqueur infecte avec l'urine, et les lance ainsi réunies.

L'Yagouaré marche très-lentement ; et quoiqu'il galoppe quelquefois, il ne va point aussi vîte qu'un homme. On assure, et je le crois, qu'il se creuse une retraite en terre, et qu'il y dépose ses deux petits.

Le père Isidore Guerra, auquel on doit une foi entière, m'a assuré qu'il avoit trouvé un Yagouaré qui portoit dans sa bouche un petit nouveau né, pour le changer sans doute de place, comme font les chats ; et qu'ayant pris le petit, il y avoit remarqué absolument les mêmes couleurs que dans la mère ; c'est-à-dire, qu'il étoit noir, avec une raie blanche sur chaque côté.

Le même père m'assura qu'il avoit vu la nuit les urines de l'Yagouaré donner de l'éclat au moment où il les lance, et qu'elles sont phosphoriques.

Les Indiens non-soumis, appelés Pampas, de la province de Buenos-Ayres, se font une espèce de couverture, dont l'intérieur est de peaux d'Agouarachay, de lièvres ou d'autres animaux ; et la bordure ou le contour, de peaux d'Yagouaré, qui sont très-douces, très-belles, très-propres à cet usage, et à être employées en fourrures ; mais elles ont l'inconvénient de conserver et de communiquer une mauvaise odeur. Cependant nous les achetons pour en former des tapis de pied.

On assure, que lorsqu'on veut prendre des Yagouarés, on les irrite au moyen d'une longue canne, afin de les faire uriner jusqu'à ce que leur odeur intolérable s'épuise. On dit également que les Indiens non-soumis, en s'approchant de très-près de cet animal, le saisissent par la queue et l'enlèvent promptement ; parce qu'alors il ne peut pas uriner, et qu'ils lui ôtent, avant toute chose, la bourse infernale, et même avant de l'écorcher. Des témoins qui méritent confiance ajoutent encore, que privé de cette bourse, on peut élever et adoucir l'Yagouaré ; et il ne manque point de personnes qui affirment, qu'en le prenant jeune, il s'apprivoise beaucoup, et se laisse toucher et caresser quoiqu'il ait sa boîte de parfum, qu'il ne répand que lorsqu'on le fâche.

Les Indiens non-soumis mangent la chair de cet animal.

La description de ce quadrupède ne sera pas

aussi circonstanciée que je le désirerois , parce que je ne me suis point exposé à le toucher ni à l'examiner avec détail , redoutant d'être empesté.

Longueur, 22 pouces et demi (près de 61 centimètres).

Queue, 7 pouces (19 centimètres), dont 18 lignes (4 centimètres) de poil seul.

Le front est plat, la tête moins grosse que celle des Furets précédens , et l'oreille un peu plus grosse et ronde ; l'œil est petit.

Le museau n'a point l'amincissement de celui des Furets ; il est pelé et roussâtre dans une étendue de 8 lignes (près de 2 centimètres).

Les narines sont très-écartées , et déchirées sur le côté sans être visibles lorsqu'on les regarde en-dessus.

La mâchoire supérieure avance de 10 lignes (2 centimètres 1 tiers), et a six incisives ; puis de chaque côté , un espace que suivent deux canines , dont la première est plus grande et plus forte.

Dans la mâchoire inférieure sont autant d'incisives , puis un intervalle et trois dents molaires.

Les quatre jambes sont grosses, et chaque

pied a cinq doigts ; ceux du pied de devant sont plus longs, avec des griffes blanches, étroites, aiguës, et toutes de 7 lignes (environ 16 millimètres).

Sur les 8 lignes (près de 2 centimètres) pelées du museau, est une petite tache blanche, et a 2 pouces (5 centimètres et demi). De la même pointe du museau partent, sans se réunir au front, deux lignes très-blanches qui vont de chaque côté au-dessus de l'oreille et sur les côtés du cou et du corps, jusqu'à la naissance de la queue inclusivement. Tout le reste du pelage est noir et a un poil également long de plus d'un pouce (2 centimètres 2 tiers), excepté celui de la queue, qui a 1 pouce et demi (4 centimètres).

Dans la multitude de peaux que nous vendent les Indiens Pampas, l'on remarque, qu'avec le tems, elles perdent toute la couleur noire qui devient châtaigne, et que quelques-unes deviennent brunes, et même blanchâtres dans la partie de l'échine. On remarque aussi que quelques-unes manquent absolument de raies blanches ; que d'autres les ont à peine indiquées ou peu sensibles sur les côtés ; et que dans d'autres elles s'étendent plus ou moins ou point du tout sur les côtés de la queue. Je croirois que ces différences sont des résultats de l'âge ; que les raies blanches ne paroissent point avant un an , quoique le père Guerra m'ait assuré que les jeunes ont la même couleur que les vieux ; mais je crains qu'il ne se soit trompé. Cependant , s'il a bien observé , il seroit nécessaire d'attribuer le manque de raies blanches à une variété individuelle ; d'autant plus que quelques personnes m'ont assuré avoir vu des individus albinos , c'est - à - dire , entièrement blancs.

Buffon décrit un animal qu'il appelle (*a*) *Suisse*. Il en dit ceci uniquement : qu'il habite les régions froides et les régions tempérées de l'Amérique ; qu'il élève la queue et la renverse sur son corps ; qu'il vit dans la terre et se cache dans les terriers qu'il creuse , et qu'il a quatre raies blanches le long du corps sur un fond noir ou brun. Tout cela est exactement applicable au Yagouaré , excepté les quatre raies blanches ; parce qu'il en a seulement une de chaque côté. Cette différence n'est pas réelle ,

____

(*a*) Traduction, t. 12, p. 49. — Original, t. 4 , p. 42 et 43. — T. 10 , p. 128 , édit. in-4.º mais imaginée par Buffon, que je dois avertir que ni Sagard - Théodat, ni aucun autre n'en a donné quatre au Suisse, mais deux blanches.

Buffon a commis une autre erreur, en donnant au Suisse la bouche et les dents de la Civette, tandis qu'il a ceux de l'Yagouaré, c'est-à-dire, ceux qui lui sont propres (a).

Je suis arrivé au moment de parler de mes Furets pour éclaircir leur histoire, écrite par Buffon.

Il les appelle en général *Mouffettes* (b), et il avertit que les auteurs les ont non-seulement confondus entre eux, mais même avec d'autres animaux très-différens. Je doute que dans cette confusion, et dans le manque de connoissance positive sur les Mouffettes, personne ait plus mérité ce reproche que Buffon lui-même. J'exposerai sur les détails particuliers fournis par cet auteur, ce que je croirai y apercevoir d'inexact, mais néanmoins avec quelque défiance ; d'a-

----

(a) Le Suisse de Buffon est un écureuil, et n'appartient en rien aux Mouffettes. (*Note du Traducteur*).

(b) Original, t. 6, p. 226. — T. 13, p. 287. édit. in-4.°

bord , parce que plusieurs de ces détails sont sans clarté pour moi , et encore parce que j'ai autant d'erreurs à combattre que de lignes à lire.

Pour procéder avec clarté , je prendrai d'abord ce que l'on trouve dans les notes , et je viendrai ensuite au texte.

Le Grogneur ou Soplon de Wood (*a*) , est mon Yagouaré ; mais ce voyageur se trompe lorsqu'il attribue sa mauvaise odeur à ses excrémens , parce qu'il croit qu'il lance ces excrémens mélés à son urine. Quant à ce qu'il gronde , souffle et gratte la terre quand on l'approche , je ne l'ai point remarqué , je ne l'ai pas entendu , et je ne le crois pas.

C'est encore mon Yagouaré que l'animal, nommé au Pérou *Zorrina* , selon Garcilasso (*b*).

C'est également mon Yagouaré que l'*Enfant du Diable* , ou *Bête puante* de Charlevoix (*c*) ;

(*a*) Original , t. 6 , p. 226 , note *a*. — T. 13 , p. 287 , note *a* , édit. in-4.º

(*b*) Original , t. 6 , p. 226 , note *a*. — T. 13 , p. 287 , note *a* , édit. in-4.º

(*c*) Original , t. 6 , p. 226 , note *b*. — T. 13 , p. 287 , note *b* , édit. in-4.º

et s'il lui donne un pelage gris , c'est parce qu'il aura vu une vieille peau. On pourroit néanmoins douter de cette identité , si l'on réfléchit à la grande distance de leurs domiciles , et que mon Yagouaré est d'un pays froid ou d'un pays tempéré ; mais ces difficultés disparoissent , en avertissant que mon Yagouaré a pu passer de l'une à l'autre Amérique par la Cordillière des Andes , ou par les parties inférieures de ces Cordilières.

Hernandez (*a*) dans son *Ysquiepatl , seu vulpecula quæ Maïzium torrefactum œmulatur colore. Genus primum* , indique mon premier Furet, qui a sur le haut, la couleur du maïs rôti , c'est-à-dire, d'un jaune-blanc un peu noirâtre.

Le même Hernandez indique ensuite deux autres animaux en disant : *Sunt et alia duo hujus vulpeculæ genera eâdem formâ et naturâ quorum alterum* Ysquiepatl *etiam vocatum fasciis multis candentibus distinguitur ; alterum verò* Conepatl *seu vulpecula puerilis unicâ tantùm utrinque ductâ perque caudam ipsam eodem modo delatâ.*

______

(*a*) Original, t. 6, p. 226, note *c*. — T. 13 , p. 288, note *a*, édit. in-4.°

Il n'est pas douteux que le Conepatl ne soit mon Yagouaré ; et quant à l'autre ou Ysquiepatl, je soupçonne que Hernandez parle d'après des ouï-dire, ou qu'il aura vu mon petit Furet avec un poil en mauvais ordre ; d'où il a pu résulter que les pointes, en s'entassant, auront formé les raies ou lignes blanches qu'il annonce sans en dire le nombre, parce qu'étant l'effet du désordre du poil, elles n'étoient pas bien suivies, et ne pouvoient pas être comptées. Cette conjecture se fortifie de ce qu'il donne aux deux Ysquiepatl la même forme, la même nature et le même nom.

Dampier (*a*) indique le *Squashe* en lui donnant une tête ressemblante à celle du Renard, et en lui faisant escalader les arbres, qui sont deux choses absolument fausses et répugnantes à toutes les Mouffettes. Il lui donne des oreilles courtes et des griffes aiguës, qui sont des choses ordinaires ; car il n'entend point par l'épithète *aiguës* qu'elles sont comme celles du chat, puisque cela serait disparate. Il le teint de couleur jaunâtre, seule chose qui puisse s'ap-

____

(*a*) Original, t. 6, p. 226, note *e*. — T. 13, p. 288, note *c*, édit. in-4.°

pliquer à la partie supérieure de mon Furet premier, et à la gorge du second ; mais de tout ce qu'il dit de ce second Furet, ceci seulement lui est propre de l'avoir fait plus grand qu'un chat commun, et de lui donner un poil fin. Par rapport à sa chair bonne et saine ; je sais seulement que dans cette contrée, personne ne mange de ces animaux, excepté les Indiens non-soumis.

Catesby (*a*) décrit le *Putois américain*, en disant que par sa taille, cet animal n'est pas fort différent du Putois d'Europe, mais que son nez est un peu plus long.

Quant aux couleurs, il les décrit deux fois ; la première avec incertitude, en annonçant que tous ceux qu'il a vus étoient noirs et blancs tachetés, mais pas de la même manière ; et la seconde fois, en rapportant que celui qui étoit sous ses yeux, avoit une raie blanche qui s'étendoit depuis l'occiput jusqu'à la croupe, et qu'il avoit en outre quatre raies blanches de chaque côté du corps et parallèles à l'épine. -
La seconde description des couleurs est, à

____

(*a*) Original, t. 6, p. 226, note *f*. — T. 13, p. 289, note *a*, édit. in-4.º mon avis, de pure invention, parce que personne n'a vu une seule espèce de ces animaux avec les neuf raies blanches que Catesby lui donne, et l'on ne peut les placer avec clarté et en laissant huit intervalles sur le corps et les côtés. Peut-être avoit-il entendu parler de mon Yagouaré, qui a une raie blanche de chaque côté, et que le relateur aura porté ce nombre des raies jusqu'à neuf.

Quant à la grandeur et aux formes qu'on lui assigne, et à la première description des couleurs, cela peut s'appliquer à mon petit Furet mieux qu'à aucun autre. En effet, il me semble qu'on parle de lui, parce qu'ensuite (*a*) Catesby rapporte des mœurs qui sont celles de ce Furet, de même que la mauvaise odeur qu'il répand par des conduits secrets, et qui dure uniquement quatre à cinq heures ; mais ni lui ni aucun autre de son genre, ne mange des fruits comme le veut Catesby.

Si Brisson, dans sa phrase (*b*) *Mustela nigra*,

____

(*a*) Original, t. 6, p. 226, note *o*. T. 13, p. 296, note *b*, édit. in-4.°

(*b*) Original, t. 6, p. 226, note *g*. — T. 13, p. 289, note *b* édit. in-4.°

tæniis in dorso albis. Putorius striatus, **veut** indiquer la Bête Puante de l'Amérique de Catesby , je m'en réfère à ce qu'il dit ; mais si les stries sont , comme je me le persuade , au nombre de deux , une de chaque côté , je dis qu'il parle de l'Yagouaré.

Buffon décrit l'Ysquiepatl , en s'appuyant de l'autorité de Séba , et en disant (*a*) que son museau est à-peu-près semblable à celui du porc, et que sa tête ressemble à celle d'un petit Renard. Il me semble que cette double ressemblance offre une sorte de contradiction qu'un naturaliste ne sauroit admettre. Sa couleur est , dit-il , celle du maïs brûlé, ce que je suppose équivalent à obscur ou noir , et alors cette couleur s'adapte beaucoup mieux à mon grand Furet qu'à un autre , comme la couleur du maïs rôti à mon petit Furet. Buffon dit qu'en Amérique on l'appelle *Quasje* (*b*).

Kalm (*c*) parle d'un *Puant américain* , dont

____

(*a*) Original , t. 6 , p. 226 , note *h*. — T. 13 , p. 290 , à la note , édit. in-4.º

(*b*) Ce Coase de Buffon doit être rapporté à une espèce de Couati. (*Note du Traducteur*).

(*c*) Original , t. 6 , p. 226 , note *i*, — T. 13 , p. 292 , à la note , édit. in-4.º

l'urine

l'urine sent mauvais , circonstance qui convient au seul Yagouaré. Mais aucune des autres choses qu'il dit , ne sert à caractériser ni l'une ni l'autre espèce, et cependant il répète ce que disent beaucoup d'autres ; par exemple , que sa chair est bonne et d'un goût semblable à celui du cochon de lait , comparaison que fait le plus grand nombre des voyageurs en parlant de presque toutes les autres chairs d'animaux américains.

Le même Kalm (*a*) décrit une seconde fois mon Yagouaré dans son *Polecat* ; mais il se trompe en lui donnant une raie blanche le long de l'épine au milieu de deux autres , dont une de chaque côté. Il est encore inexact de dire qu'il monte aux arbres comme l'assure Kalm. Quant à ce que rapporte cet auteur du fait qu'on trouve , rarement à la vérité , des Yagouarés totalement blancs , cela est certain, ils sont albinos.

Le père Feuillée (*b*) décrit un animal qu'il

(*a*) Original , t. 6 , p. 226 , note *k*. — T. 13 , p. 293 , à la note , édit. in-4.º

(*b*) Original , t. 6 , p. 226 , note *l*. — T. 13 , p. 294 , à la note, édit. in-4.º

<table><tr><td>*I.*</td><td>15</td></tr></table>

dit s'appeller *Chinche* au Brésil ; mais un pareil nom n'est pas brésilien , et il appartient à un insecte très-connu (la punaise) ; ce qu'il en cite caractérisé mon Yagouaré. Lorsqu'il lui donne une queue aussi longue que le corps , cela doit s'entendre , qu'on retranche de celui-ci la tête et le cou. Il l'a vu d'un fond gris obscur que je n'ai point remarqué dans les Yagouarés vivans , mais dans quelques-unes de leurs peaux. Quant au surplus , Feuillée s'est laissé tromper par ceux qui lui ont dit que l'Yagouaré se sert de sa queue en pissant pour diriger son urine et en couvrir un plus grand espace , et qu'il pisse à l'entrée de son terrier , afin que nul que lui ne puisse y pénétrer.

Buffon se persuade que l'animal de Feuillée est le *Chincille* (ce devroit être Chinchille) d'Acosta ; ce qui annonce une erreur, parce que Feuillée traite de mon Yagouaré, qui habite où dit Feuillée ; tandis que d'Acosta parle de la Chinchille , bien connue par ses peaux , belles et fines , et qui n'existe que dans les *Pougnas* , chaînes glacées des Andes.

Gemelli Carreri (*a*) parle de mon Yagouaré.

____

(*a*) Original , t. 6 , p. 226 , note *m*. — T. 13 , p. 295 , à la note , édit. in-4.°

Gumilla aussi (*a*), qui dit que les blancs l'appellent *Mapourita*, et les naturels de l'Orénoque, *Mafoutiliquoui*. Il décrit confusément et mal ses couleurs, en disant que tout le corps est taché de blanc et de noir ; et il se trompe, en croyant que l'odeur infecte est dans les pets qu'il fait. Il ajoute encore, comme beaucoup d'autres, que l'on mange sa chair, et qu'elle est bonne.

Page Dupratz (*b*) traite également de mon Yagouaré, faisant les femelles semblables aux miennes, et les mâles entièrement noirs. Il se trompe, car il n'y a point cette différence sexuelle ; et ceux qu'il aura vus tout noirs, sont des individus rares, ainsi que je l'ai dit dans ma description. Il paroît d'ailleurs, qu'il n'étoit pas éloigné de croire que la puanteur que contracta son habit provenoit du sang de l'animal, et cela est faux.

Enfin, je ne reconnois aucun de mes Furets dans les indications que Hernandez (*c*) nous

----

(*a*) Original, t. 6, p. 226, note *n*. — T. 13, p. 296, note *a*, édit. in-4.°

(*b*) Original, t. 6, p. 226, note *o*. — T. 13, p. 296, note *b*, édit. in-4.°

(*c*) Original, t. 6, p. 226, note *q*. — T. 13, p. 298, note *b*, édit. in-4.°

donne de ses *Ortohula* et *Tepemartla* , quoi-que la première pût être celle de mon grand Furet , comme le désigne ses trois couleurs blanche , noire et jaune , et sa grandeur, de plus de 2 pieds (65 centimètres).

Résumant actuellement mon opinion , je dis que le *Grogneur* de Wood ; la *Zorrina* de Gar-cilasso ; *l'Enfant du diable* de Charlevoix ; le *Conepatl* de Brisson ; la *Bête Puante* de Kalm ; le *Polecat* du même auteur ; le *Chinche* de Feuillée ; le *Zorilla* de Gemelli ; le *Mapourita* de Gumilla ; la *Bête Puante* de Page Dupratz ; ne sont tous qu'un seul animal, que j'appelle Yagouaré ; que l'*Ysquiepatl* premier de Her-nandez , est mon petit Furet, et que le *Quasje* ou *Ysquiepatl* de Séba est mon grand Furet.

Je n'ai aucun doute à cet égard ; mais si j'en conçois sur quelque chose, c'est de savoir si le Ysquiepatl second de Hernandez, est mon petit Furet ou non, quoique j'incline pour l'affirma-tive. Je doute de même si le *Squashe* de Dam-pier est mon petit Furet ou mon grand, quoique je sois pour ce dernier sentiment. Je doute pareillement si la Bête Puante de Catesby est mon premier Furet, comme je me le persuade ; et finalement, je ne sais si le *Ortohula* et le

Tepemartla de Fernandez sont mes Furets, quoique je penche à croire que l'Ortchula est celui que j'appelle grand Furet.

. Suivons maintenant le texte où Buffon attribue à toute Mouffette une odeur infecte et insupportable ; ce en quoi il parle d'une manière impropre , puisque cette odeur ne convient qu'au seul Yagouaré. Il est certain cependant que mes trois espèces exhalent une mauvaise odeur lorsqu'on les irrite ; mais celle des deux premières est tolérable , et n'est point envoyée mélée à l'urine comme celle de la troisième , dont la nature empestée n'est supportable pour personne.

Buffon dit qu'il y a quatre Mouffettes ; savoir, les trois de Hernandez, et la quatrième qu'il appelle Zorille.

La première, ou l'*Ysquiepatl* premier, il l'appelle *Coase*, formant ce nom de celui de *Squash*, que Dampier dit qu'on lui donne dans la Nouvelle Espagne. Il assure , au sujet de cet animal , que Hernandez et Séba en ont donné une figure.

L'autre Mouffette , qui est l'autre *Ysquiepatl* de Hernandez , Buffon l'appelle *Chinche* , comme il affirme qu'on le fait dans l'Amérique Méridionale.

Il conserve à la troisième le nom de *Conepatl* que lui donne Hernandez , et il dit que le *Putois* d'Amérique , de Catesby , est le *Putois rayé* de Buffon.

Enfin il appelle la quatrième *Zorille* , comme les Espagnols.

Avant d'aller plus loin , je dois rappeler le peu que j'ai dit : que l'*Ysquiepatl* premier de Hernandez est mon petit Furet; qu'il est douteux que le *Squash* de Dampier le soit , parce qu'il pourroit être mon grand Furet ; que le *Quasje* ou *Ysquiepatl* de Séba est mon grand Furet; par conséquent Buffon ne peut pas adapter le nom de *Coase* à l'*Ysquiepatl* premier de Hernandez , et encore moins la figure qu'il cite d'après Séba.

Nous avons déjà rejeté le nom de *Chinche* , qu'il donne à la deuxième Mouffette ; et maintenant j'ajoute que celle que Feuillée appelle *Chinche* est mon Yagouaré , et que je ne connois point le deuxième *Ysquiepatl* de Hernandez , quoique je sois disposé à le croire mon petit Furet.

Enfin , il faut avertir que le *Conepatl* d'Hernandez , le *Putois rayé* de Brisson , et la troisième *Mouffette* , sont l'Yagouaré , comme le

(231)

croit Buffon ; mais je ne doute pas qu'il ne se
trompe en se figurant que c'est aussi le *Putois
américain* de Catesby que je répute mon
petit Furet.

Quant à sa *quatrième Mouffette*, c'est mon
Yagouaré, et c'est la même que la troisième.

Après avoir dénommé les quatre Mouffettes,
Buffon les décrit, et commence par dire (*a*),
que dans le cabinet de M. Aubry, il en a trouvé
une sous le nom de *Pekan*, *Fils du Diable*
et *Chat sauvage de Virginie* ; mais qu'il a
reconnu que ce n'étoit pas le *Pekan*, mais
l'*Ysquiepatl* de Hernandez, et que les voyageurs ont appelé *Squash*, et que lui Buffon
appelle *Coase*. La description qu'il nous donne,
n'a rien qui caractérise l'animal, si ce n'est
la longueur d'environ 16 pouces (43 centimètres), sans la queue, le poil brun-foncé ;
et la faculté de répandre, quand on l'irrite,
une odeur abominable, mêlée avec son urine (*b*).
En appréciant ces caractères, on trouve que
la longueur, sans celle de la queue, qu'il omet,

____

(*a*) T. 13, p. 290, édit. in-4.°.

(*b*) Il faut se rappeler que l'auteur n'a pas connu le
travail du citoyen Daubenton. (*Note du Traducteur*).

et sans savoir si l'individu étoit adulte, ne sert à rien ; que par rapport à la puanteur qu'il cite, elle est de l'Yagouaré privativement aux autres, et qu'il n'auroit pas dû en parler, puisqu'il n'a pas pu la trouver dans le squelette qu'il a décrit. Il ne reste donc que la couleur brun-foncé qui, quoiqu'elle pût s'appliquer à quelques individus Yagouarés, ne peut servir qu'à nous attacher aux couleurs que donne Séba, qui sont châtain-foncé par-dessus, avec la tête plus claire, jaunâtre au ventre, avec des anneaux jaunâtres à la queue. Les couleurs sont celles de mon grand Furet, excepté que Séba lui met du jaunâtre sous le ventre, lorsque c'est sous la gorge, et qu'il place des anneaux où il n'en a point.

La planche du *Coase* (a) représente aussi le grand Furet mieux qu'aucune autre, quoiqu'elle ne rende pas sensible le jaunâtre de la gorge.

Je remarquerai en outre ici que l'individu d'Aubry est mon second Furet et le vrai Pekan, ainsi que nous le verrons bientôt contre ce que pense Buffon, qui se trompe aussi en le prenant pour le Ysquiepatl premier de Hernandez,

---

(a) C'est la 58.e du t. 13, p. 302 de l'édit. in-4.°

qui est mon petit Furet , en attribuant à son urine l'odeur détestable qui est particulière à l'Yagouaré ; en lui faisant manger seulement la cervelle des oiseaux, et en disant dans la note *h*, que Séba lui donne la couleur de maïs brûlé ; tandis que dans la description que Buffon copie, il la lui donne claire sur la tête et allant par derrière en s'obscurcissant.

Nous devons noter en outre que Séba se trompe en le faisant fouiller avec son museau , tandis qu'il ne fait que s'appuyer sur le museau. pendant qu'il gratte avec ses griffes. Séba dit de plus qu'il ne va que la nuit ; tandis que ceux qui sont apprivoisés vont beaucoup plus durant le jour que pendant l'obscurité.

Enfin Buffon a un scrupule , c'est de savoir si l'Ysquiepatl de Hernandez est celui de Séba ; parce que ce dernier ne pue point, et que le premier pue ; mais il affirme l'identité , fondée sur ce que les descriptions et les planches des deux auteurs s'accordent ; et Buffon a cru que celui de Séba ne puoit point, parce qu'il n'é-toit point arrivé qu'on l'eût irrité.

En premier lieu Buffon , se trompe lorsqu'il trouve les deux descriptions concordantes , parce que Hernandez lui donne la couleur du

maïs rôti, ce qui doit s'entendre de l'état où
est le maïs quand on le mange en Amérique ;
c'est-à-dire, d'une couleur blanc-jaunâtre avec
un peu de noir, et que Séba l'habille d'une
manière très-différente.

En second lieu, il n'est pas étonnant qu'on
trouve concordantes des planches qui appartiennent à des animaux du même genre, qui
sont très-voisins, et qui ont presque identité
de formes et de mœurs.

Et en troisième lieu, je ne sache pas que
Hernandez lui donne une odeur aussi infecte
que le suppose Buffon, et s'il l'a fait, ses expressions devoient être regardées comme exa-
gérées, et l'on doit limiter cette puanteur à
celle qu'a mon grand Furet ou *Ysquiepatl* de
Séba.

Buffon ajoute que son *Coase* et son *Conepatl* habitent uniquement les pays tempérés
de la Nouvelle-Espagne, la Louisiane, les Illinois, la Caroline, etc., et cependant il se
trouve également au Paraguay.

Il avertit, au sujet du Coase, que son caractère spécial est d'avoir *quatre* doigts au pied
de devant, et il se trompe ; car il en a *cinq*
comme les autres Micourés.

Pour décrire le *Conepatl*, il dit que sur un fond noir, il a cinq bandes blanches qui s'étendent depuis la tête jusqu'à la queue. C'est là parler de mémoire, puisque le *Conepatl* d'Hernandez n'a pas cinq bandes, mais deux, une de chaque côté. Buffon dit qu'outre ces deux bandes, le *Polecat* de Kalm en a une troisième au milieu, et c'est une pure addition, parce qu'il n'existe pas d'autres bandes que les deux indiquées par Hernandez. La Planche de Buffon (*a*) en marque six, trois de chaque côté : si, au lieu de ces trois bandes il n'y en avoit qu'une seule prolongée jusqu'au front ; si la planche avoit donné un museau moins aigu et non retroussé, et si elle n'avoit pas rendu la queue aussi touffue, particulièrement dans sa dernière moitié, elle représenteroit l'Yagouaré.

Buffon dit du Chinche qu'il est blanc sur le dos et noir sur les flancs, avec la tête toute noire, à l'exception d'une bande blanche qui s'étend depuis le chignon jusqu'au chanfrein du nez ; la queue est bien fournie de très-longs poils blancs mêlés d'un peu de noir. Cette descrip-

---

(*a*) C'est la 40.ᵉ du t. 13, p. 302, édit. in-4.º

tion des couleurs est indubitablement celle de mon petit Furet, quoiqu'elle ne soit pas très-exacte. Mais il doit paroître étonnant qu'ici Buffon ne soit pas d'accord avec ce qu'il a dit précédemment, c'est-à-dire, que le Chinche est l'Ysquiepatl second de Hernandez, lequel lui donne plusieurs raies blanches, par conséquent des couleurs très-différentes de celles que nous venons de voir dans le Chinche. Je m'étonne encore que pour décrire les couleurs qu'il donne au Chinche, Buffon cite le père Feuillée qui en donne de très-éloignées des siennes, c'est-à-dire, deux raies blanches comme quelqu'un qui parle de l'Yagouaré. La planche du Chinche (a), quoique pour la distribution de ses teintes, elle ne puisse être que celle de mon petit Furet, est si mauvaise, principalement pour le touffu et le hérissé de la queue, et pour l'amincissement de la tête et du cou, qu'on pourroit dire, avec raison, qu'elle a été faite d'idée.

Buffon décrit son Zorille, en le faisant la plus petite de toutes les Mouffettes, et en lui donnant une queue touffue : tout cela est certain.

(a) C'est la 39.e du t. 3, p. 302, édit. in-4.º

Il lui donne un fond noir avec des bandes blanches, qu'il étend depuis la tête jusqu'au milieu du corps, et une autre espèce de bandes blanches transversalement sur les reins, la croupe et l'origine de la queue, qui est noire jusqu'à son milieu et blanche dans le reste. Il a fait cette description d'après une peau que lui prêta Aubry; et, comme j'ai remarqué, que dans quelques Yagouarés, les bandes blanches des côtés n'arrivent point jusqu'au front, et n'excèdent pas la moitié du corps, et que les injures du temps altèrent les couleurs au point de rendre quelquefois blanchâtre le noir de l'échine; on ne peut raisonnablement douter que le squelette d'Aubri ne fût un Yagouaré très-maltraité par le temps, et, à mon jugement, jeune : quant à sa planche, elle est très-mauvaise *(a)*.

Buffon termine, en assurant que l'*Ortohula* de Fernandez est l'Yagouaré, et certainement il ne l'est pas : ma conjecture qu'il est le petit Furet est plus probable.

Quant au *Tepemartla*, il présume qu'il peut être le *Conepatl*; quant à moi, je ne dis rien

____

(a) C'est la 41.e du t. 13, p. 302, édit. in-4.°

à ce sujet, et je conclus en avertissant que la description du *Coase* est celle de mon grand Furet ; celle du *Chinche*, de mon petit Furet ; celle du *Conepatl*, de l'Yagouaré adulte ; et celle du *Zorille*, de l'Yagouaré jeune.

Pour le surplus, il seroit mieux de ne pas se fatiguer à lire Buffon, et de préférer de se reposer sur les indications et les descriptions des voyageurs pour les appliquer aux espèces qui leur correspondent, comme je l'ai fait en repassant les notes.

J'avertirai encore que Buffon se trompe beaucoup (a), lorsqu'il assure que la *Marte*, la *Fouine* et le *Putois* du Nord de l'ancien continent, existent aussi dans celui-ci, parce que les animaux américains dont il parle sont mes deux Furets et l'Yagouaré, ainsi que je l'ai prouvé, c'est-à-dire, qu'ils sont fort différens des animaux européens que je viens de nommer.

Cet article de l'Yagouaré donne lieu à plusieurs observations.

La première, c'est que le Chinche existe en nature au Muséum d'histoire naturelle de Paris ; c'est

____

(a) Traduction, t. 11, p. 118. — Original, t. 3, p. 197. — T. 9, p. 100, édit. in-4.º

le *Viverra mephitis* de Linné , et point du tout le petit Furet de M. d'Azara qui, conséquemment, n'a pas vu le *Chinche* de Buffon.

La seconde, c'est que le Conepatl de Buffon est l'animal de Catesby, et nullement l'Yagouaré de M. d'Azara ; c'est le *Viverra putorius* de Linné et la *Marte conepatl*, (*Mustela putoria*) de La Cépède.

La troisième, c'est que le Zorille, dont la figure est donnée par Buffon dans la planche 41 du t. 3, édit. in-4.°, est un animal du Cap de Bonne-Espérance , que Buffon a mal-à-propos considéré comme propre à l'Amérique ; mais ce n'est point l'Yagouaré de M. d'Azara, et il est plutôt de la famille du Putois d'Europe ; c'est le *Viverra Zorilla* de Linné et la *Marte Zorille* de La Cépède.

La quatrième enfin , c'est que l'animal qui paroît ressembler le plus à l'Yagouaré de M. d'Azara, est la Mouffette du Chili, de Buffon (Supplément, t. 7, p. 233 , édit. in-4.° , inconnu à M. d'Azara), et qui est le *Viverra conepatl* de Linné , ou le Mapurito du même auteur ; *Mustela mapurito* de La Cépède. (*Note du citoyen Cuvier*).

LES MICOURÉS.

La première espèce est très-connue chez les Guaranis sous ce nom de Micouré, dont on ignore la signification, quoique la dernière syllabe veuille dire *qui pue*, et qu'elle convienne à cette première espèce appelée par les Espagnols d'ici *Belette*, mais improprement, parce qu'elle est très-différente de la belette d'Espagne. Les autres espèces manquent de noms propres, et il sera nécessaire de leur en donner, en conservant au genre entier le nom de la seule espèce qui en ait un.

Toutes ces espèces sont nocturnes, stupides, ni féroces, ni inquiètes, et l'on pourroit les apprivoiser avec peu de soin.

La queue est nerveuse, grosse, très-longue, écailleuse, pelée en entier ou dans sa majeure partie ; et, par son moyen, l'animal s'attache, comme les singes aux branches et aux arbres où il grimpe facilement, ainsi que sur les murs ; parce que ses griffes, quoique déliées, sont très-aiguës et courbes.

Les

Les doigts sont pelés, flexibles, vigoureux, et ont une phalange de moins que ceux de l'homme; et dans le pied de devant il y en a cinq, qui s'étendent sur le sol en formant un demi-cercle; ceux qui sont à une égale distance de celui du milieu, sont égaux en force et en longueur, et le pouce ou l'interne n'est ni plus séparé, ni plus propre à être remarqué que les autres. La plante du pied de devant est ronde, grande et lisse.

Il y a aussi cinq doigts au pied de derrière, dont quatre sont comme ceux du pied de devant; mais le pouce est beaucoup plus gros que les autres, privé de griffes, et il est très-séparé comme dans les singes.

Les quatre jambes sont courtes et fournies; et à cause de cela, l'animal court si peu vîte, qu'il ne devance guères la souris, et la première espèce n'a pas la moitié de cette vîtesse.

La face qui est couverte d'un poil court, est assez plate, longue et triangulaire, diminuant jusqu'à se terminer par un museau qui est aigu, extrêmement doux et pelé; les narines sont très-ouvertes; l'œil est un peu oblique et saillant.

I   16

La bouche est démesurément fendue et pourvue d'un nombre très-considérable d'incisives, de canines et de molaires ; la mâchoire supérieure avance un peu et a trois moustaches de chat.

L'oreille est très-menue, arrondie, transparente et sans poil.

Le corps est plus long et plus mince que dans les rats femelles.

Le scrotum pend extrêmement bas, et semble comprimer ce qu'il renferme. Le membre qui est contenu dans le fourreau, se bifurque à la moitié de sa longueur.

Les femelles ont deux voies dans un seul orifice, et leurs mamelles sont placées dans le contour d'une ellipse.

Elles font leurs petits avant le terme, si l'on peut s'exprimer ainsi, c'est-à-dire sans poil et avec les yeux fermés ; mais chacun de ces petits, en s'appliquant à une mamelle, saisit la mère avec ténacité, pour ne la pas lâcher avant que ses yeux ne soient ouverts, que son poil n'ait poussé, et qu'il n'ait assez de force pour marcher et pour manger. Alors les petits s'attachent à la partie du corps de leur mère qu'ils peuvent saisir, et elle les conduit avec soin par-tout où elle va.

Des personnes disent de toutes les espèces, qu'étant irritées, elles urinent sur elles-mêmes; qu'alors elles répandent une très-mauvaise odeur, et qu'elles ont dans le ventre une poche où elles placent les petits nouveaux-nés. La première chose ne fait point de violence à mon esprit; et quant à la seconde, c'est-à-dire la poche, on peut assurer que la première espèce des Micourés la possède, et que la troisième et la sixième ne l'ont point.

Je n'ai pas eu de femelles des autres espèces; mais je présume qu'elles manquent de poche.

Je connois six espèces de Micourés qui, quoique la plupart aient été indiquées ou décrites par les voyageurs, ne l'ont cependant pas été de manière qu'on puisse les bien reconnoître, parce qu'on n'a pas pris les dimensions principales avec scrupule et précision, et qu'on n'a pas marqué les caractères spécifiques, les auteurs s'étant bornés à des généralités. J'éclaircirai ce sujet autant que je pourrai en traitant de chaque espèce en particulier; mais il restera encore beaucoup de doutes.

MICOURÉ PREMIER,

OU MICOURÉ PROPREMENT DIT.

Didelphis Virginiana. — Pennant et Cuvier.
Sarigue à longs poils. ⎱
Sarigue des Illinois. ⎰ Buffon.
Manicou. — Encycl. méthod.
Didelphe Virginien. — La Cépède.

Il est désigné sous ce nom, et très-connu, parce qu'il entre dans les villages où j'en ai vu quelques-uns de morts au milieu des rues, ainsi que dans les rues de Montévidéo, où l'on appelle ce Micouré, *Belette.*

Il habite les buissons et les champs ; durant le jour, il se tient dans des trous ; et dans les bourgades, il se place entre les vieux meubles des maisons. Il sort la nuit pour manger les œufs et tuer les poules, afin d'en lécher le sang, car il ne fait aucun cas du reste. Il est si lourd pour courir, qu'il paroît impossible qu'il puisse rien prendre qu'une proie endormie. Dans le bois, il monte aux arbres et mange tous les fruits, et je crois qu'il fait la même chose des insectes et des petits reptiles.

Don Antoine Cruz Fernandez en prit un adulte, qui, au bout de huit jours, permettoit à son maître de le toucher, et pas à un autre, mais sans montrer de gratitude. Jamais il ne voulut manger que des oranges et du sang de vache ; mais j'en ai vu un autre manger de la chair crue, parce qu'on ne lui donnoit point autre chose.

La femelle a tout le long du ventre une fente semblable à celle qu'on remarque lorsqu'une personne a défait quelques boutons de sa veste. En dedans, et le long des bords ou plis est une cavité qui va en augmentant par detrière, de manière qu'à son angle antérieur elle n'existe pour ainsi dire point, et qu'à son angle postérieur c'est une poche très-grande. Au dedans de cette cavité, que la femelle resserre lorsqu'elle le veut, en unissant les deux lèvres de la fente, se trouvent treize mamelles si petites qu'elles sont sans proportion avec l'animal. Il y en a une au milieu, et les autres autour d'une ellipse surbaissée.

Une femelle non adulte avoit la poche et ses lèvres à peine sensibles, et je ne lui comptai

que onze mamelles ; d'où j'infère que les femelles n'ont point de poche avant le moment
où elle leur est nécessaire.

Les Micourés , qui naissent très - petits ,
sans poil et aveugles , saisissent chacun une
mamelle avec tant de force, que pour les
détacher , il faut quelquefois rompre le mamelon. Sans lâcher celui-ci , cachés dans la
poche et les plis , ils croissent jusqu'à ce
qu'ils aient du poil et qu'ils puissent manger.

Le dernier jour d'octobre (au commencement de brumaire), je pris une femelle à sept
heures du soir, je la suspendis et la laissai
exposée dehors attachée par une corde; et le
lendemain je trouvai dans la poche treize petits , longs de cinq pouces et demi (plus de
15 centimètres), avec les yeux fermés , et du
poil qui commençoit à poindre. Avec assez de
force , je leur fis abandonner les mamelles ,
et je les jetai à sept heures du matin , en
remarquant qu'ils se soutenoient sur leurs
pieds , et qu'ils appeloient leur mère par
un bruit semblable à un éternuement sourd.
Je laissai la mère attachée, et je retournai à
la chasse. Je revins à trois heures de l'après-
midi, et je trouvai qu'un jeune homme s'étoit

amusé à remettre dans la poche six petits, lesquels s'étoient attachés de nouveau aux mamelles, et il fallut déchirer plusieurs de celles-ci pour les en arracher. Les sept autres laissés à terre, étoient déjà morts.

En novembre (brumaire), je vis une autre femelle avec treize petits qui lui étoient semblables, et de la moitié de la longueur des adultes. Ils ne tetoient point, et la poche où ils ne cherchoient point à entrer, n'auroit pas pu les contenir; mais la mère les emportoit très-bien, fixés à sa queue, à ses jambes et à son corps; elle ne pouvoit marcher qu'avec beaucoup de peine, et il sembloit impossible qu'elle trouvât des alimens pour tous.

Il est très-rare qu'un Micouré échappe, parce que le premier venu l'atteint et le tue avec un morceau de bois; car, quoiqu'il souffle et éternue (*feu, feu, feu,*) à la manière du chat, et qu'il morde ce qu'on lui présente, il n'attaque point ni ne s'attache à ce qu'il saisit avec la bouche, ni ne le secoue, en étant incapable à cause de son espèce de torpeur. Mais il urine et s'empuantit toujours par ce moyen, lorsqu'on l'inquiète, répandant une odeur très-mauvaise, capable d'offusquer la raison (*a*) ; quoiqu'elle se dissipe en peu de temps, si l'on fait un peu d'effort sur son propre esprit ; et elle n'est pas suffisante pour empêcher que les chiens et l'homme ne tuent le Micouré.

C'est un bruit général que la graisse de ce Micouré est un spécifique qui, avec un petit nombre de frictions, guérit les hémorroïdes. On assure aussi que sa chair assaisonnée a bon goût, qu'elle n'a aucune mauvaise odeur, et qu'à la première ou à la seconde fois que les hémorroïstes en mangent, ils sont parfaitement guéris.

L'Yagouaroundi et l'Eyra tuent et mangent avec plaisir cet animal, dont le mâle et la femelle n'offrent aucune différence entre eux quant aux dimensions.

Longueur, 26 pouces 1 quart (71 centimètres).

Queue, 11 pouces et demi (31 centimètres), dont 3 pouces 3 quarts (environ 11 centimètres) sont velus, et le reste jusqu'à la pointe est avec des poils extrêmement rares qui sortent à peine d'entre les écailles. Elle est ronde,

---

(*a*) Par une action semblable à celle des fumées du vin au commencement de l'ivresse. (*Note du Traducteur*).

excepté dans la partie qui se replie et où est
un peu de compression en dessous. Sa circonférence à la racine est de 2 pouces et demi
(6 centimètres 2 tiers).

La circonférence du corps prise sous les bras,
est de 8 pouces 1 quart (22 centimètres), et
celle mesurée sous le bas-ventre, de 8 pouces
et demi (23 centimètres).

Hauteur antérieure, 7 pouces 1 sixième (19
centimètres et demi) ; postérieure, 7 pouces
et demi (20 centimètres 1 tiers).

La plus grande largeur de la tête est de 2
pouces (5 centimètres et demi) ; sa longueur,
de 4 pouces (11 centimètres).

De la partie antérieure de l'oreille jusqu'à la
pointe du museau, qui est blanche, 3 pouces
(8 centimètres).

La mâchoire supérieure excède l'autre de
6 lignes (13 millimètres), et ses plus grandes
moustaches , qui sont dirigées vers l'oreille,
touchent presque celle-ci, et les autres moustaches vont vers le haut ; il y a en outre en
arrière de l'angle de la bouche sept poils ou
longues moustaches , dont les quatre inférieures sont blanches et les autres noires.

L'oreille est haute de 15 lignes (3 centimè-

tres un tiers), large de 18 lignes (4 centimètres) , elliptique , très-mince , obscuré à sa racine , blanche dans le reste , et plus pendante
que dans tous les autres Micourés.

Dans la mâchoire supérieure , il y a 10 incisives et 2 canines fortes de 6 lignes (13 millimètres). En bas il y a 8 incisives et 2 canines
plus petites : outre cela , chaque mâchoire a
8 molaires.

Les narines sont, comme dans le chien, séparées par une petite rainure.

Le cou est court.

Le doigt du milieu du pied de devant, qui
est le plus grand , a 8 lignes (18 millimètres),
et les griffes sont blanches , courbes , aiguës ,
excédant à peine les bouts des doigts , sans que
le pouce se fasse distinguer des autres doigts ;
mais dans le pied de derrière, il est très-remarquable par sa grosseur , sa rondeur , sa séparation
tion et son manque de griffes.

Le scrotum est d'une nuance obscure , et a
de petits poils , couleur de paille : mais les
testicules n'y sont pas suspendus. Ceux-ci
sont longs de 10 lignes (22 millimètres), gros
de 6 lignes (13 millimètres) en avant , moins
en arrière , et ayant une espéce de mamelon.

Ils sont naturellement à une distance de 6 lignes (13 millimètres) du corps , au moyen d'une peau large de 6 lignes (13 millimètres) qui enveloppe les ligamens et commence dans l'anus.

Le membre dans l'animal mort, étant tiré , sort de 18 lignes (4 centimètres) hors de l'anus. Dans la moitié de cette longueur il est cylindrique , et le surplus jusqu'à la fin est divisé en deux portions , dont chacune a 2 lignes (4 millimètres et demi) de diamètre ; mais quoique ces portions bifurquées soient cylindriques jusqu'aux 2 tiers de leur propre longueur , elles diminuent rapidement pour finir en pointe.

Une tache obscure commence en arrière de l'œil , et l'entourant d'une manière étroite , elle se prolonge jusqu'à la moustache. Une autre tache un peu plus noire naît dans le creux du chanfrein , vis-à-vis le grand angle de l'œil , et s'élève jusqu'entre les oreilles , d'où elle s'élargit beaucoup et continue à aller au centre de l'occiput : le reste de la tête est blanc-jaunâtre.

Les quatre jambes sont noires ; mais le poil du métacarpe , celui du métatarse , et de la face , sont très-courts.

Tout le reste du pelage a du poil de deux sortes. Le plus court, le plus abondant, le plus épais, le plus doux, est blanc-jaunâtre avec des pointes noires dans toute la partie supérieure de l'animal, les côtés et l'entre-deux des jambes de devant; mais le noir se fait plus remarquer le long de l'échine, sur le cou et à la racine de la queue. L'autre poil a 2 pouces (5 centimètres et demi); il est blanchâtre, grossier, rare, non-couché, et il saille et excède notablement l'autre, et plus encore depuis l'épaule jusqu'à la queue et sur les flancs. Ces 2 poils sont très-mêlés, et les 3 pouces (8 centimètres) pelés de la queue sont noirâtres, ainsi que le reste, jusqu'à la pointe qui est blanc-jaunâtre.

Dans les Missions, on m'a assuré avoir vu un individu albinos, et entièrement blanc.

Buffon (*a*) décrit une *Genette* femelle, sans savoir de quel pays elle venait. Tout ce qu'il en dit est du Micouré premier, excepté qu'il ne cite ni la bourse, ni le doigt sans griffes, ni la nudité des deux tiers de l'extrémité de la queue. Ces différences peuvent être des suites du manque d'attention, parce qu'elles sont négatives, ou de ce que l'animal n'aura pas été

____

(*a*) Traduction, t. 11, p. 257. — Original, t. 6, p. 63, — Supplément, t. 3, p. 237, édit. in-4.º examiné avec détail, puisque l'auteur annonce qu'il ne se laissoit point manier, et que même on ne put pas le bien dessiner à cause de son agitation. Les dimensions qu'il lui donne sont 20 pouces (54 centimètres) de longueur, sans expliquer si c'est en y comprenant la queue ou non ; je présume qu'elle est comptée, et alors l'individu ne seroit pas adulte. La hauteur de 7 pouces et demi (20 centimètres 1 tiers) qu'il lui assigne, est aussi celle du Micouré premier ; et enfin je crois que c'est lui, et non pas une *Genette* comme le pense Buffon (*a*).

Ce naturaliste (*b*) appelle mon animal *Zarigoueya*, et dit qu'il l'a tiré de *Zarigoueyo*, *Zarigoueya*, ou *Sarigoué* qu'on lui donne au Brésil. Ce dernier mot prononcé comme je l'ai dit et comme l'exige l'idiome Guarani, venoit d'une division ou *Tolderia*, de la fameuse nation *Agace* ou Payagoua. Le *Zarigoueya* qui, en Guarani, est le même que le *Sarigoueyo*, signifie *maître des Sarigues*; et le *Zarigoueyo*,

----

(*a*) Il est très-probable, au contraire, que la Genette de Buffon n'est pas le Micouré premier de M. d'Azara. (*Note du Traducteur*).

(*b*) Traduction, t. 12, p. 140. — Original, t. 4, p. 132, —, T 10, p. 299, édit. in-4.°

n'est pas autre chose qu'une altération de *Sa-rigoueya*. Les noms de *Séronoi* , *Sarigoy* , *Carigoué* et *Carigoy*, que beaucoup de personnes lui ont appliqué, sont des dérivations de *Sarigoueya*. Celui de *Taiibi* , que lui donne Marcgrave, doit être Tïaïbi (on pisse comme s'il pleuvoit), et exprime une qualité équivoque ; et celui de *Toupatima* de Pison , est sans doute mal écrit. Le Micouré premier ou le Micouré *proprement dit*, n'est connu ici sous aucun des noms cités , ni sous celui insignifiant de *Maritacaca* , et ils ne peuvent pas servir à le désigner.

Je ne me mêlerai point de corriger les autres dénominations exotiques et factices que je vois dans la nomenclature de Buffon ; mais je ne puis m'empêcher de noter que celles de *Rat*, de *Semivulpa* sont les pires de toutes , parce qu'elles donnent une idée fausse de l'animal. La première répugne moins à mes dernières espèces qu'au Micouré actuel ; et peut-être que ceux qui les ont données avoient présente une ou plusieurs de ces espèces, et Buffon se sera figuré que ces personnes parloient du *Sarigoueya*. Je ne puis éclaircir ce point, parce que je n'ai pas d'autres auteurs que Buffon , qui se trompe en disant qu'en brésilien ou en Guarani, le *ca* se prononce comme *za* ou *sa*.

Avant de venir au texte de Buffon, je repasserai le reste de la nomenclature et les notes (*a*).

Maffée dit que du ventre de cet animal pendent deux besaces où il porte ses petits, et Buffon explique cela, en disant qu'il n'y en a qu'une qui paroît double, parce que quand les glandes mammaires sont dans leur état de gonflement par le lait dont elles sont remplies, elles font un volume si considérable au-dedans de la poche, qu'elles en tirent la peau par le milieu, et qu'elle paroît alors partagée en deux besaces. Cette explication n'est pas convenable, et l'auteur se trompe, en affirmant qu'il a vu les glandes gonflées de cette manière ; puisque les mamelles du Micouré qui nourrit n'ont point de gonflement considérable ; que

______

(*a*) La plupart des observations suivantes, viennent de ce que Buffon a d'abord confondu, sous le nom de *Sarigue*, trois espèces différentes, savoir : celle-ci, son *Crabier* et le *Sarigue*, proprement dit, et qu'il a rapporté les récits des voyageurs indistinctement, et comme s'ils avoient tous parlé de la même espèce.

Il a ensuite distingué les deux premières dans ses Supplémens, mais sans corriger ce qu'il y avoit de défectueux dans ce mélange d'extraits. (*Note du citoyen Cuvier*).

leur petitesse étonne , et qu'étant placées dans le contour d'une ellipse , elles ne peuvent pas bien figurer les deux bourses. Il est présumable que Buffon n'a pas vu la poche du Micouré , puisqu'il nous la donne dans la planche 161 (*a*), fendue en travers , tandis qu'elle l'est en long , et qu'elle se resserre comme je l'ai dit, par deux plis qui sont les besaces de Maffée, parce que chacune renferme en dessous une cavité.

Gumilla explique bien (*b*) la manière dont nous devons entendre Maffée ; cependant il se trompe en ne donnant au Micouré que quatre petits, quoiqu'il en fasse treize.

____

(*a*) L'auteur cite ici la planche de la traduction de Don Joseph Clavijo , et cela est important à remarquer; car la planche correspondante de Buffon , qui est la 46.ᵉ de son tome 10 , édit. in-4.º , présente une poche longitudinale et non pas transversale ; et d'ailleurs , Daubenton dit positivement p. 313 du même volume 10 , *une fente longitudinale qui s'étend depuis environ le milieu de la région ombilicale presque jusqu'au bout du ventre.* (*Note du Traducteur*).

(*b*) Traduction, t. 12, note 2 de la page 142. — Orig. t. 4, p. 136 , aux notes. — T. 16, p. 282, aux notes , édit. in-4.º

Buffon

Buffon croit (*a*) que le *Sarigoy* de Léry, est le *Zarigoueya* ou Micouré premier, se déterminant uniquement par la ressemblance du nom. Mais il me paroît que ce Sarigoy est mon Micouré à queue grosse, ou un autre de ceux qui le suivent dans cet ouvrage, parce que Léry ne fait pas mention de poche, et donne à entendre qu'il n'en a point ; et cela est de même pour ces autres Micourés qui, d'ailleurs sont, comme dit Léry, d'une couleur grise, c'est-à-dire, d'une teinte entre l'azur et le brun, qui ne convient en aucune manière au Micouré actuel. Le nom de *Sarigoy* paroît générique, et il n'est point étrange qu'il soit appliqué comme propre à une espèce quelconque. Je regarde aussi comme une qualité générique, la mauvaise odeur dans l'état d'irritation, mais je ne crois pas, comme Léry, qu'elle réside dans la graisse des rognons.

La phrase de Marcgrave : *Vulpes major, putoria, caudâ tereti et glabrâ : Carigueya Brasiliensibus,* n'a pas autre chose qui puisse

---

(*a*) Traduction, tom. 12, note seconde de la page 141. —Original, t. 4, p. 134, aux notes. — T. 10, p. 280, édit. in-4.°

donner un caractère à l'espèce que le mot *major*, qui s'applique au Micouré actuel, parce que le reste est commun à tous ; et il l'appelle *Renard* avec une extrême impropriété.

La première phrase de Linné, qui porte : *Didelphis mammis intra abdomen*, ne sert à rien, si ce n'est tout au plus à faire connoître le genre. Sa seconde phrase, *Marsupialis Didelphis mammis octo intra abdomen*, convient au Micouré premier, quant à la poche ou *marsupium*, quoique j'ignore si ma deuxième espèce l'a aussi ; mais les huit mamelles ne sont point de ma première, et pourroient être de mad euxième.

La troisième phrase qui dit : *Opossum Didelphis caudâ semi-pilosâ, superciliorum regione pallidiore, mammis binis*, est du Micouré premier (*a*), l'unique qui ait quelque chose de pâle au point que Linné indique, quoiqu'il n'ait pas deux, mais treize mamelles, et que *caudâ semi-pilosâ* soit une chose commune à mes trois premières espèces. Il résulte

______

(*a*) Nous ne partageons point l'opinion de l'auteur. M. d'Azara paroît n'avoir point connu l'*Opossum*, qui est l'espèce nommée, à Cayenne, *Quatre-Oueils*. (*Note du Traducteur*).

de là, que Linné, dans sa deuxième phrase, pouvoit avoir présent mon Micouré laineux, et dans la troisième, mon Micouré premier, quoique Buffon pense que les deux phrases parlent du même animal.

La phrase de Brisson, qui est : *Philander saturatè spadiceus in dorso, in ventre flavus, maculis supra oculos flavis ;* et l'autre du même auteur, qui porte : *Philander saturatè fuscus in dorso, in ventre flavus, maculis supra oculos flavis,* caractérisent assez bien mon Micouré à queue courte ; et je ne sais comment Buffon les applique au Micouré actuel, qui n'est pas jaune sur les yeux ni au ventre ; mais il n'est pas Oriental comme Brisson le dit du second (*a*).

La troisième phrase de cet auteur : *Philander atro spadiceus in dorso, in ventre ex albido cinereo flavicans, maculis supra oculos obscurè fuscis,* s'applique passablement à mon Micouré à queue longue, et presque de même au Micouré nain, mais d'aucune manière au Mi-

---

(*a*) Aucun vrai Sarigue n'est Oriental ; mais on trouve en Orient deux genres voisins, les *Phalangers* et les *Kanguroos.* C'est par erreur que Séba a donné son grand Philandre pour Oriental, et qu'il a été suivi en cela par Linné. (*Note du citoyen Cuvier*).

17 *

couré actuel, à qui Buffon l'applique. Néanmoins, si celui de Brisson est d'Amboine, nous devons supposer que cette phrase n'est pas de mes espèces citées.

Mais de toute manière, le jugement de Buffon s'égare, lorsqu'il veut que ces trois phrases soient du Micouré premier, parce qu'aucune ne lui appartient.

La critique de la nomenclature a été longue, et celle du texte ne pourra être brève, quoique j'aie le dessein de me resserrer le plus possible.

Buffon affirme que le *Philandre de l'Amérique*, *l'Oriental* et le grand *Oriental*, que Séba représente dans ses planches 36, 38 et 39, sont un seul animal de l'espèce de mon Micouré premier. Dans ce qu'il trace longuement pour le prouver, je ne vois pas de chose qui le caractérise, si ce n'est de dire que le Philandre de l'Amérique est plus petit, et que le grand Philandre Oriental est plus grand que les autres ; que ce premier Philandre a la tache jaunâtre au dessus de l'œil, plus brune que le troisième, quoique peu après (a) il dise le contraire ; que le Philandre second ou Oriental se distingue ou

______

(a) Traduction, t. 12, p. 149. — Original, t. 4, p. 144. — T. 10, p. 288, édit. in-4.º

ne diffère du premier seulement que par quelques nuances de couleur ; et que le troisième a une poche , et le pouce de derrière sans ongle. Comme rien de cela n'est suffisant pour affirmer avec certitude l'identité que trouve Buffon , je suspends mon jugement sur cette identité : peut-être l'ouvrage de Séba procurera-t-il plus de lumières. En comparant, je vois (*a*) que Séba différencie un Philandre de l'autre , en lui donnant un poil plus foncé sur l'échine et plus long sur tout le corps. Je vois encore que Buffon affirme que Brisson a copié Séba littéralement : s'il en est ainsi , j'ai déjà dit que Brisson parloit d'animaux différens de ceux que suppose Buffon.

Quant à ce que cet animal *conçoit* dans sa poche , selon ce qu'en disent plusieurs personnes, c'est une chose ridicule.

Buffon fait ensuite une critique de Linné : mais je m'arrête à celle que j'ai faite moi-même en voyant les phrases du naturaliste suédois.

Buffon continue , en cherchant à persuader que le *Taiibi* est le *Sarigouaya* , et je suis de son opinion contre celles des autres ; parce

____

(*a*) Traduction , t. 12 , p. 149. — Original , tom. 4 , p. 144 . note *d.* — T. 10 , p. 283 , à la note, édit. in-4.°

que, comme il le dit, ces animaux ne diffèrent que par la couleur, qui, dans le dernier, est jaune et brune, tandis qu'elle est grise
dans le premier, dont les poils sont blancs vers
leur racine, et bruns ou noirs à leur extrémité.
Ces deux couleurs caractérisent le Micouré premier ; et si les uns appellent jaune ce que les
autres appellent blanc, c'est que la couleur est
blanc-jaunâtre. Ce en quoi je ne doute pas que
Buffon ne se trompe, c'est de croire qu'au
Brésil on appelle le mâle *Taiibi* et la femelle
Sarigoueya, parce qu'il n'est pas ordinaire que
les Brésiliens donnent des noms différens à
des individus des deux sexes, qui ne diffèrent
que par une bourse, dans un pays où les noms
propres sont si rares, qu'ils manquent pour une
infinité de choses, et que l'on en trouve à peine
pour distinguer les espèces ; raison pour laquelle
presque tous les noms sont génériques.

Comme les Micourés femelles n'ont point de
poche apparente avant qu'elle ne leur soit nécessaire, il n'est pas étrange que celui qui n'a
vu que de jeunes femelles, dise qu'elles n'avoient
point de poches ; c'est, je crois, ce qui est
arrivé à Séba, lorsqu'il assure que son *Taiibi*
femelle manquoit de poche, sans que de cela

résulte ce qu'affirme Buffon , que ce n'est pas le Tlaquatcin d'Hernandez. Il n'en résulte pas davantage , que le Taiibi de Séba n'est pas celui de Marcgrave; parce que , comme je l'ai observé tout-à-l'heure , il n'est pas croyable que celui de Marcgrave soit précisément un mâle. Au contraire , je ne doute pas que le Taiibi de Séba et de Marcgrave ne soit le Tlaquatcin , et je me fonde sur ce que nous avons déjà vu , que celui de Marcgrave est mon Micouré premier. Celui de Séba l'est également , sans que celui qui lit l'indication de cet animal dans Brisson (a) puisse en douter , lorsqu'il trouve : *Philander pilis in exortu albis , in extremitate nigricantibus vestita. Philander Brasiliensis.* (le Philandre du Brésil). S'il n'avoit pas de poche, c'est parce que c'étoit une femelle non adulte.

Celui de Hernandez est également le Micouré premier , comme le prouve sa poche , puisque je ne sache pas qu'un autre ait cette poche, quoiqu'il puisse se faire que mon Micouré laineux l'ait également.

Quant à ce que dit Buffon du Taiibi de Linné, je ne doute point que ce ne soit le Micouré

____

(a) Traduction, t. 12, p. 160. — Original, t. 4 , p. 160 , note *u*. — T. 10 , p. 298, note *b*, édit. in-4.°

premier , parce que l'indication , *Philander Di-delphis caudâ basi pilosâ , auriculis pendulis mammis quaternis* lui convient plus qu'à un autre , quoiqu'elle soit fausse dans l'article des quatre mamelles , et erronée dans celui de la queue *basi pilosâ ,* qui s'adapte à mes trois premières espèces.

Combattons maintenant les erreurs de Buffon dans la description du Micouré premier.

Il lui donne les dimensions marquées par Edouard Tyson ; savoir :

A la tête , 6 pouces de long (16 centimètres), et 3 pouces (8 centimètres) de largeur entre les oreilles ; au corps , 13 pouces (35 centimè-tres) de long , et 15 à 16 pouces (40 à 43 cen-timères) de circonférence ; à la queue , 12 pouces (32 centimètres et demi) de long , et 3 pouces (8 centimètres) de tour à sa naissance ; à la hauteur antérieure , 6 pouces (16 centimètres); à la postérieure , 4 pouces et demi (12 centi-mètres); aux doigts , 1 pouce (27 millimètres), et à l'oreille 1 pouce et demi (4 centimètres).

Ces dimensions , outre qu'elles ne sont point exactes , sont en partie absurdes , parce qu'il n'y a qu'un monstre qui ait la circonférence de son corps presque égale à sa longueur , la tête

comprise ; qui ait sa tête du tiers de cette longueur , et ses extrémités postérieures plus
courtes d'un tiers que les antérieures. Le Micouré premier , comme tous ceux de son genre ,
est bien proportionné ; et Buffon ne devoit pas
comparer son museau à celui du cochon de lait,
ni à celui du renard. Quant au surplus des formes , nous nous accordons.

Nous sommes encore d'accord sur les couleurs , en variant toutefois dans la manière
de les expliquer , et en ce que Buffon ne le fait
que superficiellement. Les petites touffes de
poils noirs et blanchâtres qu'il marque sur l'é-
pine du dos et sur les côtés , viennent de ce
que l'animal ayant ses poils longs et non couchés , ils se groupent en quelque sorte en forme
de pinceau , réunissant leurs pointes noires au
moyen de la compression , et ils laissent entre
eux des intervalles blanchâtres (a).

Comme Tyson étoit professeur, je m'en rapporte à lui dans ce qu'il dit d'anatomique. Cependant j'avertirai que la poche n'est pas ,

---

(a) Il semble qu'on peut facilement se peindre cet effet
par celui des papillotes qu'on met aux cheveux. (*Note
du Traducteur*).

comme il dit, fendue plus bas ou en arrière du ventre, mais tout le long du ventre même. Il dit également que la mauvaise odeur réside dans une substance jaunâtre qui coule de glandes placées dans l'intérieur de la poche ; et qu'en laissant sécher cette substance, sa puanteur se change en une odeur suave de musc. Je doute de cela, et je crois très-bien que l'odeur est dans l'urine et dans les excrémens (a).

Buffon assure que le Micouré premier produit souvent, et je ne doute pas que ce ne soit une seule fois par an. Les auteurs lui donnent quatre, cinq, six et sept petits, et je sais qu'il en a treize.

Marcgrave dit les avoir vus ayant environ 2 pouces (5 centimètres et demi) de long, mais déjà agiles, et qu'ils sortoient de la poche et y rentroient plusieurs fois par jour. En cela, il rapporte des ouï-dire, ou cela a trait à un autre

(a) La réputation dont jouit Tyson parmi les anatomistes, et le fait souvent vérifié, que chez les animaux moschifères, l'odeur est due à l'humeur des glandes sébacées placées ou sous le ventre, ou près des testicules, de l'anus, etc. , pourroient peut-être motiver un doute sur l'assertion même de M. d'Azara. (*Note du Traducteur*).

animal; car je les ai vus de 5 pouces et demi
(14 centimètres 3 quarts) de long, et c'étoit
avec difficulté qu'ils se tenoient sur leurs pieds :
ils étoient aveugles et incapables de faire des
sauts ; et je ne crois pas qu'ils en fassent jamais,
parce qu'en quittant les mamelles, ils ne sont
plus contenus dans la poche, et que la mère les
porte sur le dos, comme je l'ai dit.

D'autres auteurs ont écrit qu'en naissant, ils
sont de la grosseur d'une mouche. Je ne les ai
pas vus dans cet état ; mais une pareille exagération me semble intolérable. Si Buffon ne les
a pas vus plus gros qu'une fève, c'est qu'ils
étoient nouveaux-nés et produits par un animal
plus petit ; c'est-à-dire, par mon Micouré à
queue courte.

Je conviens avec Buffon de ce qu'il rapporte
des mœurs en général ; mais le Micouré premier
étant réellement un animal nocturne, il en résulte que cet auteur a eu tort de dire que ce Micouré demeure pendant de longs intervalles caché dans le feuillage, ou suspendu uniquement
par la queue aux arbres, et guettant les oiseaux
au passage. Je ne crois pas davantage qu'il se ba-
lance pour sauter d'un arbre à un autre, parce
qu'il est lourd et lent pour tout. Il n'est pas pro-

prement carnivore, comme Buffon le suppose, puisqu'il se borne à sucer le sang, et qu'il ne mange de la chair que dans la disette de fruits et d'autres alimens. Enfin Buffon dit que sa mauvaise odeur réside dans la peau, sans se rappeler que peu auparavant il a dit qu'elle sortoit des glandes de la poche; et il ajoute que sa chair est recherchée de préférence par les Indiens non-soumis, à cause de son bon goût; sur quoi je répète qu'ici l'on en mange uniquement par remède.

Dans toutes les femelles, j'ai trouvé treize mamelles, excepté dans une, qui n'étoit pas complétement adulte, à qui je n'en ai compté que onze; et peut-être me suis-je trompé, car elles étoient très-petites. Les femelles de mon Micouré à queue courte en ont quatorze. Je n'ai eu qu'une seule femelle du Micouré à queue grosse, et elle en avoit six, dont quatre sur un côté, et sur l'autre côté il y en avoit deux seulement, les deux autres manquant sans doute. Je déduis de ces faits que de même qu'il y avoit deux mamelles supprimées d'un côté, il pouvoit y avoir des femelles à qui il en manquoit deux de l'autre côté, auquel cas l'animal en auroit quatre; mais que si les deux côtés étoient complets, il y en

auroit huit. Je n'ai point vu de femelles des autres espèces.

Cependant je ne puis dissimuler la présomp-
tion que les deux, auxquelles Buffon a compté
cinq et sept mamelles dans le cabinet du Roi,
n'étoient pas des Micourés comme il le suppose,
si ce n'est de ceux à *queue grosse*. Je me fonde
non-seulement sur ce que les cinq ou sept mamelles ne s'adaptent qu'à ceux-ci, et point au
Micouré premier, mais aussi sur ce que les planches 160 et 161 (*a*) qu'il nous donne, sont celles
du Micouré à *queue grosse*, quoiqu'il leur agran-
disse les oreilles, qu'il donne à la femelle une
poche qu'elle n'a point, et qu'il ouvre cette
poche en travers, chose qui n'est d'aucun Philandre ou Micouré.

Supposant ensuite que Buffon a vu ces deux
femelles, et que ce soit une d'elles qu'il a fait
dessiner, en lui ajoutant la poche qu'elle n'a
point, on doit s'étonner qu'il n'ait pas pris la
peine de les décrire, et qu'il ait préféré de copier Tyson, sans prendre garde que celui-ci parle

---

(*a*) Ce sont celles 45 et 46 du t. 10 de Buffon. — La
planche 162 est la 33.e du Supplément, t. 6, édit. in-4.º
(*Note du Traducteur*).

d'un autre animal (mon Micouré premier) , et que ce qu'il dit n'a rien de commun avec les animaux que Buffon avoit en vue , avec ceux qu'il fit dessiner et qu'il cherchoit à nous faire connoître.

S'il étoit permis de supposer une confiance trop légère à Buffon , et de lui imputer de l'inadvertence , je ne serois pas dans l'embarras de savoir à quoi attribuer la grande confusion qui règne dans ce qu'il rapporte , et cette circonstance particulière , qu'il (*a*) nous donne comme une chose neuve , la description d'un Philandre qui lui paroît différent , et qui n'est que celui de Tyson , comme on le verra bientôt.

Enfin l'on ne peut douter de l'erreur de ceux qui ont posé deux mamelles au Micouré. Ceux qui en ont trouvé quatre , cinq , sept et huit , et qui lui ont donné autant de petits , me semblent parler du Micouré à queue grosse , qui est , je le répète , celui que Buffon a transformé en Micouré premier en copiant Tyson.

Dans une addition , Buffon (*b*) nous donne

____

(*a*) Traduction , t. 12 , p. 177. — Original , t. 11 , p. 20. — Supplément , t. 6 , p. 240 , édit. in-4°.

(*b*) Traduction , t. 12 , p. 172. — Original , t. 9 , p. 117. — Supplément , t. 5 , p. 267 , édit. in-4°.

les notices que M. de la Borde lui a communiquées sur un animal ; et elles se réduisent,
pour ainsi dire, à un petit nombre de choses
générales, et à quelques assertions que la vérité ne soutient pas, parce qu'aucun Philandre
ne produit, je crois, le bruit que fait le chat
lorsqu'on le caresse ; que toutes les espèces n'ont
pas la poche, et qu'aucune ne mange les volailles.

Ensuite Buffon (*a*) revient à traiter des Phi-
landres de Séba ; et je ne puis rien dire à cet
égard, si ce n'est qu'il rapporte mal-à-propos (*b*)
au *Cous-Cous* ou *Cousos* des Indes Orientales,
le passage de Mandeslo, qui, à mon avis, caractérise assez mon Micouré laineux, comme je
le dirai en parlant de celui-ci à son article.

Dans un supplément (*c*), Buffon décrit un
autre Philandre du pays des Illinois, en disant
que sa longueur totale est de 28 pouces 2 tiers

(*a*) Traduction, t. 12, p. 173. — Original, t. 9, p. 119.
— Supplément, t. 8, p. 268, édit. in-4°.

(*b*) Traduction, t. 12, p. 176. — Original, t. 9, p. 124.
— Supplément, t. 3, p. 271, édit. in-4°.

(*c*) Traduction, t. 12, p. 177, — Original, t. 11, p.
20. — Supplément, t. 6, p. 240, édit. in-4.°

(78 centimètres); la queue, de 13 pouces un sixième (35 cent. et demi). Ces dimensions, quoiqu'un peu plus grandes, sont cependant proportionnelles aux miennes, et cela seul suffit pour soupçonner une identité que confirme le reste de ce qu'il rapporte, parce que les deux animaux ont du poil de deux sortes; que le plus long est blanc, et qu'il est indifférent que Buffon donne à ce poil 3 lignes (près de 7 millimètres) de plus que moi sur le dos. Le poil du ventre, dans celui de Buffon, est cendré-blanchâtre, et c'est de même dans le mien. Il dit que sur le corps et sur les jambes, les poils sont d'un brun plus ou moins nuancé de cendré, ce qui revient à ce qu'ils sont dans le mien. Les deux animaux ont une tache brunâtre qui prend du coin de l'œil, et finit en s'affoiblissant du côté du nez, dont l'extrémité est la seule partie de la face qui soit noire dans celui de Buffon et blanchâtre dans le mien. Le mien a aussi la tête blanche comme celui de Buffon, mais avec une raie foncée qui, de l'entre-deux des oreilles, suit sur le museau, et dont Buffon ne parle pas. Finalement, l'un et l'autre ont la queue écailleuse et l'oreille pelée, ce qui la rend semblable à

du

du parchemin brun , dit Buffon , quoique dans le mien l'oreille ne soit noire qu'à la racine. Buffon donne aux oreilles des dimensions plus courtes, comme 13 lignes (3 centimètres) de longueur, et 9 lignes (2 centimètres) de largeur , ce qui peut venir de ce qu'il les aura vues détachées ou racornies ; de manière que ces animaux ne diffèrent qu'en ce que Buffon dit que le sien a la tête moins alongée , un ongle plus court dans le doigt interne des pieds de derrière , et la queue entièrement pelée.

Pour moi , ces diversités me semblent imaginaires , car ces animaux ne diffèrent qu'en ce que celui des Illinois a le poil plus long et d'une autre couleur, et que le Sarigoueya a une queue avec des poils dans les 3 quarts de sa longueur.

Quant à la planche 163 (*a*) , je n'y vois rien qui puisse appartenir au Sarigoueya ou Micouré premier ; et cela n'est pas étrange , puisque l'auteur nous en donne beaucoup d'autres qui sont dans le même cas.

(*a*) De Clavijo ; je crois que c'est la 34.e du supplément , t. 6 , édit. in-4.º

Dans le supplément (*a*), Buffon fait mention d'un autre Micouré ou Philandre, dont les couleurs, et le poil un peu plus long, ne diffèrent pas absolument de mon Micouré laineux ; du moins il n'est aucun de ceux que je connois, à qui cela puisse convenir autant qu'à lui. Mais la longueur de 20 pouces et demi (près de 55 centimètres) qu'il lui donne depuis le museau jusqu'à la naissance de la queue, ne sauroit lui être adaptée en aucune manière, et encore moins ce qu'il ajoute que la queue est proportionnellement beaucoup plus courte que dans mon Micouré actuel. Mais peut-être doit-on supposer que c'est une faute typographique, et lire *plus longue*, ou penser que s'il n'a pas mis *plus courte* pour *plus longue*, ces mesures ont été prises sur quelque peau qui s'étend ou se raccourcit selon la préparation, ou enfin que la mesure est totale et comprend la queue.

____

(*a*) Traduction, t. 12, p. 179. — Original, t. 11, p. 23. — Supplément, t. 6, p. 242, édit. in-4.°

MICOURÉ SECOND,

OU MICOURÉ LAINEUX.

Didelphis Cayopollin et Didelphis Dorsigera.
Linn ?

Cayopollin. — Buffon ?

Didelphe Cayopollin. — La Cépède ?

Je n'ai vu que celui que je décris ici , et que
Don Garcia Francia obtint d'une personne qui
lui dit l'avoir pris dans le *Caazapa* , à une distance de 5o lieues (*a*) (2o myriamètres 4 cinquièmes). Connoissant mon goût pour l'histoire naturelle , il voulut m'en faire présent ,
et me l'envoya dans un faux-fourreau de pis-
tolet , où il mourut fatigué du voyage. Je l'ai décrit lorsque je ne possédois pas les connoissances que j'ai aujourd'hui ; et le mettant dans de

______

(*a*) Le la cité de l'Assomption du Paraguay , où l'auteur écrivoit. (*Note du Traducteur*).

l'eau-de-vie , je l'envoyai au cabinet royal d'histoire naturelle de Madrid. Je ne lui trouvai point de mauvaise odeur (a) , ce qui pouvoit provenir de ce qu'il y avoit plusieurs heures qu'il étoit mort.

Longueur, 22 pouces 1 sixième (6 décimètres).

Queue, 13 pouces et demi (36 centimètres), dont les 4 pouces et demi (12 centimètres) de la pointe manquent de poil ; la partie pelée s'étend par-dessous jusqu'à compléter 9 pouces (24 centimètres) ; la circonférence de la queue à sa racine est de 19 lignes (4 centimètres), et elle n'est ni conique ni ronde , mais en prisme triangulaire , avec des angles très-émoussés , et une petite rainure suit le milieu du plan inférieur.

La circonférence du corps est de 5 pouces (13 centimètres et demi).

La tête est longue de 2 pouces 1 quart (6 centimètres) ; large entre les oreilles d'un pouce et demi (4 centimètres) , et étroite jusqu'à la pointe du museau qui est pelé , blanchâtre , et qui a une rainure laquelle sépare des narines taillées en demi-lune.

(a) L'auteur entend ici la mauvaise odeur qui est le partage de certains Micourés. (*Note du Traducteur*).

Les moustaches sont fines , très - longues , noires et divergentes ; il y en a aussi un peu en arrière et au-dessous de la partie postérieure de l'œil qui est saillant, assez grand , et dont l'iris est couleur de laine de Vigogne. Il y a quelques poils roux en arrière de l'œil , et d'autres blancs au bord de la mâchoire inférieure.

L'oreille est haute de 12 lignes (2 centimètres 2 tiers) , large de 6 lignes (1 centimètre 1 tiers) , un peu pendante , sans poil en dedans et jusqu'à sa moitié en dehors ; très-menue , élliptique , d'une teinte violette livide (*a*) ; et autour de sa racine , en avant , est une pointe qui surpasse le bord.

La mâchoire supérieure excède de 4 lignes (un centimètre) , et a 10 incisives ; les deux du milieu un peu plus longues et fortes , ont un creux à leur pointe. En bas , il y a 10 incisives , qui , de 4 en 4 , laissent entre elles un vide que remplissent les 2 longues incisives d'en haut. Outre cela , il y a dans la mâchoire supérieure deux canines de chaque côté , séparées entre elles par un intervalle ; l'extérieure ,

____

(*a*) Comme celle du sang extravasé par l'effet d'un coup. (*Note du Traducteur*).

qui est la plus grande, a quatre lignes (près d'un centimètre); dans la mâchoire inférieure sont autant de canines qu'en haut, mais elles sont plus petites, et les molaires sont en tout au nombre de 16.

Les quatre pieds sont comme dans le Micouré proprement dit.

C'est la même chose du membre. Le scrotum pend de 10 lignes (2 centimètres 1 tiers), et les testicules, qui sont extrêmement comprimés, sont sphériques, avec 6 lignes (13 millimètres) de diamètre, et un mamelon dans la partie inférieure : ce scrotum manque de poil, et est d'un blanc azuré.

Du museau naît une petite raie brune, large d'une ligne (2 millimètres) qui suit le milieu de la tête et finit à l'occiput. Le contour de l'œil est cannelle-ardent, et entre ce contour et la petite raie, la couleur est brun-clair. L'occiput, les faces extérieures des jambes de devant, la face antérieure des jambes de derrière et le tarse, sont de couleur tabac-d'Espagne. C'est la même nuance sur le dos, quoique plus opaque, et le reste du corps est brun-clair, et le blanc domine beaucoup dans les parties inférieures et entre les quatre jambes.

Le poil de la face est très-court ; celui du dos , de la queue et de la partie postérieure des jambes de derrière , a 1 pouce (2 centimètres 2 tiers) ; et dans le reste, il n'est pas aussi long ; mais tout le poil est très-serré , laineux , doux , et feroit d'excellentes fourrures , pour lesquelles la peau du Micouré premier seroit également bonne.

Toute la partié pelée de la queue est écailleuse et blanche.

On fit présent à mon ami Noséda d'un autre Micouré laineux , mâle , pris dans les champs du village de Sainte-Marie-de-la-Foi ; il le nourrissôit avec des melons d'eau , parce qu'il ne vouloit pas manger de viande. Il s'échappa , et quelques jours après on le trouva mort sous un arbre.

La description que mon ami en fit, ne diffère point de la mienne , si ce n'est en ce qu'il lui donne 1 pouce (2 centimètres 2 tiers) de longueur de moins que moi, et que, dans sa manière d'expliquer les couleurs , il parle ainsi :

« L'intérieur des poils est azuré , et leur su-
» perficie blanchâtre dans les parties inférieures,
» mais plus encore au ventre et entre les jam-
» bes, et dans le reste le poil est bai-châtain ,

» plus vif sur la tête, dans le contour des yeux,
» sur les côtés du cou, et aux faces extérieures
» des quatre jambes. Sur le front, entre les
» yeux dans le sens de la longueur, on remarque
» une ombre noire ; l'œil est rougeâtre, et la
» pupille est longue ».

A la fin de la critique que j'ai faite du Micouré premier, page 274, j'ai annoncé ma
conjecture, que ce que dit Buffon dans son Supplément (a) appartient à l'animal actuel.

Il décrit (b) le Philandre de Surinam, que
Sibille Merian indique par ces expressions :
*Hic genus Gliris silvestris depictum est qui
catulos quorum vulgò quinque vel sex una
fœtura enititur, in dorso secum portat ; ex flavo
fusci coloris, at subucula ejus alba est. Cum
antra exeunt alimenti causâ, à catulis circum-
curruntur, qui jam saturi vel molestias sus-
picantes, illicò matris dorsum ascendunt, et
caudas suas parentum caudis involvunt, qui
illos statim in antra apportant.* Il est inexact

____

(a) Traduction, t. 12, p. 179. — Original, t. 11, p.
23. — Supplément, t. 6, p. 242, édit. in-4.º

(b) Original, t. 7, p. 388. — T. 15, p. 157, édition
in-4.º

de dire que ce soit le Loir, et tout le reste caractérise le genre sans que l'on puisse connoître l'animal, à moins que ce ne soit par la couleur qui est blanche par dessous, et jaune-rougeâtre par dessus : néanmoins c'est assez pour que je le croie mon Micouré laineux, attendu que ces couleurs n'appartiennent qu'à lui.

Séba dit que l'animal de Merian étoit femelle, et il donne une autre figure et une autre description du mâle, dans laquelle je ne doute pas qu'il ne se trompe : parce que, outre que les Micourés mâles ou femelles n'ont point de différence dans leurs formes, celui de Merian qui, selon Séba, étoit femelle, avoit les couleurs du mien qui est mâle.

Repassons maintenant ce que rapporte Buffon, de l'animal que Séba décrit.

Séba lui donne un œil brillant, des poils longs sur un pelage doux, une oreille nue, des moustaches, une queue pelée et prenante, des mamelles de *Marmose* ou *Micouré à queue courte*, et il fait toujours porter les petits par la mère sur son dos : tout cela, ainsi que le nombre et la forme des doigts, ne fait connoître autre chose, sinon que c'est un Micouré.

Allons plus loin.

Séba lui donne des dents de Loir que je n'ai pas vues ; mais s'il a des dents de rat, comme je le présume, la comparaison est bien peu juste (*a*). Il ajoute que les petits grognent comme les petits cochons-de-lait ; ce qui est une autre comparaison impropre, que les voyageurs, comme je l'ai déjà dit, font à chaque pas, pour indiquer quelle est la voix de beaucoup de quadrupèdes. Il veut que les petits s'attachent par leurs queues à celle de leur mère, tandis qu'ils se fixent où ils peuvent, et il suppose qu'elle les transporte avec légèreté, lorsqu'à peine ils la laissent se mouvoir. Il lui donne une oreille droite, qui ne convient point à l'animal de Merian ; il l'a vu avec un poil laineux, et cette fois, ce caractère est celui de l'animal de Merian. Il lui suppose une queue très-longue, ce qui ne peut s'entendre avec propriété que de mon Micouré laineux, et de mon Micouré à queue longue ; mais il ne convient qu'à ce dernier que cette queue soit pelée, à moins que Séba ne pense que le pelé est uniquement dans la pointe. Il lui donne une griffe plate dans le

----

(*a*) Il semble que c'est M. d'Azara qui a tort de la critiquer. (*Note du Traducteur*).

pouce du pied, que je n'ai pas remarquée dans les Micourés. Il le peint d'une nuance pâle à la queue, ce qui convient au Micouré laineux; mais il la nuance de taches d'un rouge-obscur, que je ne doute pas être des ulcères provenus des coups que l'animal avoit reçus. Il l'a vu d'un jaune rougeâtre, clair sur le dos; mais avec le front, le museau, le ventre et les pieds jaune-blanchâtre. Ces couleurs s'adaptent assez et plus qu'à aucun autre, au Micouré laineux, excepté le contour de l'œil que Séba fait obscur, chose qui est du Micouré à queue longue, et encore des Micourés de ma première et de ma dernière espèce.

Ce que je conclus de tout cela, c'est que Merian et Séba ont traité du Micouré laineux; que Séba parle de différences entre le mâle et la femelle qui n'existent pas, et que d'ailleurs il a assez embrouillé le surplus, comme on peut le conclure de ce que j'ai dit.

MICOURÉ TROISIÈME,

OU MICOURÉ A QUEUE GROSSE.

*Ce Micouré paroît être une espèce absolument
nouvelle.*

Il n'a point de nom particulier, et je lui en ai
donné un propre à le faire distinguer de tous
les autres Micourés, parce qu'il a une queue
disproportionnément grosse, et qu'à sa racine,
elle semble être la continuation du corps. Il
diffère encore des autres Micourés, en ce qu'à
mon jugement il se fixe moins par sa queue, et
que ses oreilles sont plus petites, moins rondes
et un peu plus droites ; que le museau n'est pas
aussi plat vers le haut, ni aussi long, ni aussi
aigu ; qu'il n'y a point de rainure entre les
narines, et que le cou est aussi gros que la
tête.

Me trouvant dans une *estancia* du village de Saint-Stanislas, j'ai vu cet animal attaché à un banc, et qui avoit creusé un trou ou terrier peu profond dans le sol. Un perroquet s'en approcha, et il le tua à l'instant; je lui donnai une petite souris morte, dont il mangea la téte. Il se laissoit manier quoique adulte, et quoiqu'il n'y eût que peu de jours qu'on l'eût pris; on le nourrissoit de chair crue. Il me parut aussi stupide, aussi tranquille et aussi lourd que le Micouré de ma première espèce; mais je ne m'apperçus point de sa mauvaise odeur, peut-être parce que je ne le vis point irrité. Je n'ai pas trouvé non plus de mauvaise odeur à deux autres Micourés semblables à celui-là que j'ai eus, ni à une femelle que j'ai possédée.

Longueur, 23 pouces (62 centimètres 1 tiers).

La queue, 11 pouces (29 centimètres 3 quarts) de long; elle est ronde, et sa circonférence à sa racine est de 3 pouces et demi (9 centimètres et demi).

La circonférence du corps prise sous les bras, est de six pouces deux tiers (dix-huit centimètres).

Le corps dans son ensemble, et dans ses

parties, a les formes de la famille ou du genre
des Micourés ; mais la queue dans un peu plus
du tiers de sa longueur, à partir de son origine,
a du poil comme il y en a sur le corps ; et dans
le surplus, elle a des poils rares, courts et noirs,
naissant entre les écailles, qui sont noires aussi,
excepté dans 1 pouce et demi (4 centimètres)
de l'extrémité où ils sont blancs.

Le scrotum pend comme dans tous les Micourés, et il est velu.

Le dessous de l'œil est cannelle-clair, et cette
nuance, parvenue vers l'angle de la bouche,
s'étend sur la partie inférieure de la tête, et
suit tout le dessus de l'animal. Les quatre pieds
et la face, depuis les yeux jusqu'au bout du
museau, ont une couleur foncée ; le reste, sans
exception, diffère peu de la couleur de la petite souris des maisons, et tout le poil n'est pas
plus long que dans le rat.

L'unique femelle que j'ai eue me fut donnée
dans la cité de l'Assomption à la fin d'avril (au
commencement de floréal), et l'on me dit qu'on
lui avoit vu tuer une vipère.

Sa longueur étoit de 20 pouces (54 centimètres) ; celle de sa queue, de 8 pouces 3
quarts (23 centimètres 2 tiers), avec 2 pou-

ces (5 centimètres et demi) de tour à sa racine.

La différence entre ses couleurs et celles du mâle que j'ai cité , consistoit uniquement en ce que le cannelle-clair étoit dans la femelle blanc-pâle ou un peu jaunâtre.

Au lieu de bourse , elle avoit entre les jambes deux plis remarquables ouverts en ellipse , et qui avoient peu de capacité. Les mamelles étoient en avant sur le contour d'une autre ellipse concentrique et longue , mais avec cette singularité, qu'il y en avoit quatre du côté droit, deux du côté gauche et point au centre ; elles étoient très-apparentes , et il me parut que cette femelle achevoit de nourrir sa progéniture.

Les deux voies ou conduits étoient dans un seul orifice.

Outre ceux que j'ai indiqués , j'ai eu encore deux mâles qui leur étoient semblables ; l'un jeune et de 15 pouces (40 centimètres et demi) de long, l'autre adulte. Ce dernier avait 21 pouces (près de 57 centimètres) de long; sa queue avoit 10 pouces (27 centimètres), avec 2 pouces et demi (6 centimètres) de circonférence à sa racine. La circonférence du corps , mesurée sous les bras , étoit de 5 pouces 2 tiers (15 cen-

timètres 1 tiers), et celle postérieure , mesurée
sous le ventre, un peu moindre. Les moustaches
avoient environ 3 pouces (8 centimètres), et la
différence du pelage consistait uniquement , en
ce que le cannelle-clair du mâle précédent étoit
dans celui-ci tabac d'Espagne très-peu foncé, et
que le reste de la couleur étoit de cette nuance
fondue avec du brun. Le scrotum pendoit de 9 lignes (2 centimètres). La plus grande canine avoit
5 lignes (1 centimètre 1 tiers) ; et l'angle de la
bouche répondoit précisément , comme dans
tous les autres Micourés , à l'angle antérieur de
l'œil. Les différences que je rapporte dans les
mesures , principalement dans la grosseur de la
queue et dans les couleurs , ne me paroissent pas
suffisantes pour qu'on veuille en faire l'argument
d'une différence spécifique.

Parlant à la page (269) du Micouré premier,
j'ai averti que je conjecturois que les individus
que Buffon a vus dans le cabinet du roi , et qu'il
a fait dessiner dans ses planches 160 et 161 (a) ,
étoient de mon espèce actuelle ou troisième ,
et non de celle que disséqua et décrivit Tyson.
J'y ai dit aussi qu'il lui donnoit une poche dont

______

(a) 45.e et 46.e de Buffon , t. 10, édit. in-4.o
manque

manque ce Micouré , et qu'il la fendoit en travers (*a*) dans la planche 161 (*b*) , tandis qu'aucun
Micouré ne l'a dans cette direction. Enfin j'ai
dit que je croyois que les auteurs qui lui donnoient de quatre à huit mamelles , et les auteurs qui lui donnoient un pareil nombre de
petits, avoient eu présent mon Micouré à queue
grosse , et non pas le Micouré premier, qui est
celui de Tyson.

Dans la critique que je ferai du *Micouré à
queue longue* , on verra que le *Cayopolin* (*c*)
de Buffon et sa planche ne sont autre chose que
mon *Micouré à queue grosse*.

Dans celle que je ferai du *Micouré à queue
courte* , on trouvera que la *Murina* de Linné
est encore mon Micouré à queue grosse (*d*) , et
non pas mon Micouré à queue courte , comme
le présume Buffon.

(*a*) Voyez la note *a* de la page 256.

(*b*) La 46.ᵉ de Buffon, t. 10 , édit. in-4.º

(*c*) Voyez la synonymie du Micouré à queue longue.
(*Note du Traducteur*).

(*d*) Voyez la synonymie du Micouré à queue grosse.
(*Note du Traducteur*).

MICOURÉ QUATRIEME,

OU MICOURÉ A QUEUE LONGUE.

Ce Micouré quatrième peut être le Didelphis Murina *de* Linné *, la Marmose de* Buffon *, le Didelphe Marmose de* La Cépède *; mais on pourroit dire la même chose du Micouré cinquième.*

Il y a neuf ans que mon ami Don Joseph de Casal me parla de ce quadrupède, en l'appelant *Angouya-Gouaiquoui* ; mais comme rien ne donne la raison d'une pareille dénomination , je l'ai rejetée, et lui ai substitué celle qui caractérise l'animal : car *Angouya* signifie *Rat*, et ce n'en est pas un ; et *Gouaiquoui* est un mot sans signification.

Le même Don Joseph de Casal assure que la femelle a une poche ; cependant je suis certain qu'elle n'en a point ; et je me fonde sur ce que le Micouré troisième , le cinquième et le sixième, n'en ont pas non plus.

Il m'a dit aussi avoir trouvé de ces Micourés à queue longue dans les creux des troncs, dans les roselières , les buissons et les *bardas* , où ils s'attachent par la queue. Je n'ai vu que celui dont je parle , que Casal m'envoya de Tapoua , en me marquant que les couleurs ne diffèrent ni à raison du sexe , ni à raison de l'âge.

Longueur, 8 pouces 3 quarts (23 centimètres et demi).

Queue, 5 pouces (13 centimètres et demi) , toute pelée, très-douce et luisante.

Les formes sont celles du genre.

Le scrotum est très-doux et sans poil , et ne pend point comme dans les autres ; circonstance qui, avec celle de testicules très-petits et suspendus , me font croire que l'individu n'étoit point entièrement adulte.

Une ligne remarquable et noire forme le contour de l'œil ; en dehors de cette espèce d'anneau en est un second blanchâtre , qui laisse entre lui et celui qui lui correspond de l'autre côté, une ligne obscure qui se termine par le parallèle du grand angle. Entre les oreilles , sur tout l'animal et sur la queue , la couleur est celle de la petite souris domestique ; mais les flancs sont plus clairs ou blanchâtres, et principalement les côtés des jambes de devant. La mâchoire inférieure, le dessous de la tête, et la partie antérieure des jambes de devant, sont presque blancs, et le reste du dessous de l'animal est blanc-sale.

Tout le pelage est aussi doux et aussi court que celui de la souris citéé, et peut-être plus.

A la page (259) j'ai dit que la troisième phrase de Brisson me paroissoit caractériser le Micouré à queue longue, et non celui auquel Buffon la rapporte.

Buffon dit (a) qu'on remit au cabinet du Roi la peau d'un Sarigoueya de Cayenne, adulte, long de 3 pouces et demi (9 centimètres et demi), et ayant une queue de 4 pouces 1 tiers (près de 12 centimètres). Ces mesures qui forment une longueur totale de 7 pouces 5 sixièmes (24 centimètres), ne me laissent pas douter que ce ne soient celles du Micouré à queue longue.

***

(a) Traduction, t. 12, p. 172, à la note. — Original, t. 9, p. 117, à la note. — Supplément, t. 3, p. 267, à la note, édition in-4.°

Le même auteur décrit (*a*) le *Cayopolin* d'après Hernandez , qui le caractérise en le faisant un peu plus grand que le rat , en lui donnant une queue très-forte et très-épaisse , et le ventre, les jambes et les pieds blancs. Il semble que tout cela ne laisse pas douter qu'on parle du Micouré à queue longue. Le reste de ce que dit Hernandez ne sert point à désigner l'espèce.

Séba qui le copie , comme le dit Buffon , ajoute uniquement qu'il a la tête et la queue un peu plus grosses que la *Marmose* , qui est mon cinquième Micouré ; et en cela il a raison , mais point en le faisant africain.

Buffon eut un animal , et se figurant que c'étoit le *Cayopolin,* il le nomma ainsi, et le réunit au Cayopolin , quoique ce fussent deux individus divers , et sans remarquer que la description de celui de Hernandez ne convenoit point au sien qu'il décrit sans rien dire d'utile , si ce n'est qu'il est plus grand et qu'il a la queue plus longue que la *Marmose* , et qu'il approche encore plus que celle-ci de l'espèce du Sarigoueya.

____

(*a*) Traduction, t. 12, p. 185. — Oiginal, t. 4, p. 183. — T. 10, p. 350 , à la note , édit. in-4.º

Quoiquece s signes conviennent au Micouré à queue grosse, ce ne sont point des caractères spéciaux, et ils ne suffiroient point pour que je crusse qu'il parle de celui-ci, si je n'avois pas vu la planche 166 (*a*) qui lui appartient, principalement dans sa queue grosse et velue à sa racine, quoiqu'on l'ait faite un peu trop longue.

Quant aux couleurs, il n'en dit rien, et se contente de copier la phrase de Brisson : *Philander saturatè spadiceus in dorso, in ventre ex alboflavicans caudá ex saturatè spadiceo maculatá*, et qui est du Micouré troisième, quoiqu'il n'ait pas la queue tachetée, mais toute d'une couleur plus foncée que le dos. Mais cet animal est de l'Amérique, et non pas de l'Afrique.

Enfin, il me paroît que le Cayopolin de Hernandez est mon Micouré à queue longue (*b*) ; et que celui de Brisson, de Buffon et sa planche, offrent mon Micouré à queue grosse.

(*a*) C'est la planche 55.e de Buffon, t. 10, édition in-4.°

(*b*) Voyez la synonymie.

MICOURÉ CINQUIEME,

OU MICOURÉ A QUEUE COURTE.

Voyez la synonymie au titre du Micouré
quatrième.

Quoique le vulgaire nomme ce Micouré cinquième (ainsi que le Micouré sixième) *Angouya* (Rat); comme ce n'est point un rat, je lui ai donné un nom qui fait allusion à la briéveté de sa queue.

Mon ami Noséda m'a envoyé sa description, dans laquelle j'ai classé les idées, retranchant les choses insignifiantes, et j'y ai introduit les notices qu'il m'a communiquées depuis dans diverses lettres; et enfin, je l'ai rectifiée en entier sur un individu que cet ami tenoit dans une cage, en le nourrissant de chair, parce qu'il ne vouloit point manger d'oranges.

Dans les premiers jours de décembre (à la mi-frimaire), des jeunes gens lui avoient amené un mâle, qui s'échappa de la cage où on l'avoit mis, et s'introduisit dans des trous que les rats avoient faits dans la cuisine. Mais ceux ci, au bout de huit heures, le chassèrent, et formant une petite troupe, ils le poursuivirent obstinément, et l'obligèrent à fuir en criant *chi*, *chi*, plusieurs fois répété. A ce bruit du Micouré on accourut, et on le remit dans la cage, où il mourut dans le même mois de décembre (au commencement de nivose).

Quand on lui donnoit des souriceaux, il les tuoit ; une fois, pressé par la faim, il arracha les boyaux à l'un de ces animaux et les mangea, laissant le reste. Si, lorsque le besoin le tourmentoit, on lui montroit de la chair d'un peu loin, il manifestoit un violent désir, sautoit en criant, et se dépitoit beaucoup lorsqu'on ne lui en donnoit qu'en petite quantité. Il mangeoit très-peu, et ensuite il se frottoit promptement le museau avec les pattes de devant. Il buvoit en répétant les coups de langue d'une manière pressée, et il dormoit le corps et les quatre pattes étendus. Il étoit très-doux, quoiqu'il l'eût été moins dans le principe ; mais si on l'irritoit, il répandoit une odeur mauvaise, quoique peu forte.

Longueur, 8 pouces et demi (23 centimètres).

La queue, 2 pouces et demi (6 centimètres 3 quarts), grosse, prenante et pelée, excepté dans l'intervalle de 5 lignes (1 centimètre 1 tiers) à la racine.

Hauteur antérieure, 2 pouces et demi (6 centimètres 3 quarts) ; postérieure, 2 pouces 3 quarts (7 centimètres et demi).

Circonférence antérieure, 3 pouces et demi (9 centimètres et demi) ; et au ventre, 3 pouces 1 quart (8 centimètres 3 quarts).

Du museau à l'oreille, il y a 17 lignes (3 centimètres et demi).

Celle-ci est haute de 4 lignes (1 centimètre), large de 9 lignes (2 centimètres), pelée, plus aiguë et plus petite que dans les autres Micourés.

Dans la mâchoire supérieure, il y a deux incisives au milieu ; et après un intervalle, on voit quatre autres incisives de chaque côté ; un nouvel espace se montre encore, puis une canine de 3 lignes (7 millimètres). Après cette canine, il y a deux intervalles qui séparent ; l'un, une canine, et l'autre, quatre molaires.

Dans la mâchoire inférieure, il y a huit incisives sur les côtés, laissant au milieu un vide ;

et après un autre vide, est une canine égale à celle d'en haut. Un intervalle suit aussitôt après, puis vient une petite canine, puis un nouvel intervalle, puis une autre petite canine ; tout de suite après, un nouveau vide, et enfin cinq molaires.

Les quatre pieds sont ceux du genre.

Le scrotum pend beaucoup ; il est couvert d'un poil court et blanchâtre sur une peau obscure.

Le corps est plus applati, plus gros et plus aminci que dans les autres Micourés.

Le poil de tout le corps est court et doux comme celui du souriceau. Dans un très-petit espace au-dessus de l'œil et à partir du dessous de cet organe, sur tout le côté de la tête, et sur le côté de l'animal jusqu'à la queue, le pelage est d'un cannelle vif : c'est la même chose dans toute la partie inférieure, où la nuance est néanmoins un peu plus claire. Sur le museau, il est brun ; et sur tout le reste, brun-plombé ; ou plutôt, c'est un mélange, parce que quelques poils ont une pointe blanchâtre qu'on aperçoit entre les autres.

Le 13 décembre (à la fin de frimaire) on amena à mon ami Casal une femelle avec quatorze petits, morts ou mourans du mauvais traitement qu'on leur avoit fait souffrir, soit en les prenant, soit depuis. Cependant les deux plus forts avoient pris les mamelles lorsqu'on les approcha ; mais la mère ayant couru, leur peu de force ne leur permit pas d'y rester attachés, et ils moururent le troisième jour. Il paroît qu'il y avoit environ huit jours qu'ils étoient nés, d'après le rapport de ceux qui avoient poursuivi la mère à cette époque, sans avoir pu la prendre. Ils assurèrent aussi que lorsque la mère couroit, les petits traînoient, sans que pour cela ils abandonnassent les mamelles.

Lorsque mon ami les vit, ils étoient sans poils, aveugles, et longs d'un pouce et demi (4 centimètres), sans la queue qui avoit 4 lignes (1 centimètre). La mère fut trouvée dans un *pajonal* contigu au bois ; et comme elle étoit dans son trou sous terre, ils l'inondèrent d'eau, et l'obligèrent à en sortir et à courir avec ses petits collés et accrochés comme lorsqu'elle y étoit entrée, parce qu'elle ne les abandonne jamais.

Elle n'avoit point de poche ; mais, sous le ventre, on voyoit une tetine volumineuse qui se montroit plus par derrière ; et l'on y trouvoit quatorze mamelles si petites, qu'à peine on pouvoit les compter. Quelques jours après la perte de sa progéniture, le lait tarit, et l'on avoit déjà besoin d'une loupe pour voir et pour compter les mamelles.

Jamais elle ne décela la mauvaise odeur qu'a le mâle.

Sa longueur étoit de 6 pouces 4 cinquièmes (18 centimètres 1 tiers); et celle de sa queue, de 2 pouces (5 centimètres et demi).

Le cannelle-vif du mâle ne se voit que sur les côtés du corps; la nuance est de couleur brunâtre, parce qu'elle se fond avec le poil plombé du dos. Les parties inférieures sont cannelle-blanchâtre, ou plutôt bai-cannelle.

A la page (259) j'ai dit qu'il me paroissoit que les deux premières phrases de Brisson convenoient à cet animal, et non au Micouré premier, auquel les applique Buffon, qui décrit un animal (a) appelé *Marmose*, parce qu'on le nomme ainsi au Brésil, à ce qu'il dit; moi, j'en doute beaucoup, parce que ce son n'est pas brésilien, et qu'il n'est pas connu ici au Paraguay.

____

(a) Traduction, t. 12, p. 181. — Original, t. 4, p. 278.
— T. 10, p. 335, édit. in-4.º

Il dit que c'est le *Mus silvestris America-*
nus Scalopès *dictus* de Séba ; mais qu'il soit
ou non le *Scalopès* , le reste de la phrase est
très-équivoque.

La phrase de Brisson : *Philander saturatè*
spadiceus in dorso , in ventre dilutè flavus ,
pedibus albicantibus , s'arrange assez avec le
Micouré à queue courte.

L'indication de Linné : *Murina. Didelphis*
caudá semi pilosá mammis senis , ne convient
à rien autant qu'au Micouré à queue grosse (*a*) ;
par conséquent Buffon le critique bien , parce
qu'il ne devoit pas ignorer que l'*Opossum* qui
a une poche , et qui est mon Micouré premier ,
est différent de la Murine qui est mon Micouré
à queue grosse , et qui manque de poche.

Dans le texte , Buffon dit qu'il a compté
quatorze mamelles à la femelle , quoiqu'elle
n'eût que dix petits , parce que , sans doute , les
autres avoient péri auparavant (*b*). Il leur donne

______

(*a*) Voyez la synonymie du Micouré quatrième.

(*b*) Voici le texte de Buffon : « Nons avons vu dix pe-
» tites marmoses , chacune attachées à un mamelon , et
» il y avoit encore sur le ventre de la mère , quatre ma-
» melons vacans , ensorte qu'elle avoit en tout quatorze
» mamelles ». (*Note du Traducteur*).

en naissant la grosseur de petites fèves , et il ajoute que la mère manquoit de poche. Tout cela convient au Micouré à queue courte , comme d'excaver les terriers de lapins, et d'avoir toute la queue pelée , excepté vers son origine. Il lui donne deux plis longitudinaux entre les cuisses , et dont Noséda ne fait pas mention ; et je crois qu'elle ne les a point , et que Buffon les a pris du Micouré à queue grosse, pour les appliquer à la Marmose ou Micouré à queue courte. Le reste de ce qu'il rapporte ne sert à rien , si ce n'est à nous montrer que la Marmose fait la chasse, suspendue par la queue , et qu'elle pêche aussi avec sa queue.

Quant à la planche 164 (*a*) qu'il donne comme celle du mâle , elle ne sert point à indiquer le Micouré à queue courte , parce que , quoiqu'il lui fasse une queue qui n'a des poils qu'à son origine seulement, il l'élargit avec excès , l'aggrandit , fait tomber les oreilles , et allonge et élève les jambes.

La planche 165 (*b*) de la femelle n'offre pas les plis longitudinaux dont parle Buffon, et le

---

(*a*) Planche 52.e , t. 10 , p. 348, édit. in-4.º
(*b*) Planche 53.e , t. 10 , p. 348 , édit. in-4.º

reste n'est pas davantage du Micouré à queue courte.

Ensuite Buffon *(a)* fait une addition au Micouré à queue courte qu'il commence en disant, que les Sarigoueyas, les Marmoses et les Cayopolins portent leurs petits dans une poche, mais cela n'est point ainsi, puisque le Sarigue seul a cette poche.

Ensuite il nous copie des observations sur le fœtus, le part, etc. de la marmose que Don Joseph Clavijo n'a pas cherché à traduire, et il a très-bien fait, parce qu'à mon avis, ce sont des assertions que M. Roume de Saint-Laurent a hasardées beaucoup trop légèrement.

(a) Original, t. 11, p. 25. — Supplément, t. 6, p. 243, édit. in-4.°

MICOURÉ SIXIEME,

OU MICOURÉ NAIN.

Espèce nouvelle.

JE ne sais comment on nomme cet animal, si ce n'est comme je le fais parce qu'il est le plus petit de ceux de son genre.

Je n'ai eu que deux mâles semblables entre eux que les Indiens de Saint-Ignace-Gouazou, qui les avoient pris dans leurs *chacarras*, me vendirent à des jours différens du mois d'octobre (vendémiaire et brumaire).

Comme le Micouré cinquième a été pris dans le même lieu, quelqu'un pourroit penser que les deux sont de la même espèce ; mais on se tromperoit beaucoup, parce que le rapport de la longueur totale de l'animal à celle de sa queue, est très-différent dans les deux espèces.

Longueur, 7 pouces (18 centimètres 3 quarts).

Queue, 3 pouces 2 tiers (9 centimètres 4 cinquièmes), toute pelée et un peu plus mince,

à

à proportion que celle du Micouré à queue longue , mais elle est également prenante.

Quoique l'ensemble de l'oreille et ses parties soient du genre , elle est un peu plus droite , ronde, et n'a pas 6 lignes (13 millimètres) dans sa plus grande hauteur ; sa plus grande largeur est de 4 lignes (9 millimètres).

Les moustaches sont beaucoup plus fines que celle du souriceau.

Les testicules sont un peu lâches et pendent dans le scrotum ; ils ont ensemble 5 lignes (1 centimètre 7 dix-huitièmes) de diamètre, ce qui me fait croire que l'animal est adulte.

Je ne lui ai trouvé aucune mauvaise odeur.

Le poil est court et doux comme celui du souriceau. Le contour étroit de l'œil est noir , et s'élargit vers le grand angle. Le sourcil , qui est placé au-dessus de ce contour , est blan- châtre et peu sensible, laissant entre lui et l'autre sourcil, un triangle obscur peu remar- quable. L'entre-deux des oreilles , tout le des- sus de l'animal , ses côtés et l'extérieur des quatre jambes , sont d'une nuance plombée, un peu plus obscure que celle du souriceau que j'avois alors présent.

Sur la mâchoire supérieure , au-dessous de

I　　　　　　　　　　　　20

l'œil, est une tache blanc-jaunâtre. Le dessous
de la tête et toute la partie inférieure des quatre
jambes, sont blanchâtres et plus clairs que dans
le souriceau. La queue est un peu plus claire
que le dessous du. corps , et le scrotum a
un petit duvet court et blanc sur une peau
obscure.

L'AGOUARA-GOUAZOU.

Ursus Cancrivorus. — Cuvier.

Raton Crabier. — Buffon.

Ours Crabier. — La Cépède

Agouara est le nom qui équivaut à Renard, et on l'applique à divers animaux que l'on distingue ensuite par quelque adjectif. L'adjectif de l'animal actuel est *Gouazou*, qui signifie *grand*, et qui fait allusion à ce qu'il est le plus grand des *Agouaras*. Les Indiens Payagouas l'appellent *Paraépaga*.

On assure qu'il fait deux ou trois petits, et que ceux-ci suivent la mère dès qu'ils le peuvent.

Mon ami Noséda en élevoit un qui mourut parce qu'il ne put digérer de la chair de vache crue.

Depuis, nous en prîmes un autre en octobre (vendémiaire), qui pouvoit avoir trois mois, et nous le tînmes attaché. Lorsque quelqu'un s'approchoit, il grognoit et aboyoit comme un

20 *

chien , mais avec plus de force et de confusion.
Il buvoit en lappant , et mangeoit de la chair
crue et cuite , la pressant avec les pattes de
devant pour la dépecer , et la tirant avec sa
bouche. J'observai qu'il la rendoit à demi-di-
gérée dans ses excrémens. Nous le fîmes jeûner,
et nous remarquâmes que , sans répugnance , il
alloit manger de nouveau ce qu'il avoit déjà
excrémenté dans la chambre.

Il aimoit beaucoup les rats , les petits oiseaux,
la canne à sucre et les oranges ; mais je ne l'ai
vu ni faire la chasse aux poules , ni les attaquer , quoiqu'elles passassent quelquefois à sa
portée.

Dans l'état de liberté , l'Agouara-gouazou ne
cause aucun dommage parmi les troupeaux de
grandes ou de petites bêtes ; et comme il habite uniquement les esters , on ne peut douter
que sa principale nourriture ne se compose
d'espèces de limaçons et de crustacées , et de
quelques rats , ou de petits oiseaux et de leurs
œufs , parce que , comme je l'ai dit , il digère
mal la chair de vache. J'infère de là que c'est
à tort que quelques personnes assurent avoir
élevé l'Agouara-gouazou dans leurs maisons
pour s'en servir à la chasse , parce que nul

n'est en état de le nourrir ici avec autre chose que de la viande.

Il va à très-grands pas. Le corps et la tête sont notablement plus courts que dans le chien ; mais les quatre jambes sont plus longues , le museau beaucoup plus aigu, la face plus plate; l'oreille est plus grosse, et dans son bord postérieur vers le bas, il semble que son épaisseur se divise pour former deux bordures.

Je n'ai vu que quatre petits ; un à la fin de septembre (au commencement de vendémiaire), et si chétif, qu'il me parut être né à la fin de juillet ou dans les premiers jours d'août (au commencement de thermidor). Tous étoient semblables entre eux.

Mon ami Noséda prit un Agouara-gouazou adulte, et le décrivit dans les termes suivans :

« Sa figure est si ressemblante à celle du chien , que celui qui le verroit dans les champs sans le connoître, croiroit que c'est un chien ; car il n'a d'autres différences que des oreilles dures, très-grandes, hautes de 5 pouces un quart (15 centimètres et demi), ayant 3 pouces et demi (9 centimètres et demi) dans leur plus grande largeur , et leur ouverture tournée en avant. Il a aussi les quatre pieds et la figure plus fines et plus mignones. Je n'ai pas observé qu'aucun autre trait le distinguât, en le comparant avec un chien qui étoit présent.

» Il habite les esters et les terrains bas et noyés ; il est grand nageur et nocturne ; il va seul ; et comme les nuits d'été sont courtes, on a coutume de le trouver lorsqu'il retourne à son gîte. Il vit de toute espèce de chasse, et je présume de celle des cerfs aussi, parce qu'il est léger et coureur ; il est très-habile à suivre la piste, bon chasseur et brave. Son *hurlement* est une *complainte* qui dit *goua-a-a*, *goua-a-a*, *goua-a-a* ; on l'entend de très-loin, et il épouvante quelquefois les troupeaux ».

» L'Agouara-gouazou que je vais décrire, fut pris vivant ; comme on lui avoit attaché la bouche, il mourut bientôt, désespéré de se voir dans cet état.

» Longueur totale, 68 pouces (1 mètre 84 centimètres).

» La queue, 15 pouces et demi (42 centimètres).

» Hauteur devant, 28 pouces (près de 76 centimètres); derrière, 30 pouces (81 centimètres).

» Circonférence du cou, 14 pouces (38 cen-

timètres) ; celle du corps, prise sous les bras,
25 pouces (près de 68 centimètres).

» De la pointe de l'ongle au carpe, 7 pouces
(19 centimètres) ; et du carpe au ccude, 13
pouces (35 centimètres).

» De la pointe de l'ongle au métatarse, 11
pouces (29 centimètres 4 cinquièmes), et la
même distance du métatarse au jarret.

» De la pointe du museau à l'oreille, 5 pouces
et demi (près de 15 centimètres) ; et jusqu'au
grand ongle , 4 pouces (11 centimètres). L'intervalle entre les oreilles , 3 pouces et demi
(plus de 9 centimètres) ; celui des narines ,
7 lignes (15 millimètres), et leur ouverture a
10 lignes (2 centimètres 1 tiers), avec la forme
d'un 7 renversé.

» Il y a six incisives dans la mâchoire supérieure , et autant dans l'inférieure ; en haut
avant les canines , et en bas après elles , est un
vide où s'emboîtent des canines, de 10 lignes
(2 centimètres 1 tiers), fortes , fines et très-
aiguës ; puis après un autre espace, sont six molaires dans chaque mâchoire.

» Au-dessous de la tête est une grande tache
blanche entourée d'une autre tache foncée. La
couleur générale de l'animal est d'un roux foncé,

très-clair dans les parties inférieures , et presque blanc à la queue et dans l'intérieur des oreilles. Dans un espace de deux pouces , à partir des ongles sur le carpe et sur le coude , il est très-noir ; mais cela dégénère en rougeâtre. De la même manière, à partir des yeux , le rougeâtre dégénère en noir jusqu'à la pointe du museau , qui est noir. De l'occiput à la fin de l'épaule, il y a une crinière de 5 pouces (13 centimètres et demi), dont les poils sont noirs de leur moitié à leur pointe.

» Le poil du corps est assez long , puisqu'à la croupe il a 4 pouces et demi (12 centimètres). Il n'est ni lisse ni âpre , et peut servir pour d'excellens tapis. Celui de la queue est un peu touffu , long comme celui du corps , ou même un peu plus.

» La femelle ne diffère point du mâle , ni sa vulve de celle de la chienne , et elle a six mamelles de chaque côté.

» Beaucoup de personnes disent que la femelle a des vipères dans les reins et dans le cœur , et affirment les y avoir vues. D'autres ajoutent avoir rencontré des guêpes dans ses entrailles ; mais ce qui est certain , c'est que voulant m'assurer de ces faits , je n'ai rien trouvé, si ce n'est dans le rein droit, une poche remplie de vers en mouvement ; ils étoient au nombre de six , et tous en progression, de l'un à l'autre ; le plus grand ayant i5 pouces (40 centimètres 3 cinquièmes), et ils se nouris-soient tous d'une humeur sanguinolente qui se trouvoit là. J'ai ouvert un autre petit sans lui trouver de vers en aucun endroit».

J'ai dit à la page (i43), que l'*Agouara-gouazou* est l'*Ocorome* des Moxes que Buffon (*a*) a cru faussement être mon *Gouazouara* ou son *Cougouar* ; puisque celui-ci est du genre chat , et l'Ocorome du genre renard , quoiqu'il ait la queue si courte qu'elle n'arrive point aux jarrets. Mais, malgré cela , tout ce qu'on lit sur cet animal , tom. 7 , pag. g5 des *Lettres Edifiantes*, n'en est pas moins un conte pué-rile et ridicule.

Buffon (*b*) décrit un animal que les fourreurs appellent *Guepard*. Il en a seulement vu quel-

____

(*a*) Traduction, t. 11 , p. 194. — Original, t. 3 , p. 299, — T. 9 , p. 217 , édit. in-4.°

(*b*) Original , t. 6 , p. i85. — T. i3 , p. 249 , édit. in-4.°

ques peaux , et cependant il le rapporte fran-
chement au genre chat. Il dit qu'il a le poil
long comme celui du lynx , mais que ce n'en
est pas un , parce que ses oreilles ne sont point
terminées par un pinceau. Il nie aussi que ce
soit une panthère, un léopard ou un once,
parce que ceux-ci ont le poil court. Il le sépare d'eux tous à cause d'une crinière longue
de 4 à 5 pouces (de 10 à 13 centimètres), qu'il
porte sur le cou et entre les épaules ; parce
que le poil du ventre est long de 3 à 4 pouces
(8 à 10 centimètres) , et parce qu'il a la queue
à proportion plus courte que celle de ces animaux. Il lui donne à-peu-près la taille de
l'once , c'est-à-dire , un corps de 42 pouces
(1 mètre 13 centimètres et demi). Il a vu sa
robe d'un fauve très-pâle , parsemée , comme
celle du léopard , de taches noires , mais plus
voisines les unes des autres , et plus petites ,
n'ayant que 3 ou 4 lignes (de 7 à 10 millimètres) de diamètre.

Celui qui réfléchit un peu , ne doutera pas que
le Guepard ne soit mon Agouara-gouazou (a)

(b) Voyez la synonymie de l'article actuel.

que Buffon fait ici, pour la seconde fois, du genre chat, et auquel il donne des taches noires qu'il n'a point, sinon lorsque les fourreurs teignent les Agouara-gouazous, pour donner un plus grand prix à leurs peaux.

Buffon (a), à la fin de la description de l'*Alco*, doute si le *Techichi* de la Nouvelle-Espagne est ou n'est pas le *Koupara* de la Guyane. Je ne partage point le doute de l'auteur, et je vois que le *Koupara* est mon Agouara-gouazou. Je me fonde pour cela, premièrement sur ce que le Koupara vit de crustacées, et qu'à cause de cela, on l'appelle à la Guyane *Chien-Crabe*, et qu'il n'est pas douteux que l'Agouara-gouazou ne fasse la même chose dans les esters qu'il habite, puisqu'il digère mal la viande. Secondement, parce que les deux sont comparés au renard et au chien pour la figure, et au chacal pour le poil long et fauve. Troisièmement, parce que les noms de Koupara et d'Agouara qu'on a probablement tirés de l'aboiement, sont presque la même chose; et quatrièmement, que l'indication de

____

(a) Traduction, t. 9, p. 93, à la fin. — Original, t. 7, p. 384. — T. 15, p. 153, édit. in-4.°

Barrère qui dit (*a*) *Canis ferus , major , cancrosus , vulgò dictus Koupara* s'accommode à l'Agouara-gouazou.

(*a*) Traduction , t. 9 , p. 94 , à la note. — Original , t. 7 , p. 385 , à la note. — T. 15, p. 153, édit. in-4.º

L'AGOUARACHAY,

Espèce qui paroît inconnue.

J'ai déjà dit qu'*Agouara* équivaloit à Renard. Le reste n'a point de signification, et c'est une addition par laquelle on distingue cet animal du précédent et du suivant.

L'Agouarachay n'est pas rare au Paraguay, où il se cache dans les buissons et dans l'épaisseur des bois. Aux lieux où il ne peut pas trouver de pareils asyles, par exemple, dans les Pampas, au Sud de Buenos-Ayres, il se cache dans les terriers des *Vizcaches.*

Mon ami Noséda a expérimenté que l'Agouarachay pris jeune s'apprivoise et joue avec son maître, de la même manière et avec plus de tendresse et d'expression que le chien. Il reconnoît les personnes de la maison, et les fête en les distinguant des étrangers, quoiqu'il n'aboie jamais contre ces derniers. Mais s'il entre dans la maison un chien du dehors, son

poil se hérisse, et il le menace par ses aboiemens jusqu'à ce qu'il le fasse fuir, mais sans
oser le mordre ; il ne gronde point contre les
chiens de la maison, au contraire, il joue et
folâtre avec eux ; il vient lorsqu'on l'appelle
aux crépuscules du matin et du soir, parce
qu'il se couche et dort le reste du jour, afin
de n'avoir pas besoin de repos pendant la nuit,
qu'il emploie à parcourir la maison et tout le
village pour chercher des œufs et des oiseaux
domestiques, auxquels il ne pardonne jamais
lorsqu'il peut en attraper. Il n'est pas docile ;
et si l'on veut le faire entrer dans un lieu, ou
si l'on veut l'en faire sortir, il faut beaucoup
de peine pour l'y obliger ; il souffre même auparavant des coups auxquels il répond en
grognant.

Quoiqu'il ressemble au chien par ses formes
et par ses mouvemens, il en diffère parce qu'il
a la queue plus longue et beaucoup plus touffue
et épaisse, la tête est un peu plus grosse, et le
museau plus pointu ; les oreilles sont plus
droites, grosses, aiguës et courtes ; et enfin
la pupille est longue comme celle des chats.

Il sort la nuit, comme je l'ai déjà dit, pour
aller faire la même chasse que le renard, sans

omettre qu'il s'introduit dans les cours lorsqu'il peut ; et sa voix, que j'ai entendue dans le champ, est gutturale, haute, et dit : *goua-a-a*. On assure qu'il mange beaucoup de cannes à sucre et de fruits, et qu'il suit l'Yagouarété pour s'approvisionner de ce que celui-ci gaspille.

Les personnes qui dorment dans les champs, sans avoir soin de cacher les sangles et les courroies de cuir, les expose à être emportées et mangées par cet animal.

En servitude ou domesticité, il mange du pain, de la cassave, de la chair, et de tout ce que mange le chien, et il boit comme lui. Il va communément seul, la queue étendue de manière que sa pointe touche la terre, et il n'y a point de différence entre le mâle et la femelle. L'Agouarachay a la vîtesse du cheval, mais il se lasse bientôt ; et lorsqu'on l'attaque, il urine et répand une mauvaise odeur.

Mon ami, Don Santiago Baez, me fit présent de deux petits Agouarachays nouveaux-nés, de quatre qu'il avoit trouvés en octobre (vendémiaire), placés dans un grand tas de paille, où ils avoient une espèce de lit fait de la même matière. Mais dans le Pampa, au Sud de Buenos-Ayres, où j'en ai vu et pris beaucoup d'adultes, on m'a assuré que la mère fait ses petits dans des *vizcaches*, dont elle élargit l'ouverture pour y entrer.

On attribue à cet animal, non-seulement les mœurs, mais encore toutes les fables du renard européen, et le tout en vertu de ce que l'Agouarachay est ici regardé comme le représentant légitime du renard.

Longueur, 39 pouces et demi (1 mètre 7 centimètres).

Queue, 14 pouces (environ 38 centimètres), dont la moitié est sans poil; elle est très-épaisse et touffue, et quoique l'animal la meuve quelquefois de droite à gauche, il ne l'élève ni ne l'entortille jamais.

Circonférence antérieure, 14 pouces et demi (39 centimètres); postérieure, 11 pouces (29 centimètres).

Hauteur devant, 15 pouces 1 quart (41 centimètres), et derrière, 15 pouces et demi (42 centimètres).

Dans le pied de devant, outre les quatre doigts comme le chien, il y a un autre doigt inutile, très-petit, placé du côté interne, et

au

au milieu de la distance du paturon aux ongles ; ceux-ci sont aigus et un peu courbes. Le pied de derrière est comme celui de devant , mais il manque du petit doigt que quelques chiens ont accoutumé d'avoir.

L'oreille est longue de 3 pouces 3 quarts (1 décimètre) , large de 2 pouces (5 centimètres et demi) à sa base , dure , tournée en avant , non-pointue , très-velue en dedans ; et dans son bord postérieur , on voit une rupture ou hâchure autour de la base.

La pupille se réduit à une ligne , lorsque l'Agouarachay regarde le soleil.

La tête est moyennement grosse , s'amincissant rapidement depuis l'œil , et se terminant en un museau très-aigu où sont des moustaches très-longues et noires. Il y en a aussi quelques-unes dans l'angle de la bouche , et d'autres en arrière de l'œil.

Le nez ressemble à celui de l'Agouarapopé.

Le cou est un peu court et plus gros dans la partie qui l'unit à la tête.

Il y a dans la mâchoire supérieure six incisives , celles extérieures plus longues ; vient ensuite un petit vide , puis une canine de six lignes (13 millimètres) , mais elle est gâtée ;

I.   21

ensuite il y a trois dents séparées les unes des autres, et enfin trois molaires.

Dans la mâchoire inférieure sont les mêmes incisives, suivies d'une canine, puis quatre dents séparées et les trois molaires.

La tête est longue de 6 pouces (16 centimètres); elle a 3 pouces et demi (plus de 9 centimètres) dans son plus large.

Les oreilles sont distantes l'une de l'autre de 2 pouces (5 centimètres et demi), qui se réduisent à moins de la moitié quand l'animal le veut.

Le scrotum est très-velu; le membre paroît osseux et sa gaîne est peu apparente.

Les parties sexuelles de la femelle ressemblent à celles de la chienne. Elle a trois paires de mamelles.

Le poil de l'échine est de 3 pouces (8 centimètres), et celui du museau et des quatre jambes est très-court; la face extérieure des jambes de devant jusqu'aux ongles, est cannelle-rougeâtre, ainsi que le dehors des oreilles. Les jambes de derrière sont de même depuis les ongles jusqu'à 2 pouces (5 centimètres et demi) au-dessus du jarret. Le museau jusqu'aux yeux est noirâtre, et le reste sur la tête a des

poils cannelles avec les pointes blanches. La
mâchoire inférieure est noire par dessous, et
le reste du dessous de la tête est blanc.

Depuis là, tout le dessus, et l'intérieur des
jambes, est blanchâtre, quoique, dans la réalité, les poils aient les pointes blanches et l'intérieur obscur. Le reste de la livrée est gris,
ou un mélange résultant de ce que chaque poil
a deux bandes blanches et deux noires, et c'est
la pointe de cette dernière couleur qui prédomine beaucoup sur le dos et sur la queue.
L'extrémité de cette dernière est presque noire
comme les paturons.

En regardant avec soin, l'on voit qu'indépendamment du poil décrit, il.y en a un autre
intérieur, blanc, extrêmement doux et long
d'un pouce (2 centimètres 2 tiers).

Les petits naissent presque noirs, et l'on
m'a assuré en avoir vu un adulte albinos ou entièrement blanc.

Ne me rappelant point le renard d'Espagne, je ne puis affirmer que ce soit la même
espèce que l'Agouarachay. Mais les voyageurs
et Buffon ayant adopté cette identité, ils ont
affirmé que le renard existe en Amérique.

L'AGOUARAPOPÉ.

Ursus lotor. — LINN.
Ours raton. — LA CÉPÈDE.

ON le connoît sous ce nom , qui signifie *Agouara à main tendue*. En effet , le pied de devant de cet animal est très-ouvert , et il a des doigts très-séparés ; de manière qu'ils ne sauroient lui servir à étreindre , parce qu'ils ont beaucoup plus d'élévation que de largeur. Il s'aide cependant de ses deux pieds de devant ; mais , simultanément , lorsqu'il veut élever la nourriture jusqu'à sa bouche , et sans plier les doigts.

Le corps est gros et il est court , ainsi que le cou ; la queue est tendue. L'animal appuie sur le talon pour s'asseoir , et point quand il marche ; et dans ce dernier cas , il va en tenant les jambes très-écartées ; sa posture est un peu voûtée , et il paroît plus haut du derrière , parce qu'il a toujours le genou très-plié , et le pied de devant dans la direction de l'avant-bras.

Tout le monde assure qu'il habite les environs des esters , et qu'il y entre plus que dans les bois ; mais j'ai remarqué sa trace dans les chemins. On dit également qu'il grimpe aux arbres , et on lui attribue les mœurs de l'Agouarachay. Néanmoins, en considérant les formes , je tiens pour impossible que l'Agouarapopé puisse avoir la facilité de l'Agouarachay dans ses mouvemens, ni chasser les mêmes animaux que celui-ci, et je ne doute pas qu'ils ne diffèrent beaucoup dans leurs habitudes ; de manière que l'Agouarapopé ne peut manquer , d'après ce que l'on en dit, de se rapprocher beaucoup plus du Couati que de l'Agouarachay.

Ce dernier a la queue plus courte , le corps plus long et moins gros que l'Agouarapopé ; l'oreille plus longue et plus large , moins aiguë , et avec une rupture dans son contour, que n'a pas celle du popé. Le museau de celui-ci ne se rétrécit pas aussi rapidement en avant des yeux, et la distribution des couleurs est différente dans les deux animaux.

Le poil de l'Agouarachay est plus noirâtre , et il est plus long sur l'épine du dos et à la queue ; le poil du popé a une longueur et une couleur uniformes dans la partie supérieure et sur les côtés du corps ; il est en outre un peu crépu ou frisé, moins couché, plus doux, évidemment plus long dans les quatre jambes et plus court à la queue, laquelle paroît également grosse dans toute sa longueur. Enfin, les doigts sont extrêmement dissemblables dans les deux espèces.

Je n'ai vu que deux Agouarapopé, et ils étoient semblables entre eux. L'un fut tué près d'un grand ester, et l'autre étoit apprivoisé dans une maison où on le tenoit attaché ; et j'observai qu'il faisoit fête au premier venu, se laissoit manier par lui, et jouoit avec tout le monde ; qu'il étoit plus docile et moins capricieux que le Couati ; qu'il mangeoit de tout, et qu'il étoit prompt et agile. Lorsqu'on lui donnoit quelque chose, il le comprimoit avec la main, comme pour jouer ; mais si c'étoit de la chair, ou quelque autre aliment de son goût, il ne permettoit pas qu'on l'approchât, et il manifestoit son mécontentement en grognant.

Longueur, 39 pouces (1 mètre 5 centimètres et demi).

Queue, 15 pouces et demi (près de 42

centimètres) ; elle est toujours pendante.

Circonférence antérieure , 13 pouces (35 centimètres) ; postérieure, 14 pouces et demi (39 centimètres), sans que l'animal soit ventru.

Hauteur par devant, 15 pouces 1 quart (41 centimètres) ; par derrière, 17 pouces (46 centimètres).

Le front est plat, mais il commence à s'arquer à l'entre-deux des sourcils.

De la pointe du museau, qui est plus aiguë que celle de l'Agouarachay , jusqu'au point le plus antérieur de l'oreille, il y a 5 pouces (13 centimètres et demi). Au milieu de cette distance est l'œil , qui est un peu saillant, comme celui d'un animal nocturne , tel que l'est l'Agouarapopé.

L'oreille est épaisse , large d'un pouce et demi (4 centimètres), longue de 2 pouces (5 centimètres et demi) au-dessus de la tête , plutôt aiguë que ronde , distante de l'autre de 3 pouces 1 tiers (9 centimètres), et elle se dirige en dehors sous un angle de 45 degrés.

Dans la mâchoire supérieure , qui excède l'autre de 15 lignes (3 centimètres 1 tiers), il y a quatre incisives , et une autre de chaque côté, collée à celle-là , et que l'on pourroit dire être une petite canine ; suit un espace , puis une canine de 7 lignes (près d'un centimètre 2 tiers) , aiguë et forte.

Dans la mâchoire inférieure sont six incisives très-petites et courtes , et à toucher ces incisives sont les canines.

Le museau est un peu retroussé.

Dans le pied de devant il y a cinq doigts , entièrement séparés les uns des autres , sans poil , et leur longueur suit le même ordre que dans la main de l'homme ; mais ils sont tous également gros , très-calleux en dessous , et plus élevés que larges. Les ongles sont un peu courbes , aigus , forts , plus hauts que gros , et ils excèdent à peine l'extrémité des doigts ; de manière que les doigts , en ressemblant à ceux de la main dans l'espèce humaine , parce qu'ils sont tendus et séparés, en diffèrent cependant beaucoup , parce qu'ils ont des ongles d'une autre espèce et une phalange de moins. Le doigt du milieu est long de 15 lignes (3 centimètres 1 tiers), son ongle de 5 lignes (plus d'un centimètre), et la plante de ce pied de devant est très-calleuse.

Celle du pied de derrière l'est aussi jusqu'au talon ; et quoique les doigts soient pareillement au nombre de cinq, et semblables en tout à ceux du pied de devant, ils en diffèrent en ce qu'ils sont plus gros.

La femelle a trois mamelles de chaque côté, assez séparées. Je n'ai point vu le mâle, que l'on assure être conforme à cet égard à la femelle.

Du genou jusqu'au pied de devant, et dans le voisinage du tarse, il y a un peu de poil court et noir. Au-dessous de la tête, et en suivant par le dessous du corps, il est jaune-pâle ou blanchâtre. Les quatre jambes, et le dernier tiers de la queue, sont noirs ; et le reste de celle-ci a des anneaux noirs et blancs. L'intérieur de l'oreille est blanc-sale ; au-dessus de l'œil est un sourcil blanc, bien visible. Il y a une tache blanche aussi en arrière de l'œil, et un ruban de la même nuance contourne les lèvres. Le reste, au-dessus de la tête et sur ses côtés, a un poil court et noir. Tout le surplus du pelage se compose de deux poils, doux, serrés et entremêlés ; l'un noir plus long, et l'autre blanc ; ils forment entre eux un mélange égal.

Les moustaches ne sont pas fournies, mais longues, et la queue est bien garnie.

Buffon (*a*) appelle cet animal *Mapach* ; il le
fait ventru, et j'ai remarqué le contraire. Il lui
donne une queue aussi longue et même plus
longue que le corps , ce qui est une exagération ou doit être entendu sans la tête ni le cou ,
et il met des anneaux dans toute la longueur de
cette queue , tandis qu'elle n'en a pas dans son
troisième tiers. Il fait aller l'Agouarapopé toujours par sauts , ce qui n'arrive cependant que
lorsqu'il court , et cela ne seroit pas compatible
avec ce qu'ajoute Buffon , qu'il va toujours fu-
retant. Il le suppose habitant des montagnes ,
entendant par là les lieux élevés , et j'ai vu
beaucoup de fois sa trace dans les endroits bas
et noyés ; et tout le monde dit qu'il préfère
les esters. Buffon assure aussi qu'il détrempe ses
alimens dans sa terrine avant de les manger,
et je n'ai rien remarqué de semblable ; je ne
crois même pas qu'il le fasse , à moins que ce
ne soit rarement et par un effet de l'ennui , ou
bien l'on aura pris pour une habitude ce qui
étoit dû au pur hasard.

Quant à la description de ses couleurs , je

(*a*) Traduction , t. 11 , p. 27. — Original , t. 3 , p. 25.
— T. 8 , p. 337 , édit. in-4.º

persiste dans la mienne , quoique faite lorsque j'ai commencé mes recherches.

En poursuivant (*a*) , on lit une lettre écrite à Buffon par M. Blanquart Dessalines , qui donne à entendre au commencement, que cet animal s'irritoit contre certaines personnes , sans prendre garde que cela provenoit , comme lui-même le dit après , de ce qu'antérieurement ces personnes lui avoient donné des coups de bâton , et non de son inclination ou de son caprice comme il le suppose ; puisque j'ai observé que cet animal traite indifféremment tout le monde , de quelqu'âge qu'on soit.

M. Dessalines dit encore qu'il est difficile de pouvoir reprendre et enchaîner le Mapach lorsqu'il s'échappe de lui-même , et qu'au contraire il est facile de le prendre et de l'attacher lorsqu'il est en liberté ; mais Blanquart ne remarque point que cette différence vient de ce que, lorsqu'on va pour le reprendre parce qu'il s'est enfui, c'est avec hâte et confusion, ce qui le fait fuir encore.

Il lui donne des mouvemens obliques, dont

(*a*) Traduction , t. 11 , p. 3o. — Original, t. 9 , p. 25.
— Supplément , t. 3 , p. 215, édit. in-4.º

il fait certainement usage comme tout animal quelconque qui joue, mais pas autrement. Il lui suppose un tact excellent, tandis que la plante de ses quatre pieds et ses doigts sont si calleux, qu'il pourroit prendre des charbons allumés, et les tenir quelque tems. Il lui fait encore mouiller son pain et des choses sèches, mais point celles qui sont humides. Il dit également qu'il ne résiste point à un autre animal, s'il le croit plus fort, mais que cachant la tête et les pieds, il se met en boule comme le hérisson, se laissant tuer sans donner aucune marque de douleur; tout cela est si controuvé, qu'il n'est pas besoin de le combattre.

Si, pour décrire le Mapach, Buffon avoit mesuré exactement sa queue, il auroit vu qu'elle n'est pas aussi longue qu'il la suppose; et par conséquent que toutes les dimensions du Mapach devenoient les mêmes que celles qu'il assigne (a) au *Raton crabier*, qui, à la vérité, n'est pas autre chose qu'un Mapach ou Agouarapopé, sans que les différences qu'il met dans les couleurs, soient un obstacle à cette

____

(a) Original, t. 11, p. 14. — Supplément, t. 6, p. 236, édit, in·4.º identité, puisqu'elles ne proviennent que de la manière d'expliquer ces mêmes couleurs; d'ailleurs, ces différences ne méritent pas qu'on les compte, et la distribution des couleurs est la même.

LE COUATI.

Viverra nasua. — Linn.
Coati noirâtre. — Buffon et La Cépède.
Ursus nasua. — Cuvier.

Il habite uniquement les forêts, qu'ici l'on appelle *montagnes*, et c'est ce que les naturalistes ne devroient jamais perdre de vue, pour ne pas se tromper sur l'habitation des animaux, en prenant, comme ils le font, *montagnes* pour *chaînes* ou *cordillières*.

Le Couati ne se trouve point à Montévidéo, peut-être parce qu'il n'y a point de bois dans cette partie, mais il n'est rare ni ici (au Paraguay), ni dans les Missions.

Il va seul ou par paire, ou en petites troupes. Il grimpe facilement aux arbres sans s'attacher par la queue; et c'est une chose divertissante que de voir une troupe de Couatis, qui de la cime d'un arbre se laissent tomber comme des corps abandonnés, lorsque par des coups ils reconnoissent qu'on cherche à abattre l'arbre, ou qu'on en fait le semblant.

On leur attribue les mœurs du renard, mais leur peu de légèreté et un museau très-peu capable de saisir une proie, les éloigne beaucoup de lui ressembler, et ils peuvent tout au plus surprendre les oiseaux dans leurs nids, manger leurs œufs et leurs petits, et tuer quelque foible animal.

On élève ordinairement le Couati dans des maisons, attaché, parce qu'il grimpe par-tout, mieux que le chat, et qu'il n'est rien qu'il ne retourne et qu'il ne mette en confusion.

Le Couati mange du pain, de la chair crue et cuite, des fruits quelconques, et en un mot de tout; on lui a cependant donné des souris dont il n'a fait aucun cas. Quelquefois je lui ai vu saisir des poussins et des poules, les tuer et en manger un peu, en commençant par le bas du cou. Pour manger, il met ses deux pieds de devant sur la viande; et la pressant avec le pied gauche, il la gratte ou l'égratigne avec le droit, prenant de sa bouche ce qu'il peut en séparer avec ses ongles, sans faire usage de ses pieds de devant pour porter à sa bouche. Si un homme, un chien ou un autre objet s'approche de lui pendant qu'il mange , il prend ce qu'il peut de ses alimens , et s'éloigne immédiatement. Pour boire , il retrousse beaucoup son museau , afin de ne pas le submerger , et il répète les coups de langue , en prenant plus de liquide que le chien.

Il passe le jour allant et revenant ; ce que lui permet la corde à laquelle il est attaché , et il ne cesse ce mouvement que pour manger et dormir. Il est si indocile , que les coups ne peuvent rien contre sa volonté ; et quoique plusieurs fois il joue et soit aise qu'on le gratte , il ne prend d'affection pour personne , et ne donne de préférence à qui que ce soit. Je l'ai vu jouer avec des petits chiens et de petits chats , et dormir tenant de ces premiers embrassés. Il dort toute la nuit et rarement le jour, en courbant son corps et tournant son museau en arrière et sa queue en avant. Il est lourd pour la course.

Il sent ses excrémens aussitôt qu'il les a faits ; ils sont durs et continus. Il se gratte avec son museau et ses quatre pieds ; il appuye le talon lorsqu'il est tranquille , et pas pour marcher. Il a un sifflement aigu , semblable à celui d'un oiseau , et par lequel il exprime son mécontentement,

tement, sa faim et ses souffrances ; sans autre
différence que de le rendre plus ou moins fré-
quent. Il se défend des chiens par des mor-
sures ; et comme ses canines ont deux tran-
chans, il arrive quelquefois qu'il coupe la gorge
à ses ennemis.

Dans la maison du seigneur Don Joseph
Varéla y Ulloa, je vis un Couati domestique,
auquel survint une tumeur sous le ventre, sans
qu'elle parût l'incommoder. Lors de la matu-
rité du pus, il l'obligea à couler, par un trou
qu'il se fit lui-même, en s'égratignant avec
force. Il se passa plusieurs jours sans que la
plaie se fermât, et sans qu'on s'aperçût qu'il
fût malade, parce qu'il mangeoit et se conduisoit comme en santé ; mais un matin il recom-
mença à s'égratigner, jusqu'à se déchirer l'abdomen ; et il tira ses tripes et ses entrailles,
tant qu'il conserva de l'existence, et sans que
la douleur l'arrêtât.

Longueur, 43 pouces (un mètre, 16 centimètres).

Queue, 20 pouces et demi (55 centimètres
et demi) ; il la meut en tout sens ; mais lorsqu'il
mange , et dans beaucoup d'autres occasions ,
il la tient verticalement, avec la pointe inclinée

I   22

en arrière. La circonférence de la queue, à son origine, est de 5 pouces (13 centimètres et demi).

Celle du cou, de 9 pouces 3 quarts (26 centimètres) ; celle du corps, prise sous les bras, de 14 pouces (près de 38 centimètres), et celle postérieure, de 13 pouces 3 quarts (37 centimètres).

Hauteur par devant, 11 pouces 3 quarts (32 centimètres) ; par derrière, 13 pouces et demi (36 centimétres et demi).

De la pointe du museau à la racine de l'oreille, 5 pouces 3 quarts (15 centimètres et demi) ; et au grand angle de l'œil, 3 pouces 1 sixième (8 centimètres et demi).

La circonférence de la tête, en avant des oreilles, 10 pouces 1 sixième (27 centimètres et demi), et celle de la pointe du museau, 3 pouces 1 sixième (8 centimètres et demi).

L'oreille est petite, ronde, longue de 18 lignes (4 centimètres), large de 11 lignes (2 centimètres et demi).

Le corps et le cou sont fournis et courts.

Dans les quatre pieds, il y a cinq doigts. L'interne ou premier du pied de devant finit à 9 lignes (2 centimètres) de la racine du

second , qui est un peu plus court que le cinquième , et les deux restans sont égaux entre
eux , et de 2 lignes (4 millimètres) plus longs
que le second ; mais leurs ongles sont les plus
longs , et ont 8 lignes (1 centimètre 4 cinquièmes) , quoique tous soient très-forts , plus
hauts que gros , et aient une sorte de courbure. Tous les doigts sont unis par une membrane , jusqu'à plus de leur moitié.

Ceux des pieds de derrière sont en tous les
mêmes que ceux des pieds de devant , excepté
que les ongles y sont plus courts de moitié.

L'œil est petit et un peu oblique.

Le museau est en trompette , un peu retroussé et mobile en tous sens.

Le nez est à la pointe du museau avec une
ouverture verticale , et une coupure profonde
sur ses côtés.

La mâchoire supérieure excède de 16 lignes
(3 centimètres 2 tiers). Elle a quatre incisives ,
puis un vide , puis une canine que suit un grand
vide ; après ce vide est une canine de 5 lignes
(11 millimètres) , large de 4 lignes (9 millimètres) , droite , très-aiguë et avec deux tran-
chans comme le bout d'un épée , dont elle a
assez la figure. Suivent trois molaires semblables

à des incisives avec quelque séparation, et aussitôt trois molaires contiguës.

Dans la mâchoire inférieure, il y a les mêmes
incisives qu'en haut ; puis une canine de 8 lignes
(1 centimètre 4 cinquièmes) , large , à sa racine , de 4 lignes (9 millimètres), ayant son
tranchant antérieur un peu courbé en arrière ,
et celui postérieur droit ; ensuite est un petit
espace que suivent les molaires comme en
haut.

Le Couati a une petite tache blanche au-
dessous de l'œil ; une autre en arrière de l'angle
postérieur , et une troisième semblable aux
deux autres. Cette dernière , qui naît sur la
partie postérieure de l'œil , fait un tour pour
se diriger en avant et par le côté de la partie
supérieure du museau jusqu'à la moitié de celui-ci. Le reste de la moitié supérieure du museau est noir , et cette nuance s'introduit par
une pointe aiguë sur l'angle lacrymal dans la
tache blanche. La lèvre inférieure est noire , et
le dessus de la mâchoire inférieure blanc ; cette
couleur va , par l'angle de la bouche , occuper
la moitié de la lèvre supérieure. Le même blanc
se dirige aussi depuis l'angle de la bouche jusqu'au bas de l'oreille , en dégénérant en

jaunâtre , ce qui est encore de même sous la gorge.

Le dessous du corps est orange très-foible , et les pointes des poils sont obscures. Le front est blanc-jaunâtre , et le reste sur le corps et sur les côtés est de même , mais les pointes du poil sont obscures.

La queue est à anneaux obscurs et blanchâtres. Les quatre pieds sont noirs , l'oreille aussi , excepté sa bordure et son intérieur qui sont blancs.

Le poil est très-serré , point âpre , et celui de la queue est plus long et touffu. On pourroit se servir de la peau du Couati pour les fourrures ordinaires.

La femelle a la même couleur que le mâle. Quelques individus des deux sexes diffèrent uniquement entre eux , en ce que la gorge , tout le dessus et tout le dessous de l'animal, ses flancs et son front sont blancs , avec des poils dont les pointes sont noires , et finalement , en ce que les quatre pieds sont d'un noir très-foncé , et que l'intérieur de l'oreille est aussi de ce noir très-foncé.

Le scrotum , placé très-en arrière , est velu , avec des testicules semblables à des œufs de

pigeon. Le membre sort de 4 pouces (11 centimètres) ; il est osseux , et sa gaîne est comme
celle de l'Agouarachay.

Il y a trois mamelles de chaque côté ; celle
du milieu est dans le parallèle de la sortie du
membre.

Les moustaches sont courtes et rares , et il
y a quelques poils semblables aux moustaches
sur l'œil , et d'autres par le travers de l'angle
de la bouche.

Les femelles sont plus courtes que les mâles
de 5 pouces (13 centimètres et demi) , et leur
vulve diffère peu de celle de la chienne.

Une de ces femelles , à poil ou à couleur jaunâtre , que je pris à la fin de septembre (au
commencement de vendémiaire) , avoit cinq
mamelles de chaque côté , et dans son ventre
cinq petits sans poil , long de 5 pouces et demi
(près de 15 centimètres) , dont trois étoient
mâles et deux femelles.

Une autre , de celles qui ont l'autre poil ou
couleur , avoit , au commencement d'octobre
(à la mi-vendémiaire) , trois mamelles de chaque
côté , les mêmes dimensions que la précédente ,
et dans le ventre quatre petits , dont trois mâles ;
d'où l'on conjecture que le sexe masculin

prévaut ; circonstance qui, si elle étoit généralement certaine, produiroit non-seulement des combats entre les mâles, mais seroit même cause que les vaincus, et ceux qui manqueroient de femelles, en chercheroient dans les lieux déserts.

En effet, on dit qu'il y a des Couatis qui vont seuls, et on les appelle *Haegno* (a) (qui va seul) et *Mondé* ; mais beaucoup de personnes croient qu'ils sont d'une espèce différente de celle qu'on appelle simplemeut Couati. Les différences qu'elles assignent ne consistent point dans les couleurs, puisqu'elles attribuent à l'un et à l'autre les deux poils cités, ni dans les formes, ni en autre chose qu'en ce que ce *Couati Mondé* est solitaire ou déparié, et avec des dimensions plus grandes, quoique proportionnées à celles du Couati ordinaire. Pour moi, je suis persuadé qu'il n'y a qu'une seule espèce de Couati ; et que la différence qu'on indique dans la taille, dépend de l'âge ou du sexe, comme *aller seul* vient de ce qu'il y a beaucoup de mâles qui, abandonnant la société, tâchent

---

(a) Mot américain. (*Note du Traducteur*).

de rencontrer des femelles dans des endroits écartés.

Buffon (*a*) altère un peu les mots *Couati* et *Couati Mondé*, changeant l'*ou* en *o* ; il nie, comme moi, que ces deux noms indiquent deux animaux différens, que Marcgrave distingue uniquement par la couleur ; appelant *Couati Mondé* celui dont le poil est d'une nuance plus foncée. Mais ceux qui soutiennent également ici le systéme des deux espèces, disent qu'elles ne diffèrent point dans la nuance.

Buffon fait le *Couati* plus petit de taille que le *Mapach* ou Agouarapopé, beaucoup plus prolongé du corps et du cou, et plus long de la tête et du museau ; mais cette dernière assertion est la seule qui soit compatible avec les mesures qu'il lui assigne. Il lui donne une queue plus longue que le corps, ce qui doit s'entendre sans la tête, et il le fait beaucoup plus carnassier et chasseur qu'il ne l'est, et que ne l'indique clairement son peu de légèreté, un museau aussi long, et une mâchoire inférieure si retirée, que, pour manger de la viande ou autre

____

(*a*) Traduction, t. 11, p. 34. — Original, t. 3, p. 80 — T. 8, p. 358, édit. in-4.°

chose, il faut qu'il la dépèce avec ses ongles.
A la vérité, je lui ai vu tuer des poussins; mais
il ne faisoit pas autre chose que de commencer
à les manger. Je ne doute pas qu'il ne sur-
prenne quelques oiseaux, et qu'il ne mange
leurs œufs; mais je tiens pour impossible qu'il
fasse des prises d'une plus grande importance.
Enfin je répute le Couati frugivore et insecti-
vore, et accidentellement chasseur.

Buffon dit que le Couati comme les Singes,
et d'autres animaux à longue queue, ont coutume de la ronger par la pointe, et même d'en
manger le quart ou le tiers; et de cela, il tire
l'induction générale que dans les parties très-
alongées, et dont les extrémités sont par conséquent très-éloignées des sens et du centre du
sentiment, ce même sentiment est très-foible,
et d'autant plus foible, que la distance est plus
grande et la partie plus menue. Cette observation veut que j'assure à mon tour que je n'ai
entendu dire à personne qu'il eût vu un Couati
sauvage, ni même domestique, avec la queue
rongée; que mon Couati à la tumeur, se rompit
l'abdomen et tira ses tripes, en conservant le
plus grand calme; et que mon Couïy paroît plus

sensible à la pointe de la queue que dans le reste de son corps (*a*).

La description de Linné , que rapporte Buffon (*b*) , ne renferme rien de particulier , sinon cette erreur (*c*) , que le Couati redoute les soies du cochon.

––––––––––

(*a*) Ce n'est pas , comme le pense Buffon , le défaut de sensibilité qui excite les singes , les chats , les chiens et quelques autres animaux , à ronger l'extrémité de leur queue , c'est au contraire , un excès de sensibilité qui les y porte. Dans les singes domestiques à queue , dans les chiens , les chats , il se forme , à l'extrémité de cette partie , une dartre qui y produit des démangeaisons insupportables , et que l'animal ne peut faire cesser qu'en se grattant , et il se gratte avec les dents. Tant que la cause subsiste , l'effet a lieu , et le citoyen Huzard a vu périr des singes et des chiens des suites de cette irritation herpétique , qu'on ne peut détruire qu'en cautérisant , avec le feu et fortement , le bout de la queue malade. *Note du Traducteur*).

(*b*) Traduction , t. 11 , p. 37. — Original , t. 3 , p. 84. — T. 8 , p. 361 , édit. in-4.º

(*c*) L'expression originale est beaucoup plus sévère , et l'Auteur n'auroit pas dû l'employer , puisque cette description de Linné , rapportée par Buffon d'après un extrait imprimé dans la *Bibliothèque raisonnée* , est relative au *Raton* , et non au *Couati*. (*Note du Traducteur*).

Ensuite Buffon dit (*a*) que le Couati fait trois petits ; mais moi j'en ai trouvé quatre dans le ventre d'une femelle , et cinq dans le ventre d'une autre. Il leur fait aussi excaver des tanières en terre , et cela n'a pas lieu.

A la page (111) j'ai averti que la planche 147 (*b*) de Buffon , et sa description , appartiennent à un Couati jeune , et non au Tamandoua ou Cagouaré , comme le pense cet auteur.

(*a*) Traduction, t. 11, p. 39. — Original, t. 11 , p. 18. — Supplément, t. 6, p. 239, édit. in.4º.

(*b*) De la traduction espagnole ; c'est la planche 56ᵉ. du Supplément, t. 3 , édit.in-4.º

LA LOUTRE.

Mustela Lutris Brasiliensis. — Linn.
Variété de la Marte saricovienne. — La Cép.

Je n'ai point trouvé de Guarani qui sache le nom de ce quadrupède, que tous appellent *Loup de rivière ;* mais comme ce n'est point un Loup, et qu'il me paroît être une Loutre, je l'ai appelé Loutre.

Il habite les esters et toutes les rivières d'ici en petites troupes, qui, quelquefois en nageant, élèvent leur tête autour des embarcations, et crient à la manière des chiens enroués, menaçant avec colère comme s'ils vouloient mordre ; mais jamais ils ne font de mal, ni aux voyageurs, ni aux nageurs.

Il paroît que chaque famille a son petit district séparé, et ce sont vraiment des amphibies qui vivent autant ou plus long-tems dans l'eau que sur la terre, ces deux élémens leur étant également propres. Il est très-fréquent de les

voir sortir de l'eau avec un poisson à la bouche,
pour aller le manger à terre. La Loutre vit dans
les trous des bords de l'eau ; mais j'ignore si elle
les creuse elle-même, ou si elle les prend tout
creusés, quoique j'incline pour la première idée.

Les Indiens Payagouas qui habitent la rivière
du Paraguay, et qui connoissent mieux que personne cet animal, m'ont dit qu'il faisoit deux
petits ayant du poil ; que plusieurs femelles
mettent bas et élèvent leurs petits en même-
tems, et réunies dans le même trou, où elles
viennent dormir toute l'année ; et qu'eux, Indiens, ne mangent point cette Loutre, parce
que sa chair est très-mauvaise.

Un de mes voisins en acheta une petite qui,
à six mois, avoit 34 pouces (92 centimètres) ;
elle étoit apprivoisée dans sa maison, nourrie
avec du poisson, de la viande, du pain, de la
cassave, et autrés choses qu'elle mangeoit, sans
répugnance à ce qu'on dit, quoiqu'elle préfé-
rât le poisson. Ce voisin m'ajouta encore qu'elle
alloit dans la rue et revenoit au logis ; qu'elle
connoissoit les personnes de la maison, et les
suivoit comme un chien, quoiqu'elle se fatiguât
aisément, parce que ses jambes étoient courtes ;
qu'elle entendoit et s'approchoit lorsqu'on l'ap-

peloit par son nom , et jouoit avec les chiens et les chats ; mais que , comme elle mordoit d'une manière insupportable , personne ne la prenoit sur soi, et que , pour la même raison , ses maîtres ne badinoient point avec elle ; que jamais elle n'attaqua les volailles , ni aucun autre animal , excepté un petit cochon nouveau-né , qu'elle auroit tué si on ne le lui avoit pas ôté ; qu'elle couroit par-tout ; qu'elle faisoit toujours ses ordures dans le même lieu , et que ses excrémens étoient mous.

La Loutre n'a point l'odeur de marée , et quelquefois on la trouve très-loin de l'eau , lorsqu'elle veut changer de domicile. Elle va avec lenteur et presqu'en traînant son ventre ; et quoiqu'elle sache galopper , c'est cependant avec très-peu d'agilité. Ses mouvemens pour mordre et pour se remuer , lorsqu'elle est sur terre , sont plus lents que ceux du chien ; de manière que , quoiqu'elle soit irritée , le premier venu peut la saisir avec facilité par la peau de l'échine , et la porter ailleurs sans qu'elle crie , ni qu'elle y mette opposition.

Elle ne recoquille jamais sa queue , qui est communément droite ; mais elle la double fréquemment , et elle est très-flexible.

La peau de l'animal semble être entièrement détachée de la chair.

Longueur, 42 pouces 1 tiers (1 mètre 14 centimètres et demi).

Celle de la queue, 18 pouces (48 centimètres et demi); et elle est si grosse, qu'elle semble être une continuation du corps. Elle se termine en pointe; et quoiqu'elle soit ronde, sa peau, qui sort beaucoup sur les côtés, la fait paroître plate. Sa circonférence à la racine est de 7 pouces 1 quart (19 centimètres et demi).

Celle du corps par devant, est de 13 pouces 2 tiers (37 centimètres); et au ventre, de 16 pouces (43 centimètres).

Le cou est très-gros, le corps aussi; et cependant ils sont très-souples.

Le museau n'est point aigu, la tête est plate et semi-circulaire dans sa partie la plus élevée qui surmonte l'oreille.

Celle-ci est ronde, placée un peu bas, distante de l'autre de 4 pouces 1 quart (plus de 11 centimètres). Elle est longue et large d'un demi-pouce (13 millimètres).

De la pointe du museau jusqu'au plus haut de la tête, il y a 6 pouces et demi (17 centimètres et demi); et de cette pointe jusqu'à l'angle lacrymal, 1 pouce 7 douzièmes (4 centimètres 1 cinquième). De cet angle à son homologue, 1 pouce 1 tiers (4 centimètres et demi).

L'œil est petit, et la paupière est sans poil.

A quelque distance au-dessus de l'œil, et encore en arrière de cet organe, il y a des poils roides, de 15 lignes de long (3 centimètres 1 tiers); les moustaches sont très-longues et fournies. A 10 lignes (22 millimètres) derrière l'angle de la bouche, est un pinceau composé de poils de même nature.

L'espace entre les narines, qui ont la figure d'un C, dont les deux cornes ou extrémités seroient tournées en haut, est de 6 lignes (1 centimètre 1 tiers). Cet espace est pelé.

La mâchoire supérieure avance de 9 lignes (2 centimètres). Elle a six incisives; les deux du milieu sont plus courtes : suit un vide, puis une canine de 7 lignes (1 centimètre 2 tiers) ; ensuite un autre vide plus grand, et enfin les molaires.

La mâchoire inférieure a autant d'incisives, puis un vide, ensuite une canine de 6 lignes (1 centimètre 1 tiers); et après elle, les molaires.

Dans le pied de devant il y a, de la pointe de l'ongle

l'ongle au boulet, 3 pouces (8 centimètres);
l'avant-bras a 3 pouces (8 centimètres), et le
bras, presque 4 pouces (11 centimètres); et
les trois dimensions correspondantes à celles-
là dans les pieds et les jambes de derriére, sont,
4 pouces 1 sixième (11 centimètres), 3 pouces
3 quarts (plus de 10 centimètres), et 3 pouces
2 tiers (près de 10 centimètres).

Le pied de devant a cinq doigts; l'externe
est absolument uni à son voisin par une forte
membrane qui existe aussi dans les autres,
mais qui laisse leurs bouts libres. Tous sont
très-vigoureux et presque d'une égale force;
celui du milieu est le plus long; puis celui
dont il est suivi immédiatement en dehors,
puis le collatéral de celui-ci, ensuite l'externe;
l'interne est le plus court. Les ongles sont
forts, très-comprimés sur les côtés, pas démesurément aigus; l'animal ne s'en sert point pour
saisir, ils ressemblent à la pointe du tranchet
d'un cordonnier.

Le pied de derriére a les mêmes doigts et
de la même forme que ceux du pied de devant,
excepté que l'interne naît beaucoup plus haut,
c'est-à-dire, à un point plus éloigné de l'extrémité du pied, que l'origine des autres doigts.

I   23

L'animal appuie sur le talon, quoique le tarse ne soit pas pelé en dessous, et les quatre jambes sont extraordinairement fortes.

La gaîne du membre, qui paroît osseux, n'est point apparente, et elle a sa sortie à 3 pouces (8 centimètres) de l'orifice de l'anus. Les testicules sont comme ceux de la souris.

La mâchoire inférieure est couleur de paille, et tout le reste est d'une nuance sombre ; mais le lustre du poil forme un reflet qui en diminue l'obscurité. Tout le poil est doux, et presque par-tout également long de 7 lignes (1 centimètre et demi), serré et perpendiculaire à la peau ; de manière qu'on en feroit d'excellentes fourrures d'habit, principalement des peaux des jeunes Loutres.

La plus grande femelle que j'aie vue, étoit longue de 40 pouces (1 mètre 8 centimètres et demi).

Sa queue avoit 15 pouces (40 centimètres et demi).

Une autre femelle avoit 33 pouces (89 centimètres et demi) de long, et une queue de 12 pouces (32 centimètres et demi) ; d'où j'infère que la queue est un peu plus courte dans les femelles que dans les mâles.

La vulve est elliptique avec son plus grand diamètre en travers ; et la lèvre antérieure, qui a une pointe remarquablement aiguë, l'entoure en quelque sorte.

La femelle a deux mamelles très-apparentes de chaque côté, placées en arrière, et distantes de 18 lignes (4 centimètres) l'une de l'autre.

La pointe de la queue est blanche, et tout le reste est comme dans le mâle.

Buffon dit (a) qu'il ne croit pas que la Loutre d'Europe se trouve dans les pays très-chauds, parce que la *Jiya* ou *Carigoueylejou*, à laquelle on a donné le nom de *Loutre du Brésil*, et qui se trouve aussi à Cayenne, paroît être d'une espèce voisine, mais différente.

Avant toutes choses, disons que ces noms sont altérés, et doivent être : *Quouïya* et *Sarigouérembiou*.

Le premier, est le nom propre de l'animal, que je décrirai bientôt, auquel Marcgrave l'a enlevé, pour le donner à la Loutre du Brésil qui est la mienne.

Le nom de *Sarigouérembiou* signifie *aliment*

______

(a) Traduction, t. 10, p. 81. — Original, t. 2, p. 234. — T. 7, p. 137, édit. in-4.º

ou *manger* des *Sarigoués* , qui sont certains Indiens non-soumis , qui habitent et naviguent dans la rivière du Paraguay ; et comme ces Indiens , ne mangent point la Loutre du Brésil, mais le Quouïya , on ne peut pas appliquer à cette Loutre , mais au Quouïya , le nom de *Sarigouérembiou.*

Ajoutons ensuite , que Marcgrave a eu tort en ravissant ce nom à l'animal auquel il appartient , pour le donner à un autre , et en se persuadant que c'est un nom propre , que celui par lequel on n'exprime qu'une propriété relative au vrai Quouïya , et non pas à l'animal qu'il appelle , mal-à-propos, Sarigouérembiou , et qui est ma Loutre.

C'est encore ma Loutre , que la *Lutra Brasiliensis* de Ray.

La phrase de Linné , qui dit : *Lutra pollice digitis breviore* , est ridicule, et convient aussi bien à ma Loutre qu'au Quouïya.

La phrase de Brisson , qui est : *Lutra atri coloris , maculâ sub guture flavâ* , est de ma Loutre , de même que celle de Barrère , qui l'indique en disant : *Lutra nigricans, caudâ depressâ et glabrâ.*

Ensuite, Buffon (*a*) décrit la Lontre du Canada ; mais, s'amusant à rechercher quel est le *Latax* d'Aristote, il ne dit rien de cette Loutre, sinon qu'elle est beaucoup plus grande et plus noire que celle d'Europe. Ces caractères s'adaptent bien à la mienne, et me persuadent que c'est celle que Buffon appelle Loutre du Canada. Et ce n'est pas une opposition à cette idée, que la circonstance des températures si différentes qu'elles habitent, parce que la mienne se prête à toutes, en s'étendant jusqu'à 35 degrés de latitude méridionale ; elle vit au Paraguay, dans l'Orénoque et à Cayenne ; et étant une vraie Loutre, elle ne redoute pas le froid du Canada.

La planche que nous en donne Buffon (*b*), convient aussi à ma Loutre, quoique la tache blanc-jaunâtre qui, dans la mienne, occupe seulement la partie inférieure de la tête, s'étende, dans cette planche, sous toute la gorge ; ce que j'attribue à une erreur du dessinateur.

____

(*a*) Traduction, t. 10, p. 82 et suivantes. — Original, t. 6, p. 263. — T. 13, p. 322, édit. in-4.°

(*b*) Planche 44, t. 13, p. 326, édit. in-4.°

La Borde, (*a*) dit qu'il y a à Cayenne trois Loutres ; la noire, qui peut peser de 40 à 50 livres (20 à 25 kilogrammes); la jaunâtre, qui pèse de 20 à 25 livres (10 à 13 kilogrammes); et la grisâtre, qui ne pèse que 3 ou 4 livres (un kilogramme et demi à 2 kilogrammes).

En premier lieu, il faut présumer qu'il n'y a pas plus de Loutres à Cayenne, qu'ici, dans la rivière de la Plate, qui semble être un climat très-propice pour elles. D'après cette idée, et reconnoissant à chaque pas, le peu d'exactitude de la Borde, dans tout ce qu'il dit, je ne puis pas faire moins que de juger, que sa première Loutre est la mienne ; que la troisième est le petit de celle-ci ; et que la deuxième est un individu albinos, de la même espèce, ou peut-être mon Quouïya. Les couleurs et les mœurs qu'il indique, appuient cela plutôt qu'elles ne le contrarient ; et quant au poids qu'il leur donne, je ne doute pas qu'il ne parle par estime, ce qui est pis que s'il s'étoit tû.

Aublet et Olivier (*b*) ont donné à Buffon la

____

(*a*) Traduction, t. 10, p. 86. — Original, t. 8, p. 260. — Supplément, t. 3, p. 158, édit. in-4.º

(*b*) Traduction, t. 11, p. 87. — Original, t. 8, p. 262. — Supplément, t. 3, p. 159, édit. in-4.º

notice d'une autre Loutre de Cayenne; c'est la mienne dont ils ont exagéré la pesanteur en la portant à 90 ou 100 livres (45 ou 50 kilogrammes).

En poursuivant (*a*) , Buffon décrit *une petite Loutre d'eau douce* qu'on lui envoya de la Guyane, et il lui paroît que c'est la troisième de la Borde ; mais je soupçonne que c'est un individu très-jeune de l'espèce du Quouïya (*b*).

Je me fonde sur ce que la longueur totale est de 13 pouces 2 tiers (37 centimètres), et celle de la queue, de 6 pouces 2 tiers (18 centimètres), qui sont les proportions de ces parties dans le Quouïya. Ils se rapportent encore en ce que la queue est sans poil, blanche à sa pointe, écailleuse et grosse à sa naissance ; en ce que les moustaches sont longues ; en ce que l'oreille est plus grande que celles des Loutres d'Europe ; par la brièveté des quatre jambes, et par les cinq doigts dans les quatre

(*a*) Traduction , t. 10, p. 87 — Original, t. 8, p. 262. — Supplément , t. 3, p. 159, édit. in-4.°

(*b*) La petite Loutre d'eau douce de Buffon, n'est ni une Loutre, ni le Quouïya, mais une espèce particulière de Sarigue. (*Didelphis memina*; le *Yapock*) V. Cuvier, Tableau élémentaire d'histoire naturelle, p. 125.

pieds, sans membranes aux doigts du pied de devant.

. La vérité est que la petite Loutre d'eau douce et le Quouïya diffèrent par les couleurs, qui, selon Buffon, sont, pour la petite Loutre, une queue brune, avec l'extrémité blanche ; le dessous de la tête et du corps, et le dedans des jambes de devant, blancs aussi. La partie supérieure, et les côtés du corps et de la tête, marqués de grandes taches d'un brun-noirâtre, dont les intervalles sont remplis par un gris-jaunâtre. Il dit que les taches noires sont symétriques de chaque côté du corps ; qu'il y a une tache blanche au-dessus des yeux. Ces différences de couleur peuvent provenir de ce que l'individu cité par Buffon étoit Albinos.

La plus grande difficulté est que Buffon appelle Loutre, l'animal qu'il décrit, et que le Quouïya n'en est pas une ; car il paroît impossible qu'un aussi célèbre naturaliste appelle Loutre un Quouïya jeune, qui a la bouche et les dents du rat. Cette difficulté perd cependant beaucoup de force, si l'on considère que le même auteur a eu le Capiygoua vivant, qu'il l'a observé intérieurement et extérieurement, et qu'il a cependant dit de lui qu'il mange des poissons, et qu'il les prend avec les griffes et la bouche, tandis que ses griffes ne sont qu'un sabot, et que sa bouche a la forme et les dents du rat.

Le même auteur décrit ma Loutre dans sa *Saricovienne* (a), affirmant qu'on l'appelle ainsi à la rivière de la Plate, et *Carigoueybejou* ou *Sarigoviou* au Brésil. Je crois, avec Buffon, que le nom qu'il conserve à l'animal dérive de ceux-là ; mais aucun d'eux n'est, dans ces pays, le nom du quadrupède auquel il l'applique ; et ils sont tous une corruption de *Sarigouérem-biou*, comme je l'ai dit récemment en expliquant la signification de *Sarigouérembiou*, qui est bien éloignée de celle de *Béte friande*, que Thevet croit être la véritable.

Je dois encore avertir que ma Loutre est celle de Ray, celle de Brisson et celle de Barrère.

Gumilla (b) l'appelle *Gouachi*, et dit qu'elle est amphibie ; qu'elle mange du poisson, et qu'elle vient aussi chercher sa nourriture à terre.

(a) Original, t. 6, p. 259. — T. 13, p. 319, édit. in-4.º

(b) Original, t. 6, p. 259, note c. — T. 13, pag. 320, note a, édit. in-4.º

Par ceci, l'on doit entendre les limaçons et les crustacées, parce qu'elle est trop lourde pour prendre des oiseaux, etc. Il assure qu'elles fouillent des terriers en commun, et les conservent avec beaucoup de propreté, parce qu'elles amoncelent à l'écart les épines des poissons qu'elles ont mangés, et je crois tout cela.

Thevet la décrit de manière qu'on la reconnoît, mais il diminue sa taille en lui donnant celle du chat; il dit qu'elle a les pieds de derrière palmés, et il auroit dû dire les quatre pieds. Enfin, il répute sa chair bonne, lorsqu'ici personne ne la mange.

Marcgrave et Desmarchais (a) errent en donnant à la Loutre un museau un peu long, comme celui du chien; des dents de chat, une queue qui n'est pas plus longue que les jambes de derrière; en lui faisant manger de la farine de manioc, délayée dans de l'eau, et en donnant bon goût à sa chair.

Ensuite Buffon (b) dit que ma Loutre ou

____

(a) Original, t. 6, p. 260 et 261. — T. 13, p. 319 et 320, édit. in-4.º

(b) Original, t. 11, p. 104. — Supplément, t. 6, p. 187. édit. in-4.º

Saricovienne existe au Kamtchatka, où Steller
l'a décrite ; mais en cela, il s'est fort étrangement
trompé. Je ne rapporterai pas la multitude de
preuves que j'ai, pour ne pas douter qu'elles
sont différentes ; parce que ce sera assez de dire
que la mienne est d'eau douce, et que celle de
Steller est de mer. Celle-ci a la queue presque
la moitié plus courte, et l'œil de la grosseur de
celui du lièvre, et la mienne l'a petit. Celle de
Steller se prend en la suivant dans un canot,
parce qu'elle ne peut être sous l'eau, que pendant la durée de sa respiration ; et la mienne
est véritablement amphibie. Celle-là vit de crustacées, et la mienne principalement de poissons de toutes les espèces.

Buffon ajoute (a), qu'il a reçu postérieurement de la Guyane, de nouvelles informations
sur la Saricovienne, qui lui font croire que les
individus varient en grosseur et en couleur ;
mais il se trompe.

Je dois encore critiquer ce qu'il ajoute là, et
assurer que ma Loutre ne nage point avec la
tête hors de l'eau, comme il le dit, si ce n'est

____

(a) Original, t. 11, p. 121. — Supplément, t. 6, p. 299,
édit. in 4.o

lorsque cela lui plaît, parce que, communément, elle la tient submergée, et que de là vient que Buffon se trompe, en se figurant qu'il est facile d'en tuer beaucoup.

Il est également inexact de dire que l'Yagouarété et le Gouazouara la suivent jusqu'au fond de l'eau, et qu'ils l'y tuent, parce que ces deux derniers animaux ne plongent que pour sauver leur vie.

Buffon finit, en disant que les deux plus grandes des Loutres, dont la Borde lui a fourni des notices, lui paroissent être des Saricoviennes ; sur quoi j'ai déjà manifesté mon sentiment, en affirmant de plus, que ma Loutre est celle du Canada et celle du Brésil ; point sur lequel je m'accorde avec Buffon.

Fin du Premier Volume.

TABLE

DU CONTENU

DU PREMIER VOLUME.

Dɪsᴄᴏᴜʀs *Préliminaire du Traducteur,* pag. ᴠ

Préface de l'Auteur,   xxxɪx

Prononciation des mots Guaranis, ʟɪx

*Explication de termes de l'Amérique Mé-
ridionale,* ʟxᴠɪɪ

Jugement de l'Institut sur cet ouvrage, ʟxxᴠ

Mborébi, pag. 1

Couré ou *Tayazou,* 18

Tagnicati, 25

Taytétou, 31

Cerfs, 43

   1. ou *Gouazoupoucou,* 70

   2. ou *Gouazouti.* 77

   3. ou *Gouazoupita,* 82

   4. ou *Gouazoubira,* 86

Gnouroumi ou *Youquouï,* 89

Cagouaré, 103

Yagouarété, 114

Gouazouara,   133
Chibigouazou,   152
Yagouaroundi,   171
Eyra,   177
Chat pampa,   179
Furets,   185
  1. ou *petit Furet*,   190
  2. ou *grand Furet*;   197
  3. ou *Yagouaré*,   211
Micourés,   240
  1. ou *Micouré proprement dit*,   244
  2. ou *Micouré laineux*,   275
  3. ou *Micouré à queue grosse*,   284
  4. ou *Micouré à queue longue*,   290
  5. ou *Micouré à queue courte*,   295
  6. ou *Micouré nain*,   304
Agouara-gouazou,   307
Agouarachay,   317
Agouarapopé,   324
Couati,   334
Loutre,   348

Fin de la Table du premier volume.

www.ingramcontent.com/pod-product-compliance
Lightning Source LLC
LaVergne TN
LVHW011221170726
843501LV00002B/318